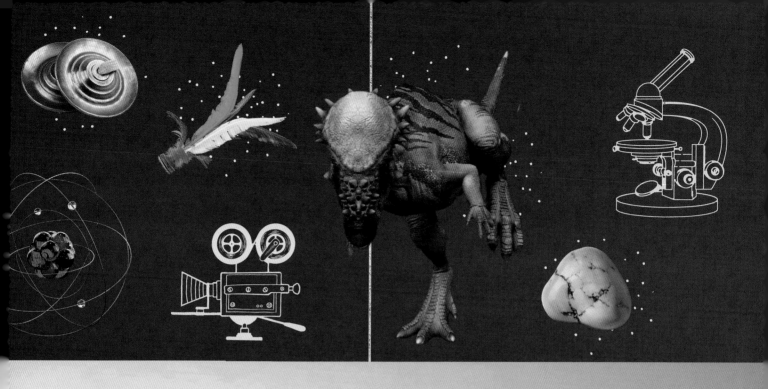

STEM 大冒險
無所不知的百科全書

珍妮·史姬（Jenny Sich）等　著　　寧　建　譯

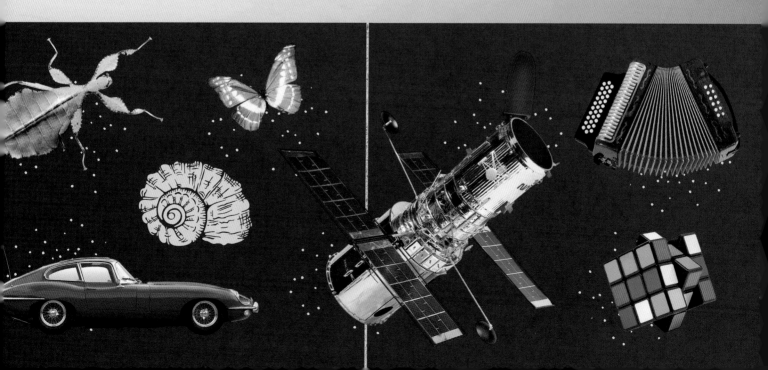

Original Title: *Eyewitness Encyclopedia of Everything*
Copyright © Dorling Kindersley Limited, 2023
A Penguin Random House Company

本書中文繁體版由 DK 授權出版。
本書中文譯文由北京酷酷咪文化發展有限公司授權使用。

STEM大冒險——無所不知的百科全書

作　　者：珍妮・史姬（Jenny Sich）
譯　　者：寧　建
責任編輯：楊賀其
出　　版：商務印書館（香港）有限公司
　　　　　香港筲箕灣耀興道 3 號東滙廣場 8 樓
　　　　　http://www.commercialpress.com.hk
發　　行：香港聯合書刊物流有限公司
　　　　　香港新界荃灣德士古道 220-248 號
　　　　　荃灣工業中心 16 樓
版　　次：2024 年 7 月第 1 版第 1 次印刷
　　　　　© 2024 商務印書館（香港）有限公司
　　　　　ISBN 978 962 07 0636 3
　　　　　Published in Hong Kong, SAR.
　　　　　Printed in China.

For the curious
www.dk.com

目錄

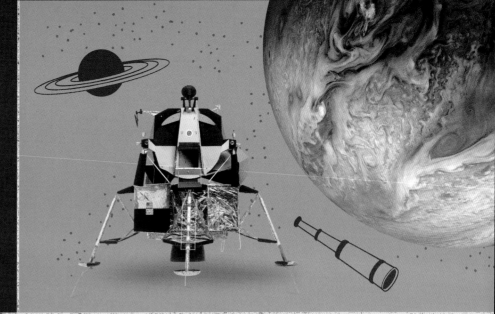

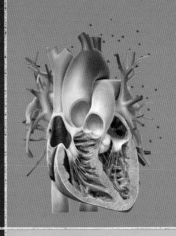
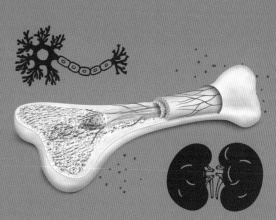

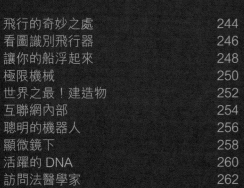

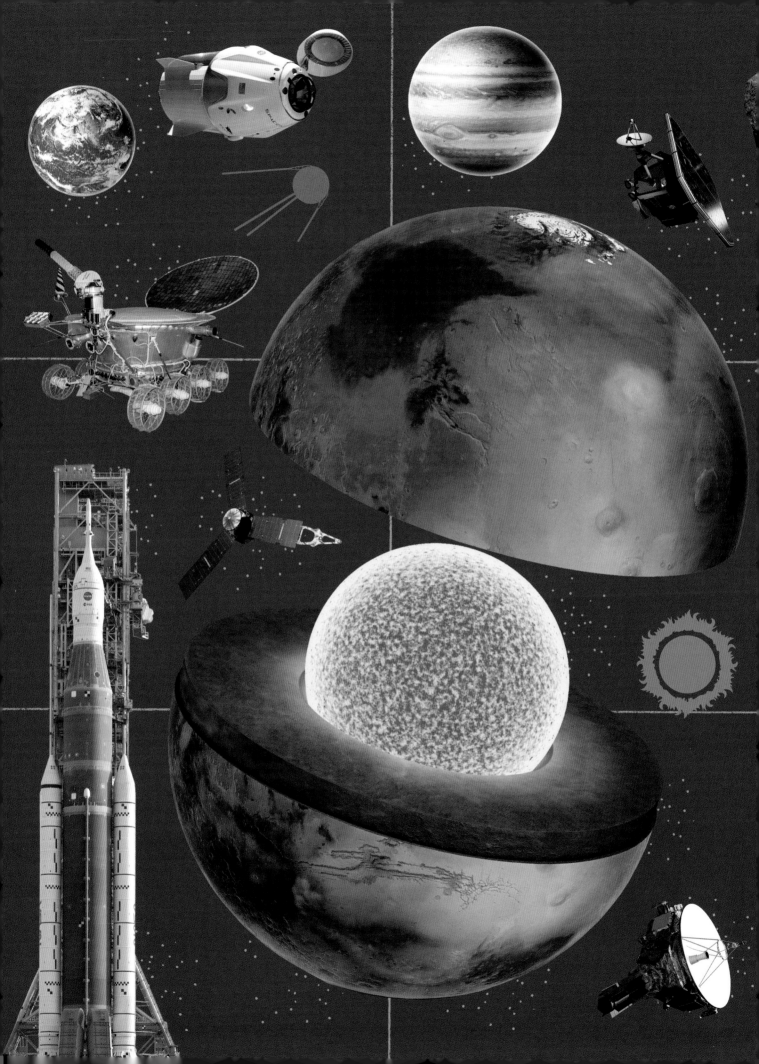

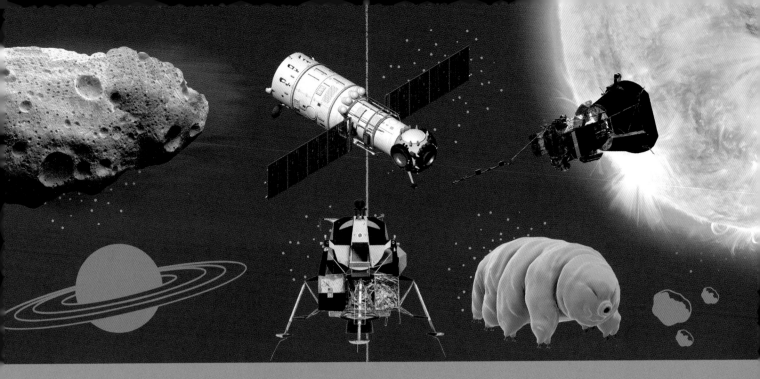

太空

甚麼是太空？

太空是宇宙萬物的一切，包括恆星、行星、塵埃以及現在還不知道的有待發現之物。人類觀察太空已有數千年的歷史了，但是到目前為止，人類足跡所達到的最遠之處只是月球。

太空的尺度

我們的地球只是銀河系中的無數天體之一，而銀河系又是宇宙中微不足道的一小部分。下圖展示了地球在太空中的相對尺度和位置。

宇宙中可見的物質都是由原子構成的，例如恆星和行星。

暗物質約佔宇宙的四分之一。

26.8%

4.9%

68.3%

超過三分之二是暗能量。

距離太陽 50 光年以內至少有 2 千顆恆星。

太陽系中的行星都圍繞太陽公轉……

太空的質能

可見物質只佔宇宙的一小部分，而大部分則是由暗物質和暗能量構成的。暗物質不發光也不發熱。我們只能透過重力產生的效應得知它的存在。暗能量是一種導致宇宙膨脹的神秘能量。

地 球
我們的母行星很小，有很多岩石，還有一顆天然衛星—月球。

太陽系
太陽系有 8 顆行星及其他們的衛星，還有許多小行星和彗星。

附近的恆星
太陽附近的恆星區域被稱為「太陽鄰域」。

觀察太空

從遠古以來，人類就驚奇地仰望夜空。在晴朗漆黑的夜晚，我們僅用肉眼就能觀察到數量驚人的天體，而使用工具則能夠放大我們的視野，讓我們看到更多的細節，甚至看到更多天體。

幾乎每顆能用肉眼看見的恆星
都比我們的太陽大！

1969 年登月的太空人

太空探索者

65 年來，我們一直在將航天器送入太空，探索了地球的所有鄰居，有些航天器甚至已經飛出了我們的太陽系。到目前為止，人類唯一親身涉足的其他天體是月球。人類正在計劃重返月球，然後繼續前往火星以及更遠的地方。

肉 眼
在沒有特殊設備的情況下，我們能夠看到一些恆星和行星，還能看到月球、彗星和流星。

銀河系
太陽和數千億顆其他恆星屬於一個名為銀河系的星系。

本星系羣
本星系羣由大約 50 個星系組成，其中包括我們的銀河系。

超星系團
聚集在一起的多個星系羣構成更大的「超星系團」。

可觀測宇宙
眾多超星系團形成纖維狀結構，纖維之間是空洞。

望遠鏡
我們使用雙筒望遠鏡能更詳細地觀察天體。例如，月球表面的隕石坑變得可見。

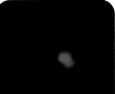

大型地基望遠鏡
這種望遠鏡能捕捉遙遠的、非常微弱的天體信息。圖中的紅色斑點是 HD-1 星系，是從地球上能看見的最遠的天體。

業餘天文望遠鏡
小型天文望遠鏡能夠幫助我們更清晰地看見臨近的行星等天體，甚至能讓我們看見仙女座星系。

太空望遠鏡
觀察太空的最佳地點是在太空中。位於地球大氣層之外的太空望遠鏡能捕捉到更清晰的圖像，例如 NGC346 星系的圖像。

最大的望遠鏡能收集的光線是人眼能收集的 1 億倍！

像這些白色的明亮星系屬於一個星系團。

在前景中恆星上「尖峰」狀的光芒是望遠鏡產生的。

遠處星系發出的光在較近的星系團的引力作用下被扭曲成弧形。

回顧過去

這張夜空照片是占士·韋伯太空望遠鏡拍攝的，其中幾乎每個光點都是一個星系。因為它們離我們太遠，所以它們的光需要數十億年才能到達我們這裏。照片顯示的最遙遠的星系距離我們有 130 億光年，而我們能看到的只是它們在大爆炸後不到 10 億年的情景。

宇　宙

上圖顯示，包含眾多天體的星空實際上只佔人類視野的非常小的一部分，我們伸直手臂用一粒沙子就能覆蓋這片星空！

　　宇宙包括了一切，包括我們能看見的所有事物，從最小的原子到巨大的星系；還包括我們看不見的事物，例如能量和時間；甚至還包括我們尚未發現的事物。宇宙在 130 億多年前的瞬間內形成，並且還在繼續膨脹，其浩瀚尺度讓我們幾乎無法想像。

天文學家預測，宇宙的直徑將在 100 億年後翻倍！

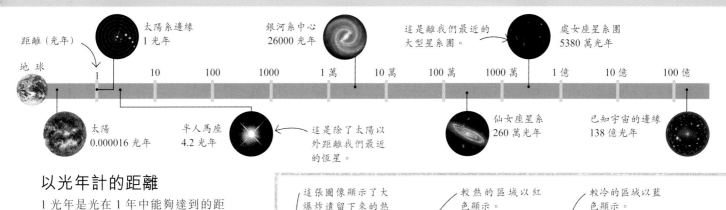

距離（光年）

地球

太陽系邊緣 1 光年

銀河系中心 26000 光年

這是離我們最近的大型星系團。

處女座星系團 5380 萬光年

1 10 100 1000 1萬 10萬 100萬 1000萬 1億 10億 100億

太陽 0.000016 光年

半人馬座 4.2 光年

這是除了太陽以外距離我們最近的恆星。

仙女座星系 260 萬光年

已知宇宙的邊緣 138 億光年

以光年計的距離

1 光年是光在 1 年中能夠達到的距離。我們用光年為距離單位，是因為宇宙中的距離非常非常大。上圖的軸線標明一些太空距離，以距離地球的光年為單位，1 光年約為 9.5 萬億公里。

大多數科學家都認為宇宙不會停止膨脹，而是會永遠膨脹下去！

這張圖像顯示了大爆炸遺留下來的熱量（輻射）。

較熱的區域以紅色顯示。

較冷的區域以藍色顯示。

大爆炸的餘輝

為甚麼我們對大爆炸了解這麼多呢？這是因為大爆炸釋放的能量給我們提供了線索。科學家發現了宇宙中存在恆定的微弱能量輻射，被稱為宇宙微波背景輻射，這是宇宙誕生時遺留下來的輻射余輝。

宇宙是如何誕生的

我們的宇宙是在一次大爆炸中誕生的。能量從一個密度極大的微小的點向外爆炸，後來形成粒子，再後來形成原子，進而形成恆星、行星、衛星以及所有現存的物質。

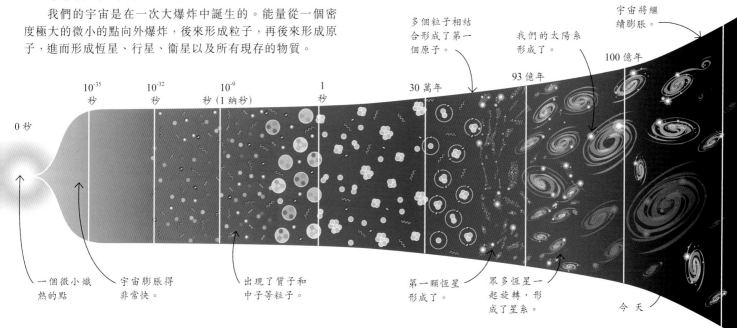

多個粒子相結合形成了第一個原子。

我們的太陽系形成了。

宇宙將繼續膨脹。

10^{-35} 秒

10^{-32} 秒

10^{-9} 秒（1 納秒）

1 秒

30 萬年

93 億年

100 億年

0 秒

一個微小熾熱的點

宇宙膨脹得非常快。

出現了質子和中子等粒子。

第一顆恆星形成了。

眾多恆星一起旋轉，形成了星系。

今天

眾多星系

星系是在引力的作用下，由行星、星雲、宇宙塵埃等各種天體組成的巨大的星團。至今觀測到的宇宙中至少有 1000 億個星系，除此之外，估計還有數萬億個星系尚未被發現。

我們的太陽位於銀河系的一條旋臂中。

形成恆星的塵埃和氣體。

中心隆起的部有許多老恆星。

銀 河

我們所處的星系被稱為銀河系。與其他星系相比，銀河系是一個中等大小的星系，直徑約 10 萬光年，擁有多達 4000 億顆恆星。人們認為所有大型星系的中心都有一個超大質量的黑洞，那裏的引力非常強大，任何東西都無法逃脫。銀河系的中心有一個被稱為人馬座 A* 的黑洞。

星系碰撞

當星系彼此靠近時，它們的引力會將它們拉得愈來愈近，直到它們相互碰撞。大約 2 億年前，車輪星系與一個較小的星系碰撞，小星系正好撞向車輪星系的中心，改變了車輪星系的螺旋形狀，並且留下了一個看起來像靶心似的致密核心。

氣體和塵埃從撞擊位置噴射出來，形成「輻條」。

在外圍有強烈的恆星形成活動。

橢圓形
像一個被「壓扁的」球形，有較多的恆星聚集在中心。

漩渦形
中心隆起，聚集着大量恆星，周圍環繞着向外盤旋的旋臂。

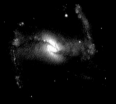 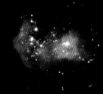

棒形
大量恆星聚集成短棒形狀，兩端湧現旋臂。

不規則形
恆星、氣體和塵埃的集合，沒有明顯的形狀。

星系的形狀

普遍認為，星系開始時是恆星和塵埃組成的旋轉雲團。當其他雲團靠近時，引力使它們發生碰撞，並且相互吞噬，形成更大的旋轉雲團。星系的形狀主要有 4 種：橢圓形、漩渦形、棒形和不規則形。

銀河系與鄰近的仙女座星系將在 40 億年後發生碰撞！

地球的夜空

夜空中的所有恆星都是銀河系的一部分。從我們所處的一條旋臂位置看去，銀河系就像一條發光的、朦朧的帶子，在天空中伸展。

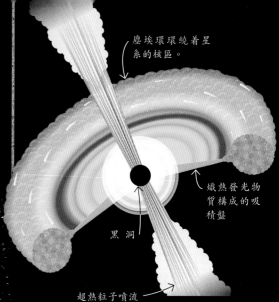

塵埃環環繞着星系的核區。

熾熱發光物質構成的吸積盤

黑洞

超熱粒子噴流

活躍星系

從中央核區的黑洞中產生大量能量的星系被稱為活躍星系。黑洞的超強引力吸入物質並且將它們撕裂，同時噴射出巨大的超熱粒子噴流。這些噴流能伸展到數千光年的長度。

三角座星系是在地球上，單憑肉眼可觀察到最遙遠的天體之一！

在較暗的區域中，來自恆星的光被厚厚的塵埃雲擋住了。

密集的恆星發出明亮的白色光芒

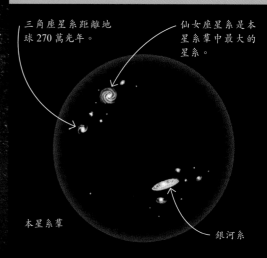

三角座星系距離地球 270 萬光年。

仙女座星系是本星系羣中最大的星系。

本星系羣

銀河系

星系羣

就像恆星一樣，星系也傾向於聚集在一起，有時會組合在一起成為超星系團。我們的銀河系屬於名為本星系羣的星團。本星系羣中只有 3 個大星系，其餘都是較小的矮星系。本星系羣是室女座超星系團的一部分。

巨大的環

土星環是太陽系中最大的行星環,直徑為 27 萬公里。如果將 21 顆地球排成一排,它們可以被裝入 4 個土星主環內!

最大的天然衛星

太陽系中至少有 255 顆天然衛星。最大的天然衛星比最小的行星還要大。右側是按直徑排列的前 5 大天然衛星。

木衞三和土衞六都比水星大!

1 木衞三(木星的衞星)
直徑 5270 公里

世界之最!

太 空

雖然宇宙中有無數星系、恆星和其他行星,但它是如此之大,以至於大部分空間仍然是空無一物!這裏是關於我們神奇的宇宙中,最大、最明亮、最不可思議的奇跡的一些事實和數據。

超新星爆發

當一顆質量巨大的恆星在超新星爆發中死亡時,它可能會在短暫的時間內比整個星系都要明亮。下圖是由氣體和塵埃構成的發光殼層,是被稱為仙后座 A 的超新星遺跡。

時 空

一天是一顆行星自轉一周所需要的時間。一年是行星圍繞太陽公轉一周所需要的時間。

← 自轉軸

水 星
一天的長度:1408 小時
一年長度:88 個地球日

金 星
一天的長度:5832 小時
一年長度:225 個地球日

地 球
一天的長度:24 小時
一年長度:365 個地球日

火 星
一天的長度:25 小時
一年長度:687 個地球日

木 星
一天的長度:10 小時
一年長度:4333 個地球日

土 星
一天的長度:11 小時
一年長度:10759 個地球日

天王星
一天的長度:17 小時
一年長度:30687 個地球日

海王星
一天的長度:16 小時
一年長度:60190 個地球日

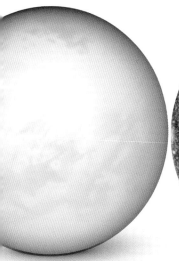

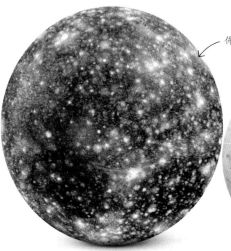

佈滿隕石坑的表面

表面分佈着數百座火山。

2 土衞六（土星的衞星）
直徑 5150 公里

3 木衞四（木星的衞星）
直徑 4820 公里

4 木衞一（木星的衞星）
直徑 3640 公里

5 月球（地球的衞星）
直徑 3480 公里

最近的恆星

以下是距離地球最近的恆星，距離以光年為單位。行駛時間是假設你以每小時 110 公里的速度駕車從地球前往此恆星所需要的時間。

1 太陽
距離：0.000016 光年
行駛時間：160 年

2 比鄰星
距離：4.2 光年
行駛時間：4200 萬年

3 南門二 A，南門二 B
距離：4.3 光年
行駛時間：4300 萬年

4 巴納德星
距離：6 光年
行駛時間：6000 萬年

5 禾夫 359
距離：7.9 光年
行駛時間：7900 萬年

擦肩而過

2019 年，有一顆被稱為 2019 OK 的小行星在距離地球只有 71300 公里的位置飛過，但是卻沒有人注意到它接近！這段距離是地球和月球之間的距離的五分之一。這顆小行星是迄今為止距離地球如此之近的最大的天體。

小行星 2019 OK 的面積約相當於一個足球場。

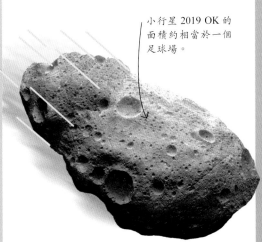

有超過 3 萬顆小行星被科學家們歸類為「近地天體」！

麥克諾特彗星

最亮的彗星

天文學家認為太陽系中有數萬億顆彗星，但是只有少數會運行到地球附近，人們可用肉眼看見。以下是近年來最壯觀的幾顆彗星。

新智彗星 2020 年
這是本世紀迄今為止最亮的彗星，6800 年後才會再次出現。

麥克諾特彗星 2007 年
這顆彗星非常明亮，在白天也可以看見。

海爾-波普彗星 1997 年
這顆彗星的可見時間超過 18 個月，曾被全球無數人目睹。

百武二號彗星 1996 年
這顆彗星有長達 5.7 億公里的彗尾，是有史以來測得的最長彗尾。

威斯特彗星 1976 年
這顆非常明亮的彗星將在 50 萬年後才會再次出現。

巨大的木星

木星是太陽系中最大的行星。太陽系中，其他所有行星的質量加在一起還不到木星質量的一半。

恆星的光

超巨星盾牌座 UY 是已知體積最大的恆星之一，它的體積能夠容納 50 億顆太陽！

夜空中的恆星看起來像閃閃發光的、微小的點。如果我們近距離觀察，則會發現它們是巨大的超熱氣體球。它們核心中的粒子互相碰撞產生核反應，將熱量和光照射到宇宙中。僅在銀河系中就有多達 4000 億顆恆星。

大部分塵埃來源於古老恆星的遺骸。

太空中的夥伴

許多恆星獨自度過一生，例如我們的太陽。而有些恆星則成對或成羣地被它們的引力束縛在一起，相互繞行，有時還被行星羣輪流環繞。

這對恆星是名為 DI Cha（迪察）的年輕恆星系統的一部分。

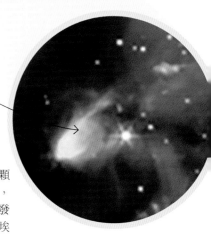

這圈看起來像彗星的天體實際上是一股原恆星噴流，也就是從一顆看不見的新恆星中，噴出的一股氣體。

恆星噴流

右圖黃色區域顯示了一顆新生恆星噴出的高速噴流，在噴入周圍氣體時，使氣體發光。而新生恆星本身則被塵埃籠罩，無法看見。

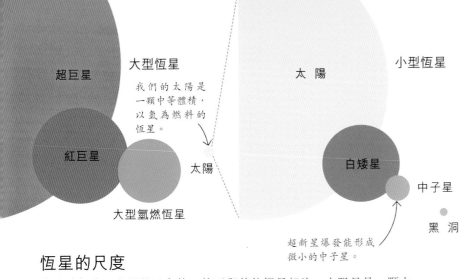

超巨星

大型恆星

我們的太陽是一顆中等體積，以氫為燃料的恆星。

紅巨星

太陽

大型氫燃恆星

超新星爆發能形成微小的中子星。

太陽

小型恆星

白矮星

中子星

黑洞

恆星的尺度

與地球相比，太陽是巨大的。然而與其他恆星相比，太陽只是一顆中等體積的恆星。有些超巨星大約是太陽的 1500 倍。有些比太陽小的恆星是已經死亡的大恆星殘骸。

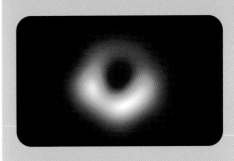

黑暗而密集

這是有史以來第一張黑洞照片，它顯示了 M87 星系中心的超大質量黑洞。星系中心的黑洞比垂死恆星形成的黑洞大數千倍。

濃密的塵埃和氣體，其厚度可高達約 7 光年。

熾熱的年輕恆星在引力作用下聚集在一起，發出強烈的星風。

恆星的誕生

美國太空總署的占士·韋伯太空望遠鏡於 2022 年拍攝到這團旋轉的塵埃和氣體，它是船底座星雲的一部分。船底座星雲距離地球約 7600 光年，是一個恆星的孕育地，有許多年輕的恆星在那裏誕生。

誕生與死亡

所有恆星都會經歷一個生命週期，它們在數十億年的時間裏誕生，變化，最終死亡。一顆恆星遵循的生命週期類型取決於它的質量。以下是恆星可能經歷的生命階段的 3 個例子。

大質量恆星

隨着燃料耗盡，恆星會膨脹，成為一顆超巨星。

一旦燃料完全耗盡，恆星就會爆炸，成為超新星。

高密度的、快速旋轉的中子星。

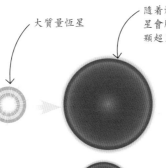

星雲的一部分開始崩塌，形成一顆新恆星的核心。

中等體積的恆星，就像我們的太陽。

隨着燃料耗盡，恆星會膨脹，變成紅巨星。

沒有了燃料，紅巨星就會演變成白矮星。

最終它會變成一顆寒冷而沒有生氣的黑矮星。

大部分的大質量恆星會變成黑洞。

太 陽

太陽是由等離子體（帶電氣體）構成的巨大的球體。太陽很大，能容納 1 百萬顆地球。太陽引力使太陽系天體保持在適當的軌道上，維持着太陽系的穩定。太陽光為地球上所有生命提供能量。在耗盡燃料之前，太陽將會繼續發光 50 億年。

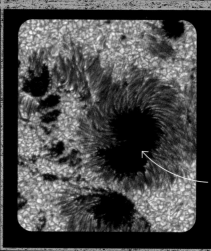

太陽黑子

太陽黑子是太陽表面的暗色斑塊，溫度比較低。這些斑塊處的磁場很強，能抑制熱氣體被傳送到表面。太陽黑子的升跌數量週期 11 年。

儘管太陽黑子的溫度比周圍的表面低，但是太陽黑子的溫度仍然高達約 3600℃。

表面有橙皮狀紋理，被稱為「米粒組織」。

太陽大氣層的最外層被稱為日冕。

太陽風暴

太陽的大氣層非常動盪。超熱的等離子體流從內部噴射出，然後以日冕雨的形式落回。這些太陽風暴產生的衝擊波會干擾地球上電子設備的運行，甚至會導致停電。

被稱為日珥的氣體流從太陽表面噴射出，能高達數 10 萬公里。

日珥是由太陽的磁場引起的，能持續數天或數月。

太陽是由帶電的氫和氦構成的。

太陽每秒鐘釋放的能量是地球上每個人 1 年消耗的能量的 50 萬倍！

太陽內部

太陽是一顆巨大的氫氣和氦氣球體。在它的核心內，核反應產生大量的能量，溫度高達 1500 萬攝氏度。

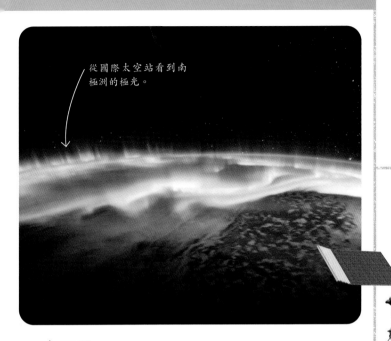

核 心

氣 層

可見的表面被稱為光球層。

光球層上方是看不見的大氣層。

從國際太空站看到南極洲的極光。

遮陽板能夠承受高達 1300℃ 的高溫。

太陽能電池板為探測器供電。

太陽風

太陽風是連續不斷的從太陽中噴出的等離子體（帶電粒子）流，其中有些帶電粒子被地球的磁場捕獲，然後匯集到大氣中，在地球南北兩極周圍的天空中形成極光。

近距離接觸

派克太陽探測器於 2018 年發射，任務是飛入太陽大氣層，近距離研究太陽。它是有史以來最快的人造天體，行駛速度超過每小時 532000 公里。

太陽核心中的能量需要 10 萬年才能到達太陽表面，然後僅需 8 分鐘就能到達地球！

天體的巧合！

當月球經過地球和太陽之間時，就會發生日全食。我們從地球上能看到月亮正好遮住整個太陽，這是因為太陽的直徑為月球的 400 倍，而日地距離大約也是月地距離的 400 倍。

太陽的影響

太陽的引力不僅使行星保持在軌道上，而且還使它們之外的其他無數天體保持在軌道上。凱伯帶由小行星、矮行星和彗星組成。遙遠的奧爾特雲一直延伸到太陽到最近的恆星的一半距離。

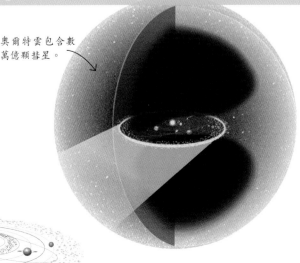

奧爾特雲包含數萬億顆彗星。

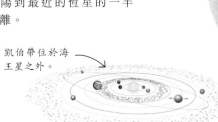

凱伯帶位於海王星之外。

我們的太陽系

圍繞太陽運行的有 8 顆行星和難以計算的小行星，還有彗星和其他天體，它們構成了我們的太陽系。右圖顯示行星距離太陽的位置順序。注意：圖中行星的大小以及它們之間的距離並不反映實際比例。

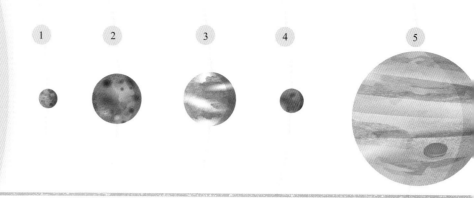

完美的行星

行星是由岩石或液化氣體構成的球體，它們圍繞恆星運行，每顆行星都有自己的軌道，在運行時還像陀螺一樣自轉。我們的地球是距離太陽第 3 近的行星。到目前為止，地球是我們所知道唯一能夠孕育生命存在的行星。

巨大的木星

氣態的木星是太陽系中最大的行星，能容納 1000 多顆地球，它的條紋雲帶是由強風引起的。

木星上的大紅斑（在這張紅外圖像中呈藍色）是一場巨大的旋轉風暴。

天王星是唯一一顆躺着旋轉的行星，就像一隻繞着太陽滾動的球！

遙遠的太陽系外行星

太陽系之外的行星被稱為太陽系外行星，到目前為止，已經發現了 5000 多顆。左圖是有史以來第一張太陽系外行星的照片，距地球約 170 光年。

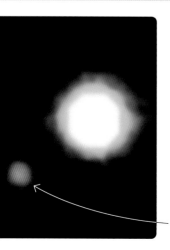

這顆紅色的系外行星名為：2M1207b！

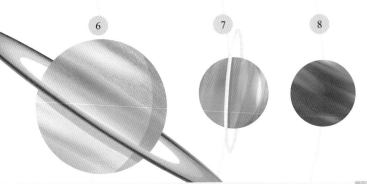

1. **水星** 是最小的行星，它的軌道離太陽最近。

2. **金星** 是最熱的行星，有着厚厚的雲層。

3. **地球** 是已知唯一擁有液態水的行星。

4. **火星** 寒冷乾燥，大氣稀薄。

5. **木星** 有 90 多顆衛星圍繞它運行。

6. **土星** 有一個由冰塊構成的環。

7. **天王星** 是太陽系中最冷的行星。

8. **海王星** 上有太陽系中風速最高的狂風。

在水星表面，白天的溫度飆升至 430 ℃，但是在夜間驟降至 -180 ℃ ！

木星赤道附近的雲層以超過每小時 500 公里的速度移動。

行星的類型

太陽系的行星主要分為兩類：4 顆距離太陽最近的行星是岩石行星，其他 4 顆距離遠的行星是氣態巨行星。

岩石行星

這種行星體積小，主要是固體，表面堅硬，它們的金屬核心可能是液體或固體，或者兩者都有。

金屬核心。

熾熱的熔岩地慢。

堅硬的外殼。

氣態巨行星

這種巨大的行星沒有固化的表面。它們主要由液化氣體構成，但是也含有一些岩石物質。

岩石內核。

液化氣層。

大氣層。

紅色星球

與地球一樣，火星也有岩石表面、雲層和四季。然而，它的環境要極端得多，它有巨大的、能持續數星期的沙塵暴，被稱為「沙塵魔鬼」。

火星因其鐵鏽色、富含鐵的土壤而被暱稱為紅色星球。

凱蒂・斯塔克・摩根博士是美國太空總署噴氣推進實驗室的地質學家。她是火星 2020 漫遊者任務的項目科學家之一。

火星科學家

問：如何從這麼遠的地方控制火星探測器呢？

答：我們並不是用操縱桿實時控制探測器的。實際上，我們制定每日計劃，告訴探測器該做甚麼、開到哪裏，收集甚麼樣本。當探測器在火星上的夜間充電時，我們制定計劃，並且通過深空網絡（一個基於地球的無線電天線網絡）發送給它；它「醒來」後就按計劃進行新的一天科學和工程任務。

問：火星探測器如何能堅持這麼長時間呢？它有很大的電池嗎？

答：許多以前的火星探測器和着陸器都是太陽能驅動的，但是毅力號的動力是由放射性同位素熱電機提供的。這種熱電機將核燃料（主要是鈈 238）自然衰變產生的熱量轉化為電能，非常可靠，壽命長，並且不受火星的沙塵和沙塵暴影響。

問：這項任務中最困難的部分是甚麼？

答：發射和着陸絕對是最緊張的時刻，具有最大的風險。如果出現問題，結果可能是災難性的。當探測器安全抵達火星表面時，我們團隊中的每個人都鬆了一口氣。

問：你認為你們會找到生命跡象嗎？

答：毅力號已經研究了一些有希望的樣本，但是在確認是否存在生命之前，我們需要將這些樣本送回地球進行分析。美國太空總署正在計劃一項任務：收集樣本並且在 21 世紀 30 年代將它們送回地球。

問：你們如何知道去哪裏尋找生命跡象呢？

答：我們利用在地球岩石中尋找古代生命的經驗，去尋找曾經存在過水和能源的跡象，另外我們還尋找已知能夠保存生命跡象的岩石類型。

問：耶澤羅撞擊坑有甚麼特別之處呢？

答：美國太空總署選擇耶澤羅撞擊坑作為着陸點的原因之一是，它有非常多的岩石類型和潛在的宜居環境。探索這個區域會讓我們更全面地了解火星在遙遠的過去是甚麼樣的。在未來，火星探測器很可能會探索太陽系中的一些最古老、最神秘的岩石！

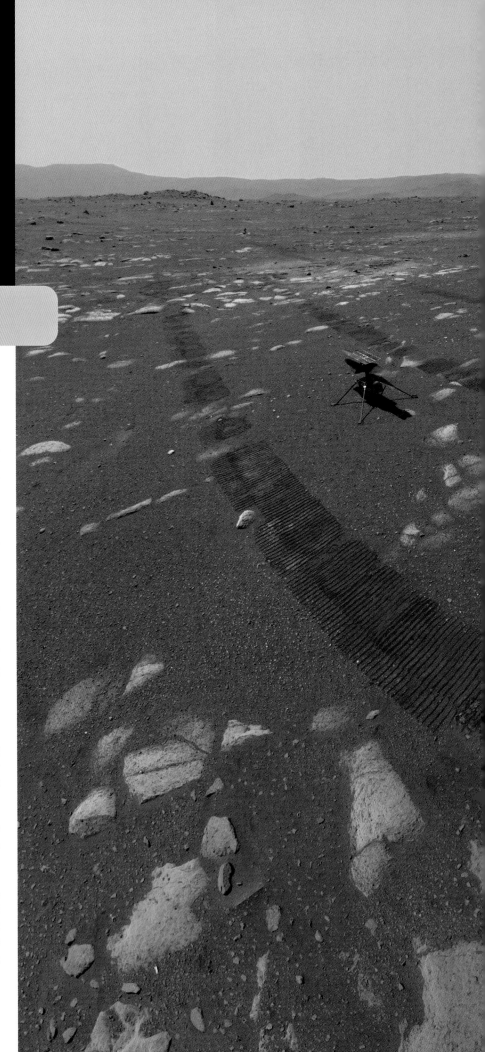

尋找火星上的生命

美國太空總署的毅力號火星探測器於 2021 年 2 月降落在火星表面。這輛汽車大小的火星探測器正在探索耶澤羅撞擊坑（據信是一個古老的河流三角洲），尋找那裏是否有曾經存在過生命的跡象。圖中左側的一架名為機智號的小型直升機證明了在火星稀薄的大氣層中進行動力飛行是可能的。

小行星撞擊！

　　除了行星外，還有難以計算的其他天體圍繞太陽運行，它們是太陽系誕生時遺留下來的大塊岩石、金屬和冰。偶爾，太空岩石會衝入地球的大氣層，甚至墜落在地表上。

巨型隕石

　　大多數墜落在地球上的隕石都是小岩石碎塊，但是也有一些很大的，產生了重大衝擊的隕石。右圖中的巨大鐵塊被稱為威拉姆特隕石，它是美國有史以來發現的最大隕石，重達 15.5 噸。像這樣大的金屬隕石非常罕見。

> **火星上的烏托邦隕石坑直徑為 3330 公里，幾乎與澳洲一樣大！**

小世界

　　太陽系有無數小成員，它們是比行星還小的天體。迄今為止，已檢測到超過 110 萬顆小行星，但是還在不斷發現新的小行星。

金屬與地球上的雨水發生反應後形成了凹坑。

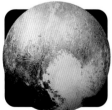

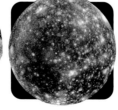

矮行星
與行星相似但比行星小。它們與其他天體共享軌道。

小行星
圍繞恆星運行的岩石、金屬或冰質天體。小行星的形狀有球形的，也有不規則的。

衛星
圍繞行星或小行星運行的小型岩石或冰體。

彗星
由岩石、塵埃和凍結的氣體混合而構成，帶有塵埃和氣體尾巴。

這塊隕石高 3 米，是 4 歲兒童平均身高的 3 倍。

DART 航天器。

撞擊後，雙小行星系統產生了微弱的雙尾。

當這塊隕石加速穿過地球大氣層時，表面因磨擦產生的高溫而被融化了。

這塊隕石由金屬構成，主要成分是鐵。

DART（雙小行星改道測試）任務

2022 年，美國太空總署將一隻航天器撞向一顆名為迪莫弗斯的小行星，以查看撞擊是否會使它偏離軌道。早期結果顯示撞擊似乎有效！那麼這就可能是一種保護地球免受大型小行星撞擊的方法。

每天，大約有 48.5 噸各種太空漂流物撞向地球，但是其中大部分在撞擊地面之前就在大氣層中燃燒殆盡了！

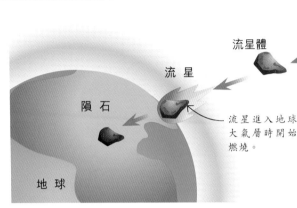

小行星是圍繞太陽運行的大岩石。

小行星

流星體

流星

隕石

地球

流星進入地球大氣層時開始燃燒。

改變名稱

我們使用不同的名稱來稱呼接近地球的太空岩石。從小行星或彗星上脫落下來的岩石被稱為流星體。如果流星體進入地球大氣層，就被稱為流星。如果流星撞擊到地球表面，則被稱為隕石。

高能衝擊

小行星以每秒約 70 公里的速度撞擊地球，釋放出巨大的能量。這種能量會使大部分隕石以及着陸點的部分地面氣化。

衝擊將地表向上推，形成環狀邊緣。

由拋射物（碎片）形成較小的坑。

隕石坑周圍形成環形山脊。

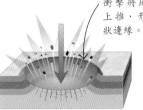

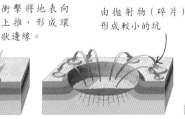

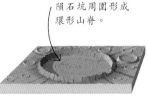

撞擊
小行星以極快的速度撞擊地面，產生了爆炸性的能量。

幾秒鐘後
隕石坑的碎片被向外拋出，形成次級隕石坑。

很久以後
最終，隕石坑的底部變平，現場周圍環繞着拋出物

巨大的隕石坑

美國亞利桑那州的巴林傑隕石坑形成於 5 萬年前，當時一顆直徑為 50 米的隕石以 10 兆噸核彈的力量撞擊地面，產生了一層厚到足以阻擋太陽並且影響當地氣候的灰燼和塵埃雲。

這個隕石坑的直徑為 1.3 公里。

這個隕石坑呈碗形，深 174 米。

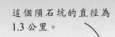

壯觀的月球

月球是地球的天然衛星，它沿着軌道圍繞地球運行。在太陽系的 250 多顆已知天然衛星中，月球這顆塵土飛揚的乾燥球體是最大的衛星之一。到目前為止，只有 12 個人在月球表面行走過，但是人類計劃將在近年內重返月球。

地球和月球之間的平均距離能容納排成一行的 30 顆地球。

月球的地貌

月球表面有起伏的山脈和山谷，還點綴着巨大的岩石。這張 1972 年拍攝的全景照片展示了阿波羅 17 號曾經着陸的陶拉斯-利特羅山谷。

高地佔月球表面的 83%。

巨石是隕石撞擊的殘餘物。

月球的誕生

我們的月球形成於大約 45 億年前，當時蓋亞行星和忒伊亞行星發生了碰撞。巨大的撞擊產生了一顆新行星—地球，以及圍繞地球的岩石和塵埃雲，後者最終聚集在一起形成了月球。

忒伊亞行星　蓋亞行星

相聚
蓋亞的引力將較小的忒伊亞拉近，直到兩者相撞。

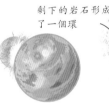

碰撞碎片
兩顆行星的撞擊產生了金屬和岩石碎片。

剩下的岩石形成了一個環

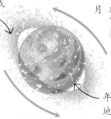

新星球
碎片聚集在一起，一顆新行星開始形成，這就是地球。

成熟的地球　月球

年輕的地球

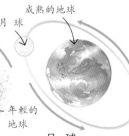

月球
圍繞地球運行的岩石在重力作用下聚集在一起形成了月球。

背面

月球在圍繞地球運行時緩慢地自轉，自轉一圈與沿着軌道運行一圈所用的時間完全相同，因此我們只能看到月球的同一面。左圖是由一顆距離地球 160 萬公里的衛星拍攝的照片，向我們展示了月球的「背面」。

月球的低重力意味着你在月球上能跳起的高度是在地球上的 6 倍！

表面特徵

這是月球的「正面」，我們從地球上總會看見它。它有名為瑪麗亞的平坦的暗色低地，以及顏色較淺的高地。到了晚上，月球會因反射太陽光而「發光」。

數百個隕石坑在月球表面留下了點點印記。

月球的瑪麗亞曾經是熔岩海。

有些隕石坑周圍有「射線」狀的痕跡，這是在撞擊過程中岩石向四周飛濺而形成的。

較亮的區域是高地，也就是山區，其中點綴着隕石坑。

阿波羅 17 號任務使用了月球車來探索月球表面。

阿波羅 17 號太空人夏里遜·施密特是最後一位踏上月球的人類。

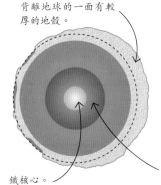

永久的足跡！

與我們的地球不同，月球沒有風、水和氣候變化。這意味着太空人在月球上留下的每一個腳印都還在那裏，保持着他們離開時的樣子。

變化的月相

我們所看到的月球在一個月內從一個完整的圓形變成一彎細長的月牙，這是因為它的不同部分被太陽照亮。在月食期間（如圖所示），它的形狀也會發生變化，這是由地球在月球和太陽之間移動造成的。地球在月球上投下陰影，但是仍有少量太陽光經過地球大氣層折射而到達月球，使月球呈現紅色。

不勻稱的地殼

月球由岩石構成，中央是一顆鐵核心。月球剛形成時，所有的岩石都呈熔化狀態，但遠離地球的一面冷卻得比較快，因此凝固了比較厚的地殼，使月球的地殼變得不勻稱。

背離地球的一面有較厚的地殼。

靠近核心的岩石呈半熔化狀態。

鐵核心。

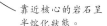

月球以每年 3.8 厘米的速度遠離地球！

各種景象

有些望遠鏡只能觀察可見光，而有些望遠鏡能夠檢測其他波長的光。它們提供了非常不同的宇宙景象。以下的一系列圖像都是蟹狀星雲（一顆超新星爆炸後的發光殘餘物）的照片，但是每張照片都是由不同類型的望遠鏡拍攝的。

可見光

哈勃太空望遠鏡拍攝的這張紅光、綠光和藍光照片揭示了這顆超新星爆炸後噴出的大量氣體。

哈勃太空望遠鏡

紫外線

這張紫外線照片揭示了高速帶電粒子發出的紫外線。

XMM- 牛頓望遠鏡

望遠鏡安裝在一座圓頂形的建築物。

光線進入望遠鏡。

蓋子能滑動到開口上，將開口關閉。

夏威夷的凱克 II 天文台

鏡面反射光線。

光線進入照相機。

望遠鏡的內部

觀察可見光的望遠鏡使用巨大的鏡子來反射光線。望遠鏡越大，它能收集到的光線就越多，就能產生更清晰的圖像。大型望遠鏡建在偏遠的山上，那裏空氣乾燥，受人工照明的影響也小。

主鏡由 18 片 6 邊形鏡片組成。

巨大的鏡子

為了獲得清晰的圖像，不受地球大氣層的干擾，必須將望遠鏡發射到太空中。詹姆斯·韋伯太空望遠鏡是迄今為止最大的太空望遠鏡。圖為 2021 年仍在建造中的太空望遠鏡。

在發射前，這面巨大的鏡子在實驗室進行測試，以確保每個部分都被完美地校準。

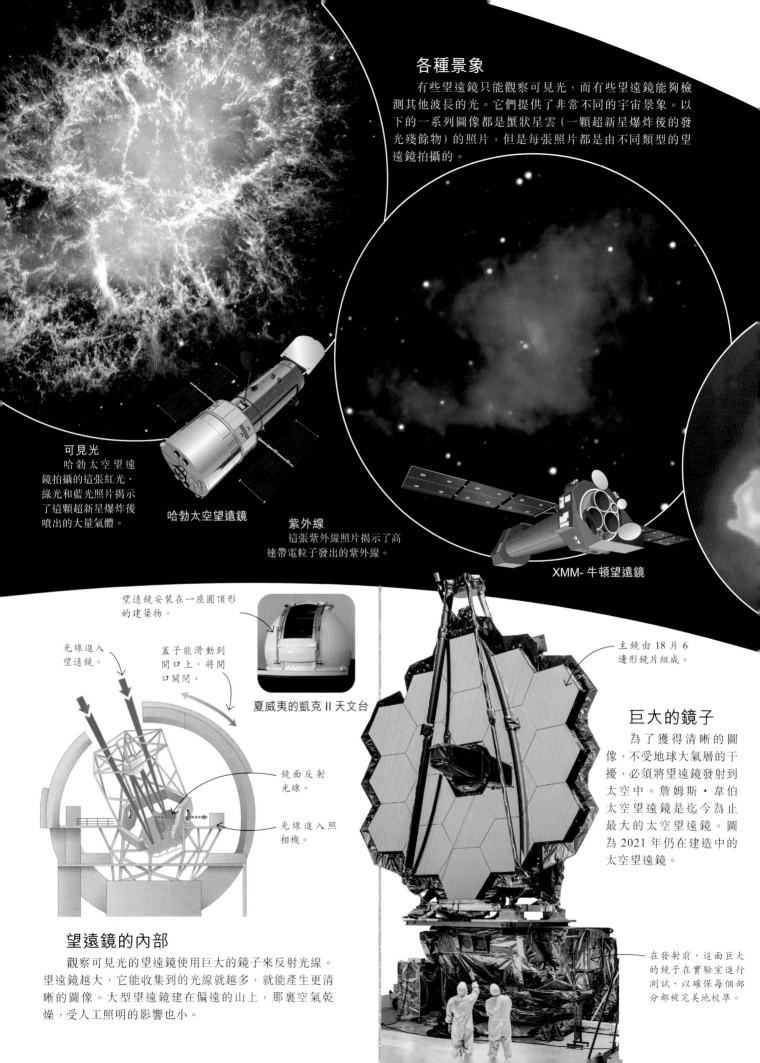

中國射電望遠鏡的口徑有 500 米長，鏡面可以覆蓋 750 個網球場！

觀察太空

　　為了詳細觀察太空，天文學家使用功能強大的高科技望遠鏡，其中一些望遠鏡建造在地面，而另一些望遠鏡則在環繞地球的軌道上運行。這些望遠鏡呈現了我們肉眼看不到的景象。

無線電波
這張彩色照片顯示，整個星雲中熱氣體的無線電輻射強度的變化狀況。

美國的甚大天線陣

紅外線
這張紅外線照片顯示，在帶電粒子的白色輝光背景中，有幾股呈粉紅色的氣體。

占士・韋伯太空望遠鏡的鏡面鍍有薄薄的一層 24K 金！

史匹哲太空望遠鏡

X 射線
這張 X 射線照片顯示了蟹狀星雲中心的脈衝星。這顆快速旋轉的中子星發射出強大的粒子流。

昌德拉 X 射線天文台

伽馬射線
這張伽馬射線的巨大爆發照片顯示了星雲中央脈衝星的巨大能量。

假恆星。
激光束。

聚焦
有些望遠鏡使用激光來幫助它們克服地球大氣層變化的干擾。它們用激光束瞄準天空來製造一顆「假恆星」，然後用電腦跟蹤假恆星的位置的微小變化，使望遠鏡能更準確地調整聚焦。

費米太空望遠鏡

探索太空

長期以來，人們一直對探索太空的挑戰着迷。對於科學家來說，僅從地球上觀察太空是不夠的。為了多地了解太空，我們需要走出去！迄今為止，人類唯一親身涉足地球以外的天體就是月球。

月球營地

人類上一次造訪月球是在 20 世紀 70 年代，但是這種情況即將改變。美國太空總署的月亮女神計劃旨在於 2024 年將人類送上月球，然後建造一個永久性營地作為前往火星或更遠區域執行任務的基地。

探索月球表面的車輛。

用於種植食用植物的玻璃穹頂室。

美國太空總署的太空人留在月球上的物品中包括 6 面美國國旗、2 顆高爾夫球和 1 張家庭照片！

太陽能電池板將為月球基地提供電力。

太空探索史

自第一次太空任務以來，太空科學取得了巨大進步。以下是太空探索史上的一些重大突破。

1957 年史普尼克 1 號人造衛星
蘇聯發射了第一顆人造衛星。它在環繞地球的軌道上飛行了 3 個月。

1961 年東方 1 號
第一位進入太空的人類是尤里・加加林，他乘坐蘇聯的東方 1 號航天器環繞地球飛行。

1965 年金星 3 號
金星 3 號在金星表面着陸，成為第一艘到達另一顆行星表面的航天器。

1969 年阿波羅 11 號
美國人巴茲・奧・艾德靈和尼爾・岩士唐成為第一批登上月球的人，而米高・柯林斯在指揮艙中環繞月球飛行。

貨物被裝在頂部的獵戶座太空艙內。

巨大的燃料艙。燃料用盡後會自動脫離。

氣體從火箭推進系統中高速噴出,產生將火箭推入太空所需要的推力。

我們如何探索太空

類型	作用
運載火箭	這些超級強大的火箭被用於發射航天器。一旦釋放航天器,運載火箭就會落回地球。
無人航天器	這些航天器飛過天體或環繞天體運行,收集數據和圖像,然後將它們發送回地球。
着陸器和探測器	有些航天器攜帶智能車輛,並且將它們放到星球表面進行探索,拍攝照片和採集樣本。
載人航天器	到目前為止,航天器已經將人類送到圍繞地球運行的軌道、太空站和月球,並且載人返回地球。
太空站	這些研究性質的太空站圍繞地球運行。科學家可以在太空站中生活和工作數星期或數月,再返回地球。

自 2007 年以來,美國太空總署的黎明號離子動力推進器已經飛行了總計 69 億公里。

電的力量
離子推進是一種為航天器提供動力的新方式。它的工作原理是先將推進劑電離,再將離子加速並噴出,形成推力。離子推進器能夠使航天器達到令人難以置信的高速。

天涯海角小行星是迄今為止被探索過的最遙遠的天體!

天涯海角小行星距離地球 64 億公里。

火箭科學
脫離地球的引力需要巨大的能量。火箭通過燃燒大量燃料來實現升空。當燃料燃燒時,熾熱的氣體從火箭尾部中噴射而出,推動火箭上升。圖中是 2022 年月亮女神 1 號所用的太空發射系統火箭。

美國太空總署的前太空人沃利·馮克在 82 歲時首次進入太空!

太空遊客
有些公司為「業餘太空人」提供進入太空的機會。一次 90 分鐘的旅行花費大約為 1 百萬美元。在國際太空站住 1 個星期總花費為 5500 萬美元!

1971 年禮炮 1 號
蘇聯發射了第一座圍繞地球運行的太空站,它是圓柱形的,在軌道上飛行了 175 天。

1973 年先鋒 10 號
這艘航天器飛越了木星,成為第一艘穿越太陽系的小行星帶的航天器。

1997 年火星探路者號
這艘航天器降落在火星上,成為第一艘成功地將旅居者號探測車運送到另一顆行星的航天器。

2015 年新視野號
這艘遠距離航天器到達了矮行星冥王星,然後繼續探索柯凱伯帶。

2022 年月亮女神 1 號
這艘無人駕駛的月球軌道航天器的發射標誌着人類登月任務的重啟。

太空動物

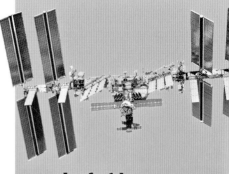

你知道嗎？各種各樣的動物曾經被送入太空！1948 年，一些果蠅成為最早進入太空的動物。在太空探索的早期階段，動物被用於測試任務，有些動物就被留在了太空。

蜘　蛛
1973 年，兩隻蜘蛛安妮塔和阿拉貝拉被送往天空實驗室太空站，並且展示了牠們能夠在太空中織網。

青　蛙
自從 1970 年代以來，青蛙一直被用於研究失重狀態對動物的影響。

靈長類動物
已經有 32 隻猴子和猿類動物進入太空。第一隻進入太空的靈長類動物是名叫哈姆的黑猩猩。

狗
一隻名叫萊卡的狗在 1957 年成為第一隻圍繞地球運行的動物。

陸　龜
1968 年，兩隻俄羅斯草原陸龜成為第一批圍繞月球運行的動物。

太空站
國際太空站以每小時 28000 公里的速度圍繞地球運行，每 90 分鐘沿着軌道運行一周。太空人在太空站內每天看到 16 次太陽升起和落下。

太空記錄

太空中的最年長的人
90 歲高齡的美國演員威廉·夏特納於 2021 年進入太空。

太空中的最年輕的人
荷蘭學生奧利弗·戴門在 18 歲時以遊客身份進入太空。

第一位太空遊客
美國商人丹尼斯·蒂托於 2004 年支付了 2 千萬美元後，訪問了國際太空站，成為第一位太空遊客。

太空行走次數最多的人
俄羅斯太空人阿納托利·索洛維約夫保持着太空行走次數最多的記錄。他一共進行了 16 次太空行走，總計超過 82 小時。

飛離地球最遠的人
1970 年，阿波羅 13 號的機組人員在航天器受損後，不得不使用重力助推，圍繞月球運行了一大圈後才返回地球。

阿波羅 13 號機組人員返回地球。

世界之最！

火　箭

自上個世紀中葉以來，人類一直在將太空旅行的夢想變為現實。讓我們來認識這裏的太空探索先驅，並且了解有史以來最大的火箭。

1　星艦，120 米　Space X（太空探索技術公司），2023 年

2　太空發射系統二型，111.2 米　美國太空總署，正在開發中

3　土星 5 號運載火箭，111 米　美國太空總署，1967 年

4　N1 運載火箭，105 米　蘇聯，1969 年

月球任務

人類已經探索月球幾十年了。美國太空總署的月亮女神任務計劃在 21 世紀 20 年代內將人類再次送上月球。

1959 年 首次飛近月球
由蘇聯發射的月球 1 號是第一艘接近月球的探測器。

1966 年 第一艘月球軌道飛行器
蘇聯的月球 10 號是第一艘圍繞月球飛行的飛行器（也是第一艘圍繞地球以外的天體的飛行器）。

1969 年 人類首次登月
阿波羅 11 號的尼爾・岩士唐於 1969 年 7 月成為第一位在月球上行走的人。

1970 年 首輛月球車
蘇聯的月球 17 號任務於 1969 年 7 月將遙距控制的月球車 1 號送上了月球。

尼爾・岩士唐在月球上

在軌道上

目前大約有 5000 顆活躍的人造衛星正在環繞地球運行，用於通訊、地球觀測和衛星導航系統。但是還有大量的太空垃圾也在圍繞地球運行，據估計，其中有超過 100 萬顆比彈珠大的碎片。

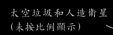

太空垃圾和人造衛星
（未按比例顯示）

太空機構

許多國家都有政府太空機構，目前只有 6 個國家有能力發射航天器，並且能夠在除地球以外的天體着陸。下圖顯示了這些機構在 2018 年的支出（以美元為單位）。

美國太空總署・195 億美元

中國國家太空總署・110 億美元

歐洲太空總署・63 億美元

俄羅斯太空活動國有公司・33 億美元

日本宇宙航空研究開發機構・20 億美元

印度太空研究組織・15 億美元

最大的火箭

用於將航天器送入太空的火箭被稱為運載火箭。這裏是有史以來所建造最大的運載火箭。

2022 年，搭載美國太空總署的月亮女神 1 號任務的太空發射系統一型火箭，有着 4000 兆牛頓的推力，比有史以來任何火箭都強大！

按比例展示的倫敦大本鐘的鐘樓

太空發射系統一型・98 米
美國太空總署・2022 年

4

大本鐘
英國倫敦・96 米

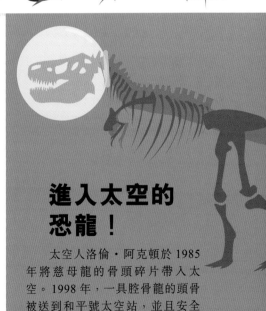

進入太空的恐龍！

太空人洛倫・阿克頓於 1985 年將慈母龍的骨頭碎片帶入太空。1998 年，一具腔骨龍的頭骨被送到和平號太空站，並且安全地返回地球。

太空中的生活

國際太空站提供了一個永久性的太空基地，配備了太空人生活和工作所需要的設施。而對於艙外的任務，太空衣為太空人的行動提供了生命維持系統。

太空人們做實驗來更多地了解太空。2007 年，他們發現了一種名為緩步動物門的微型動物能夠在航天器外存活 10 天！

微小的緩步動物門（俗稱水熊蟲）的長度不到 1 毫米。

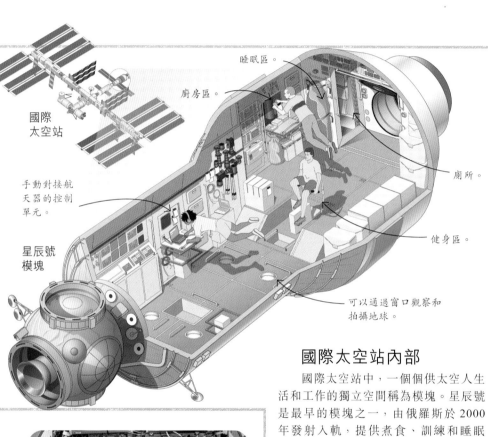

國際太空站

睡眠區。

廚房區。

手動對接航天器的控制單元。

星辰號模塊

廁所。

健身區。

可以通過窗口觀察和拍攝地球。

國際太空站內部

國際太空站中，一個個供太空人生活和工作的獨立空間稱為模塊。星辰號是最早的模塊之一，由俄羅斯於 2000 年發射入軌，提供煮食、訓練和睡眠區域。

太陽

照相機和手電筒可以安裝在頭盔上。

每項太空任務都有特別設計的彩色臂章。

保持健康

長期生活在微重力環境中會對身體造成傷害。為了避免這種情況，太空人必須鍛鍊身體。他們每天使用健身器材活動大約 2 個小時，運動時繫上繩索以防自己飄走！

國際太空站中太空人的飲用水有一部分是來自他們自己的汗水和尿液！

微重力烘焙

2021 年，國際太空站的太空人跨越了一個新領域：太空烘焙。他們花了 2 個小時成功烘烤出曲奇餅乾，比在地球上所需的時間要長得多。遺憾的是，基於安全理由，他們不得品嘗這些餅乾。

鍍金塗層保護穿著者免受太陽光線的傷害。

生命支持背包的控制單元。

手套裏有加熱元件，以使雙手保持溫暖。

腿和腳部有保護性軟墊。

背包裏有空氣過濾器和水箱。

太空衣工作原理

艙外太空衣旨在讓穿着者能夠在航天器外活動時，維持生命所需。它的生命支持系統提供氧氣，並且使身體各部位保持在合適的溫度。

剛性外殼。

顏色條紋使工作人員能夠識別太空人。

內層備有水管，以使太空人保持通爽。

英國太空人蒂姆·皮克在國際太空站的跑步機上僅用了 3 小時 35 分鐘就跑完了全程馬拉松！

太空漫步中自拍

與任何結構一樣，國際太空站也需要維護和修理。太空人有時必須穿上太空衣，到太空站的外部進行檢修。這張自拍是由工程師星出彰彥拍攝的。

星出彰彥的面罩像鏡子一樣反射出國際太空站和遠處的地球。

梅根・麥克阿瑟博士是美國太空總署的太空人。這張照片攝於 2021 年國際太空站內。她在那裏執行美國太空總署的 SpaceX（美國太空探索技術公司）載人 2 號任務，居住了 6 個月。

訪問
太空人

問：被火箭送入太空的感覺如何？

答：感覺到時間比以往任何時候都快（因為事實如此！）。

問：在微重力下是甚麼感覺？

答：有點像漂浮在水中，但是踢腿也無法前行。

問：在你的工作中你最喜歡哪一部分？

答：我喜歡為自己的工作去學習很多不同的技能，例如如何操作機械臂，如何在太空中進行科學實驗，以及如何修理設備。

問：你見過最神奇的事情是甚麼？

答：我見過最神奇的事情是極光。那是一場美麗的自然光演出，是由太陽粒子與我們大氣中的氣體相互作用引起的。能從太空中看見極光，我感到非常幸運！

問：如何成為一名太空人？

答：從上學開始，你就必須學習科學、數學和工程學。如果你喜歡使用工具，並且喜歡團隊合作，也會有所幫助。在你被聘為太空人後，你通常必須再花幾年時間來了解你將要使用的航天器和你將要執行的任務。

問：你在國際太空站做甚麼工作？

答：國際太空站是太空中的科學實驗室！我們為世界各地的科學家做實驗，包括生物學、物理學和化學方面。這些實驗結果可能會幫助我們為地球上的人們發明新藥物和更環保的汽車引擎。

問：你們平時做甚麼呢？太空人玩電子遊戲嗎？有手機嗎？

答：休閒的時候，我喜歡看窗外，拍攝地球，看書，看電影。我們甚至開過一場太空奧運會，進行只有在太空中才有的體育運動，例如花樣漂浮。我們沒有手機，但是我們可以使用手提電腦上的軟件撥打電話。

問：太空食品好吃嗎？

答：好吃！我最喜歡的是芒果沙律。

問：我有生之年能去太空嗎？

答：我相信在不久的將來會有更多人去太空旅行。我們很快會讓人類能夠在月球上長時間生活，並且最終也能在火星上生活。我希望看到有人在我有生之年到達火星。也許這個人會是你！

在軌道上

SpaceX（美國太空探索技術公司）奮進號載人飛船於 2021 年 4 月接近國際太空站，船鼻張開，準備停靠。這艘航天器載有 4 名執行 2 號任務的太空人，其中包括太空人梅根・麥克阿瑟。她和她的機組成員在國際太空站中度過了 6 個月，圍繞地球飛行了 3194 圈，總行程超過 1.36 億公里，然後安全地返回了地球。

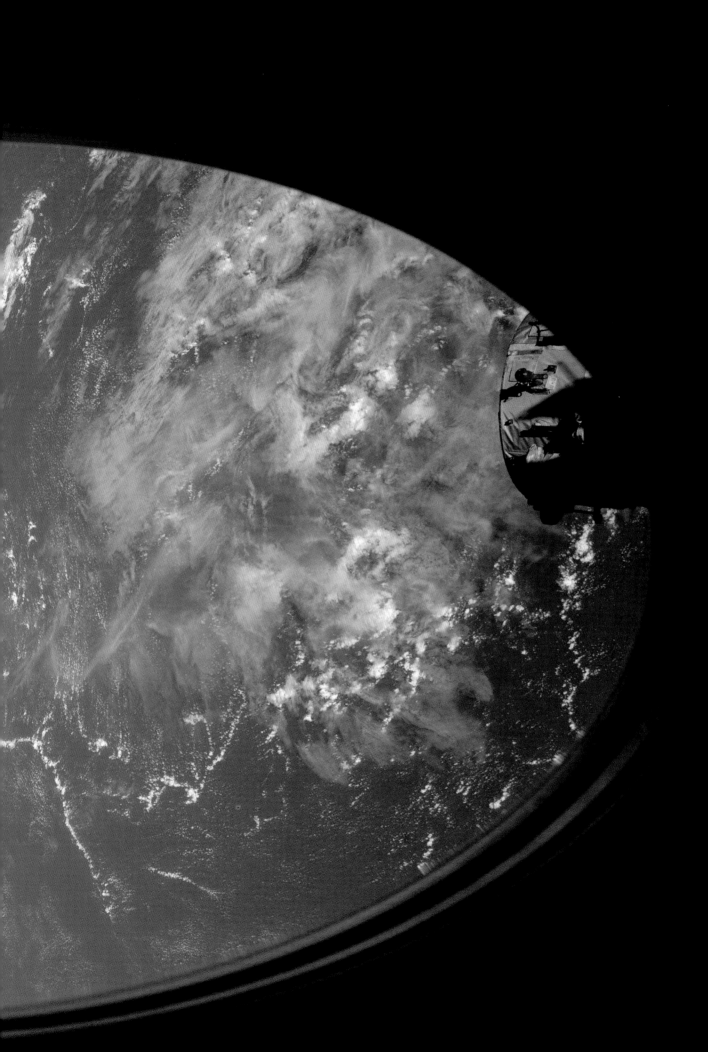

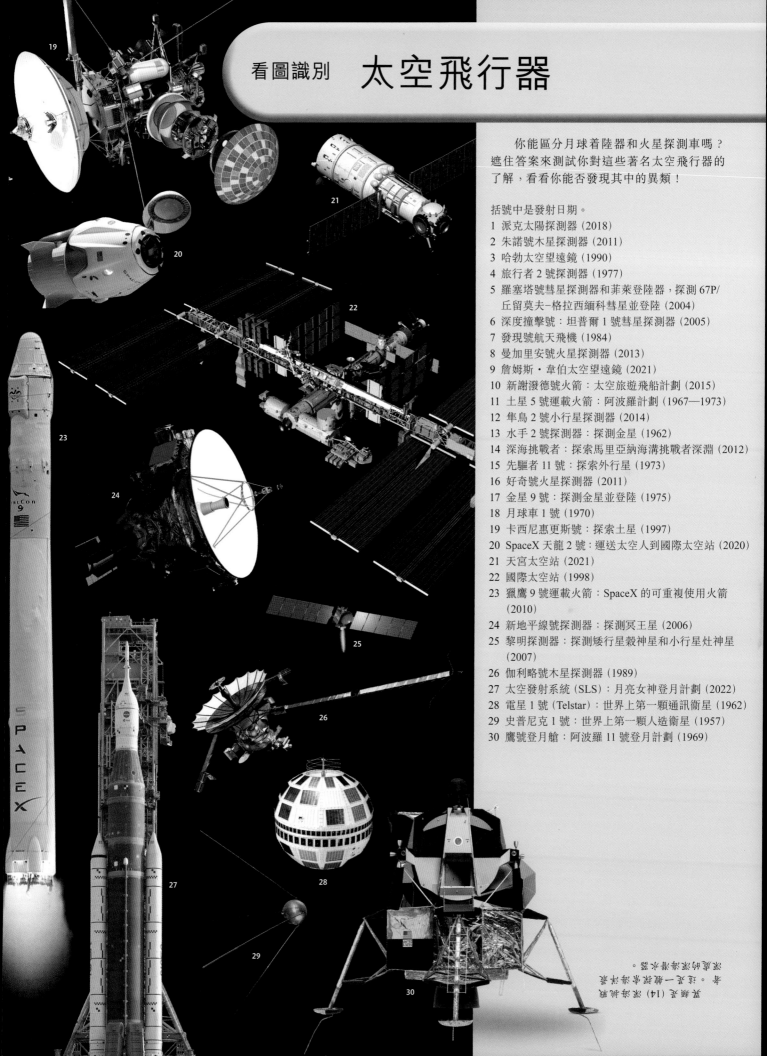

看圖識別　# 太空飛行器

你能區分月球着陸器和火星探測車嗎？遮住答案來測試你對這些著名太空飛行器的了解，看看你能否發現其中的異類！

括號中是發射日期。

1 派克太陽探測器（2018）
2 朱諾號木星探測器（2011）
3 哈勃太空望遠鏡（1990）
4 旅行者 2 號探測器（1977）
5 羅塞塔號彗星探測器和菲萊登陸器，探測 67P/丘留莫夫－格拉西緬科彗星並登陸（2004）
6 深度撞擊號：坦普爾 1 號彗星探測器（2005）
7 發現號航天飛機（1984）
8 曼加里安號火星探測器（2013）
9 詹姆斯·韋伯太空望遠鏡（2021）
10 新謝潑德號火箭：太空旅遊飛船計劃（2015）
11 土星 5 號運載火箭：阿波羅計劃（1967—1973）
12 隼鳥 2 號小行星探測器（2014）
13 水手 2 號探測器：探測金星（1962）
14 深海挑戰者：探索馬里亞納海溝挑戰者深淵（2012）
15 先驅者 11 號：探索外行星（1973）
16 好奇號火星探測器（2011）
17 金星 9 號：探測金星並登陸（1975）
18 月球車 1 號（1970）
19 卡西尼惠更斯號：探索土星（1997）
20 SpaceX 天龍 2 號：運送太空人到國際太空站（2020）
21 天宮太空站（2021）
22 國際太空站（1998）
23 獵鷹 9 號運載火箭：SpaceX 的可重複使用火箭（2010）
24 新地平線號探測器：探測冥王星（2006）
25 黎明探測器：探測矮行星穀神星和小行星灶神星（2007）
26 伽利略號木星探測器（1989）
27 太空發射系統（SLS）：月亮女神登月計劃（2022）
28 電星 1 號（Telstar）：世界上第一顆通訊衛星（1962）
29 史普尼克 1 號：世界上第一顆人造衛星（1957）
30 鷹號登月艙：阿波羅 11 號登月計劃（1969）

答案是（14）深海挑戰者，因為這是一艘載人潛水艇，深度的深海海床。

地球

地 球

我們的地球已有 45 億年的歷史了。它是一顆由岩石和金屬構成、外殼又薄又脆的星球。它有大氣層和海洋，是我們現在所知的宇宙中，唯一能夠適合生命存在的星球。

地殼的厚度在 10 公里至 70 公里之間。

形成陸地的地殼比海洋下的地殼厚，密度也較小。

地慢將地核的熱量傳遞到岩石圈。

地球是如何形成的

我們的太陽系最初是一團巨大的氣體和塵埃雲，它的中心慢慢聚集在一起形成了太陽。圍繞太陽運行的岩石碰撞在一起，形成愈來愈大的多個天體，其中就包括地球。作為一顆年輕的行星，地球因碰撞而變得熾熱，處於熔融狀態。

地球以每小時 108000 公里的速度圍繞太陽運行！

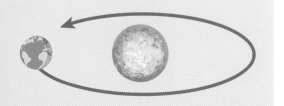

1. 內核

地球的內核是一顆由熾熱的、高密度的鐵構成的球體。儘管內核溫度極高，但是它四周的壓力使得鐵內核保持固體狀態。

地球的中心點位於地殼下 6370 公里處。

地球內部

迄今為止，最深的鑽孔只有 12.2 公里深。相較於直徑為 12756 公里的地球來說，這只是表面的一丁點刮痕而已。

科學家通過研究地震產生的地震波以及它們在地球內部的傳播方式，來了解地表下面各個地層的結構。

外核主要由鐵構成，但是也含有鎳、鈷、碳和硫。

2. 外核

在這裏，金屬是熔化並且能夠自由流動。金屬移動產生的電流形成了地球的磁場。

大氣層

一層薄薄的氣體包圍着地球，能夠阻擋來自太陽的部分熱量，過濾掉有害的紫外線，並且使地球保持宜人的溫度。

大氣層是氣體混合物，主要由氮和氧構成。

地慢的某些部分變得特別熾熱，並且向地表上升。

海洋下的地殼較薄，由密實的岩石構成。

地慢的最上層與地殼融合在一起，形成了岩石圈。

3. 地慢

這層厚厚的岩石層佔據了地球體積的 84%，它主要由固態岩石構成，但在某些地方，岩石會以極慢的速度流動。

4. 岩石圈

地球的表層被稱為岩石圈，它是由地殼和地慢的上部構成的。

地球的大氣層

大約 80% 的氣體集中在大氣層的最低層，也就是對流層。隨着高度的增加，大氣層的密度逐漸減小。最終融入太空。

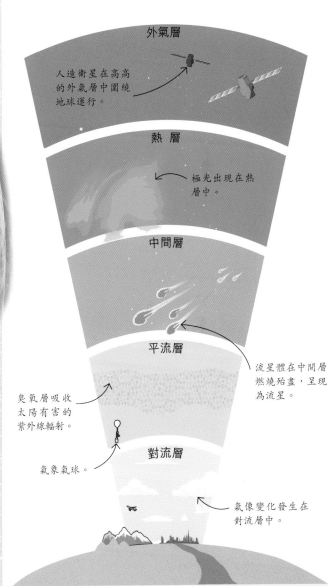

外氣層

人造衛星在高高的外氣層中圍繞地球運行。

熱　層

極光出現在熱層中。

中間層

平流層

流星體在中間層燃燒殆盡，呈現為流星。

臭氧層吸收太陽有害的紫外線輻射。

對流層

氣象氣球。

氣像變化發生在對流層中。

地球內核的溫度高達 5200℃！

5200℃

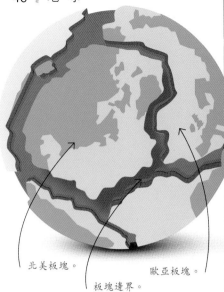

北美板塊。

板塊邊界。

歐亞板塊。

地球拼圖

　　板塊就像巨大的拼圖片一樣在地幔上浮動。隨着板塊的移動，它們牽引上方的陸地一起移動。數億年來，地球上的大陸形狀在逐漸變化。

各個構造板塊的移動速度都不同，最快的速度與指甲生長的速度相近！

崛　起

　　阿爾卑斯山脈是歐洲的一條山脈。由於非洲板塊和歐亞板塊相互擠壓使地殼隆起，歷經數千萬年形成了阿爾卑斯山脈。它的部分地區仍然以大約每 1000 年 80 厘米的速度在增高。

裂　縫

　　冰島的史費拉裂縫位於北美板塊和歐亞板塊的交界帶上。這兩塊板塊的移動方向是背道而馳的，因此形成了一條貫穿冰島的裂縫。史費拉裂縫中已經充滿了來自冰川的融水，因此潛水員可以在這兩塊大陸板塊之間的清澈水域中游泳。

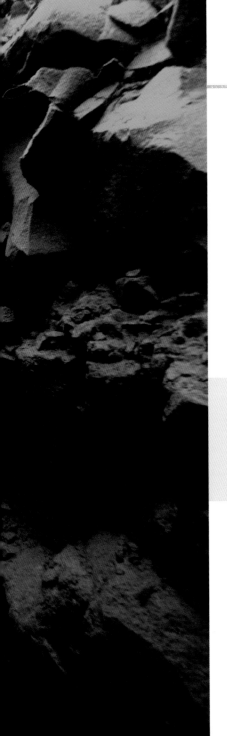

置身於史費拉裂縫中的潛水員能同時觸摸北美板塊和歐亞板塊！

強大的板塊

地殼由巨大岩石塊構成，這稱為構造板塊。這些板塊以緩慢的速度移動，它們的邊界處釋放出巨大的力量。有些板塊會斷裂，形成新的海床。而有些板塊會相互碰撞擠壓，形成山脈。

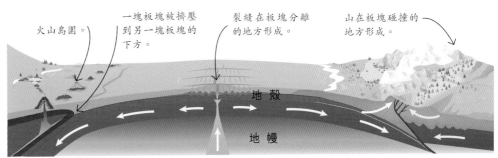

火山島圍。

一塊板塊被擠壓到另一塊板塊的下方。

裂縫在板塊分離的地方形成。

山在板塊碰撞的地方形成。

地殼

地幔

構造板塊是如何移動的

地球的構造板塊被下面地幔的熱流驅動，以緩慢的速度移動。當兩塊板塊衝撞在一起時，其中一塊可能會受到擠壓而俯衝到另一塊的下方，這被稱為隱沒，有可能形成山脈和火山島羣。而相鄰板塊向相互分離的方向移動時，岩漿會從地幔升起，形成新的海床。

在 2.5 億年後，大多數大陸將會合併成一塊超級大陸！

環太平洋火山帶

約 75% 的活火山位於環繞太平洋邊緣的板塊邊界上，形成了一條有 452 座火山組成的環形地帶，被稱為「環太平洋火山帶」，其中包括厄瓜多爾海岸的通古拉瓦火山。

岩石行星

構成地殼的岩石由礦物質以及植物和動物的遺骸構成。在數億年時間裏，地球的岩石在緩慢的循環過程中不斷變化。

地球上最重的太空岩石是霍巴隕石，它在 8 萬年前隕落在納米比亞！

岩石的類型

岩石分為 3 大類。沉積岩是由岩石碎屑和已死亡的有機體經過數百萬年的沉積壓縮而形成。火成岩是由地下或地上的岩漿冷卻後形成。這兩種岩石都可以在高壓和高溫的作用下變成變質岩。

角礫岩
大大小小的碎屑混合在一起形成了這種沉積岩。

粉紅色花崗岩
花崗岩是一種火成岩，它是由地下岩漿冷卻後而形成的。

片麻岩
這是一種變質岩，是在高溫和高壓的作用下形成的。

岩石循環

岩石不會保持不變。地表的岩石會被磨損，變成沉積物，然後被帶走，而地下的岩石則在高溫和壓力的影響下逐漸發生變化。經過億萬年時間，3 大類岩石都會在一個漫長而緩慢的過程中發生變化，這個過程被稱為岩石循環。

在沉積岩中，下面的岩層通常比上面的岩層年代更古老，除非它們發生了翻轉。

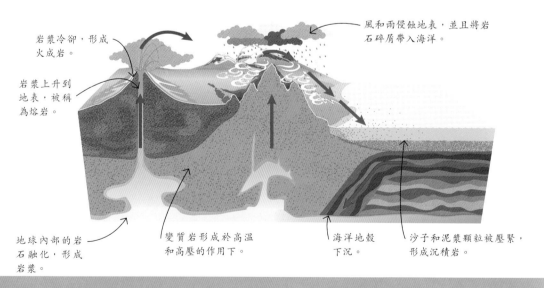

岩漿冷卻，形成火成岩。

岩漿上升到地表，被稱為熔岩。

風和雨侵蝕地表，並且將岩石碎屑帶入海洋。

地球內部的岩石融化，形成岩漿。

變質岩形成於高溫和高壓的作用下。

海洋地殼下沉。

沙子和泥漿顆粒被壓緊，形成沉積岩。

地球上已知最古老的岩石年齡為 42.8 億年，幾乎等於地球本身的年齡！

大理石洞穴

智利的大理石洞穴由變質岩構成。在 6 千多年的時間裏，卡雷拉將軍湖的冰冷的湖水緩慢地沖刷着白色大理石，形成了殿堂似的石洞、石柱等景觀。每年都有成千上萬遊客乘船前往參觀。

魔鬼塔

位於美國懷俄明州的魔鬼塔高 264 米，是一座火成岩，而對當地原住民來說是一個神聖的地方。它形成於 5 千萬年前，當時地下的岩漿被推升入沉積岩中後冷卻。隨着時間的推移，周圍的沉積岩逐漸被侵蝕，露出了這座塔狀火成岩。

魔鬼塔的頂部大約有一個足球場那麼大。

石灰石

石灰石岩是一種由微小古代海洋生物遺骸形成的沉積岩，這些被稱為顆石藻的古代海洋生物是單細胞藻類，周圍被名為顆石的硬小碟片所包圍。這樣的顆石藻今天仍然存在於海洋中。

四周被小碟片包圍的一隻顆石藻。

砂岩層

砂岩等沉積岩會逐層積累。地球內部的運動可能會擠壓岩層，使它們傾斜或產生褶皺。圖中是澳洲西北部納爾斯角附近的砂岩層，它們的褶皺清晰可見。

砂岩主要由石英和長石等礦物構成。

植物和樹木能夠在砂岩中生長，這是因為砂岩是多孔的，使植物能夠在微小的孔洞中扎根。

日出紅寶石以3千萬美元的價格售出，是世界上最昂貴的紅寶石！

被用作食用調味料的食鹽是一種晶體。如果近距離看，就會發現每一粒鹽晶都是一個完美的立方體。食糖也是由晶體構成的，而雪花則是凍結的水晶體。

每根針都是單晶體。

這種晶系狀似刀鋒。

針狀晶體
鈣沸石具有針狀形態，尖銳的針從中心生長出來。

葡萄狀晶體看起來像一串葡萄。

葡萄狀晶體
圖為孔雀石。像這樣以圓團形成簇生長的晶體被稱為葡萄狀晶體。

色彩繽紛的晶體

晶體是具有對稱性的、內部結構按重複模式排列的固體。任何礦物質都能形成晶體。有些晶體能被切割並拋光成寶石，並且被用來製作首飾。稀有美麗的寶石是非常昂貴。

刀片狀
這種刀片狀的石榴石由細長狀的扁平晶體片構成。

晶系

晶體有 6 種天然生成的幾何形態，被稱為「晶系」。晶系取決於其原子的排列模式。

立方晶系
這種簡單系統有 6 個正方形面。

正方晶系
這種晶系是有矩形截面的長方體。

斜方晶系
這種塊狀晶體的兩端都有矩形面。

單斜晶系
這種晶系是一個平行四邊形稜柱形狀。

三斜晶系
這是所有晶系中具有最少對稱性的一種。

六方晶系
這種晶體看起來像刀片一樣鋒利。

重複模式

晶體中的原子按照一定的三維模式重複排列。右圖展示的方鉛礦，它的分子形成了一個立方體形狀，而這種形狀在三維空間中不斷重複，形成了一個立方晶體。

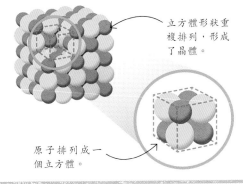

立方體形狀重複排列，形成了晶體。

原子排列成一個立方體。

石英錶利用微小的石英晶體的振動來準確報時！

有的板狀晶體看起來像撲克牌或書本。

晶面自然形成光滑的方形。

稜柱形晶體有 3 對平行面。

立方體
這些黃鐵礦晶體具有立方體形態，有 6 個對稱的正方面。

稜柱狀
這些紫水晶具有稜柱狀形態，頂部呈金字塔形。

晶體生長習性
一塊晶體或一簇晶體在一定外在條件下自發生長，趨向形成某一種形態的特性被稱為「習性」。晶體的習性由晶體內部構造決定，但也受到形成環境的影響，例如生長空間的約束。這意味着沒有兩塊晶體是完全相同的，每一塊晶體都是獨一無二的。

板狀
板狀晶體，例如圖中這些紅色的釩鉛礦晶體，其長度和寬度大於其厚度。

這顆方形切割的綠寶石與 129 顆透明鑽石一起被鑲嵌成一枚胸針。

卡利南鑽石是迄今為止發現的最大的鑽石原石！

它大約有一個芒果那麼大！

巨大的綠寶石
綠寶石是綠柱石礦物的一種形態，因其濃郁的綠色和透明度而備受珍視。人們精心切割出光滑的晶體面以增強它的美感。

看圖識別 岩石和礦物

你能分辨砂岩和皂石嗎？看看你能識別多少種岩石和礦物。其中有一種是異類，你能發現它嗎？

1 石英
2 綠寶石
3 粉砂岩
4 華
5 玉髓
6 蛋白石
7 橄欖岩
8 海藍寶石
9 蛇紋岩
10 松脂岩
11 玄武岩
12 雲母片岩
13 赤鐵礦
14 電氣石
15 頁岩
16 浮石
17 紫晶
18 鋁土礦
19 偉晶岩
20 砂岩
21 皂石
22 月光石
23 白堊
24 橄欖石
25 琥珀
26 大理石
27 藍寶石
28 拉長石
29 石膏
30 方解石
31 礫岩
32 輝長岩
33 綠松石
34 石灰岩
35 燧石
36 黑曜石
37 紅寶石
38 角礫岩
39 斑岩
40 岩鹽岩
41 霰石
42 鑽石
43 角岩
44 石墨
45 混合岩
46 花崗岩
47 孔雀石

琥珀是（25）琥珀。琥珀是化石化的樹脂，因此是有機物。其他樣本都是由礦物或礦物組合構成的無機物。

軟土中有生物的遺骸。

堅硬的物體,例如貝殼和骨頭,最有可能變成化石。

老化石被新沉積岩層覆蓋。

最古老的化石存在於最先沉積的岩石中。

化石層

數十億年來,含有化石的岩石層形成了一層又一層的地質結構。最古老的化石位於最深層,但是隨着構造板塊的移動和侵蝕,這些化石可能因而被暴露出來。

奇妙的化石

在大多數情況下,生物死亡後會腐爛分解,但是在極為罕見的情況下,它們會被保留,成為化石。化石是自然界給人類的一個驚喜,讓我們得以窺探在人類出現之前,在世界上漫遊的生命。

石頭皮膚!

2011 年,在加拿大亞伯達省發現了生活在 1.1 億年前的結節龍化石。它被保存得非常好,它的皮膚和胃部消化物都完好無損!

厚重的裝甲皮膚。

這條結節龍有 5.5 米長!

由很多晶狀體構成的復眼。

在眼睛上向後彎曲的長角

遠古動物

三葉蟲是無脊椎動物,在古代的海洋中稱霸了 2.7 億年。三葉蟲化石數量非常多,因此科學家將它們用作「索引化石」,來確定含有它們的岩石年代。三葉蟲在 2.52 億年前滅絕了。

便於在海床上爬動的分節身體

刺的作用可能是防禦。

巨大的化石

這根巨大的股骨化石是生活在白堊紀早期的長頸蜥腳類恐龍的大腿骨。蜥腳類恐龍是所有恐龍中最大的，也是曾經生活在陸地上最大的動物。

科學家已經發現了超過 2 萬種三葉蟲物種！

這根股骨長 2 米！

螺旋殼

菊石是一種生活在海洋中的軟體動物，具有螺旋形貝殼和八爪魚般的觸腕。它們的硬殼化石很常見。這塊被破開的菊石化石顯示了腔室以及內部結構。

菊石在生長過程中會在殼中長出新腔室。

化石足跡

有時動物活動的痕跡被保存為化石。在美國科羅拉多州的這塊擁有 9800 萬年歷史的沿海平原上，發現了 1000 多個恐龍足跡。

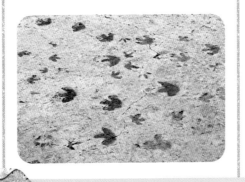

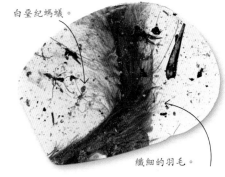

白堊紀螞蟻。

纖細的羽毛。

被困在琥珀中

琥珀是樹脂化石。隨着樹脂變乾，動物有可能會被困住，並且被保存在裏面。圖中這塊琥珀裏有 9900 萬年前恐龍的羽毛狀尾巴。

肉食動物的最大糞便化石是有 67.5 厘米長的霸王龍糞便！

可卡犬

化石是如何形成的

要變成化石，生物必須在非常特定的條件下死亡，泥沙等沉積物層必須迅速覆蓋它們的遺骸，然後經過數百萬年，在沉積物層重量的壓力下，沉積物變成岩石，遺骸變成化石。

死 亡
動物死在一個很快就被泥土或沙子覆蓋的地方。

掩 埋
動物身體柔軟的部分腐爛，沉積物堆積在遺骸上。

替 代
這些沉積物層變成了岩石，礦物質滲入骨頭，也將它們變成了岩石。

發 現
最終，岩石層可能會被侵蝕，化石就會被發現。

海浪的力量

風吹動海面，起初只起了漣漪，然後變成海浪。隨着風持續地吹，海浪獲得更多能量，變得愈來愈大。接近海岸時，海浪變得更高、更密集，直到它們在岸邊消逝。

這個巨大的浪潮發生在葡萄牙，在那裏衝浪者可以從 26 米高的巨浪上一衝而下。

當浪潮接近海岸時，浪峰變得不穩定，並且向前傾斜，形成一個破碎波。

太平洋覆蓋了地球近三分之一的面積。

地球有超過 70% 的表面被水覆蓋，而陸地的比例則不到 30%！

水的世界

我們稱自己的星球為「地」球，但從太空中看，我們的星球大部分呈藍色。地球上的水無處不在，海洋、河流和湖泊中，甚至地下和空氣中，都有水。如果沒有水，地球上的生命將無法生存。人類在沒有食物的情況下能夠存活大約 3 個星期，但是在沒有水的情況下只能存活大約 3 天！

當暖空氣中的水分接觸到溫度低的樹葉時，就會凝聚成露水。

所有生物，不論是螞蟻和鯨魚，還是植物和細菌，都需要水才能生存。

維持生命

水是地球上所有生命的關鍵。如果沒有水，我們所知的任何生命都無法生存。到目前為止，我們還沒有發現其他行星的表面存在液態水，也沒有在宇宙中發現其他生命。

水循環

地球上的水量永遠不會改變。事實上，我們現在喝的水曾經被數百萬年前的恐龍喝過！水在太陽的驅動下在陸地、海洋和天空之間不斷地流動，無限循環。

水蒸氣上升後，會冷卻並且形成雲。

風將雲帶向內陸。

雨和雪從雲中落下。

水在陸地上流淌，形成河流。

海水在陽光下變暖後，會蒸發。

河流注入大海。

有些水滲入地下。

在我們腳下

地球有大量的水隱藏在地下。在火山區，地下水會變得非常熱，然後以間歇泉的形式，將一股炙熱的水噴向空中。

水在哪裏？

地球上大部分水是鹹澀的海水，而大部分淡水則以冰的狀態存在或者以地下水的形式隱藏着。

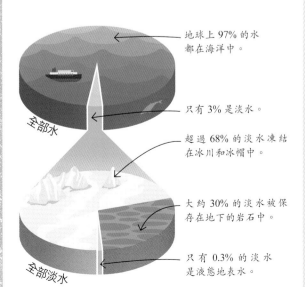

地球上 97% 的水都在海洋中。

只有 3% 是淡水。

超過 68% 的淡水凍結在冰川和冰帽中。

大約 30% 的淡水被保存在地下的岩石中。

只有 0.3% 的淡水是液態地表水。

全部水

全部淡水

巨大的鏡子！

烏尤尼鹽沼位於玻利維亞高原，它是一片廣闊平坦、被鹽層覆蓋的平原。在季風季節，平原上有一淺層雨水，像一面巨大的鏡子，倒映着翻滾的雲朵！

委內瑞拉的安赫爾瀑布是世界上落差最大的瀑布，它的落差達 979 米！

濕地野生動物

當水無法排走時，就會聚集形成濕地，例如木本沼澤和草本沼澤。世界上最大的濕地是南美洲的潘塔納爾濕地，它滋養着嗜水的動物和植物物種，包括圖中這些巨大的睡蓮。

巴拉圭凱門鱷生活在潘塔納爾濕地。

紅湖

玻利維亞的紅湖因其中生長的紅色藻類而呈現出紅色。這些藻類吸引了稀有的火烈鳥成羣結隊地來到湖邊覓食。火烈鳥出生時羽毛是白色的，但是牠們吃藻類中的紅色素會使它們的羽毛逐漸變成粉紅色！

最大的三角洲

三角洲是位於河流注入海洋處的一片寬闊的泥沙區。這張衛星圖顯示了覆蓋印度一部分地區和孟加拉國大部分地區的恆河三角洲。淺藍色是被河流沖刷入海洋的沉積物。

河流與湖泊

河流的力量非常強大，隨着時間的推移，它們能切割岩石，並且創造出新的地貌。河流與湖泊一樣也是重要的資源，為人類、動物和植物提供生存所需要的淡水。

河 流

河流起源於高山上的溪流，由融化的冰雪、雨水，以及在地表或地下流動的水，漸漸匯集合流而成。它們順着山勢流下來，速度減慢形成彎道，同時侵蝕着沿途的土地。

細小的山澗急流而下。

河流沖刷出一個山谷。

在地勢較低的地方，水流變慢，並形成彎曲的河道。

曲形河道自行截彎取直後，留下的舊河道所形成的湖泊被稱為牛軛湖。

入海口是河流與大海的交匯處。

地球上大約有 1.17 億個湖泊！

酸性湖

印尼的卡瓦伊真火山上有一個火山口湖，湖水呈鮮豔的藍綠色，讓人很想跳進去游泳，但是它的藍綠色來自溶解在湖水中的金屬，因而具有強酸性。地球上不同類型的湖泊有不同的成因，例如冰川和河流的侵蝕、構造板塊的移動、山體滑坡，甚至是河狸用樹枝築壩蓄水。

蜿蜒的河流

當河流在平坦的土地上流淌時，會形成彎曲的蛇形，被稱為「曲流」。河道外彎的水流比較快，能將沉積泥沙沖刷走，並且將泥沙沉積在河道的內彎處，這樣就會形成曲流。隨着時間的推移，河道會變得更加彎曲，形成像泰國攀牙灣中那樣誇張的曲線。

亞馬遜河承載着地球上所有流動地表淡水的 20%！

不可思議的冰雪

地球表面約有 10% 被冰雪覆蓋，其中包括冰川、冰蓋和冰封的海洋。雖然地球上很多地方都有冰川沿着山谷流下，但是大部分冰都被封存在兩極地區，那裏有冰冷的海洋和巨大的冰山。

如果氣候繼續變暖，到 2035 年北極的夏季將沒有海冰。

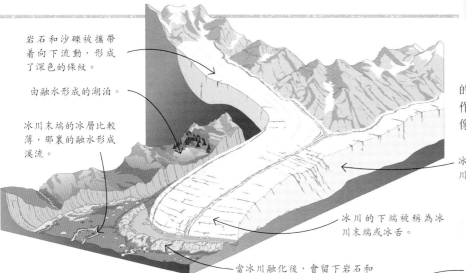

岩石和沙礫被攜帶着向下流動，形成了深色的條紋。

由融水形成的湖泊。

冰川末端的冰層比較薄，那裏的融水形成溪流。

冰川支流是指與大冰川相連的小冰川。

冰川的下端被稱為冰川末端或冰舌。

當冰川融化後，會留下岩石和土壤堆成的山脊。

冰 河

經過數個世紀，層層積雪在自身重量的作用下被壓縮，形成冰川。由於重力的作用，冰川會以極慢的速度向下流動，就像一條冰的河流。

這座冰山的重量超過 900 萬噸。

每片雪花都是獨一無二的，但是它們都有 6 節。

冰 晶

雪花最初是雲內的微小塵埃顆粒。當水蒸氣附着在塵埃上並且被凍結後，美麗的冰晶就形成了。當雪花比周圍的空氣重時，就會降落到地面上。

一座冰山約有 90% 的部分在水面下！

冰雪雕刻的地貌

隨着冰川順坡向下流動，冰川緩慢地刻蝕出深深的峽灣。在最近的一次冰河時期之後，許多冰川融化了，留下像挪威的蓋朗厄爾峽灣那樣的 U 形山谷。

漂浮的冰山

冰山是巨大的冰塊，它們從冰川和冰蓋上斷裂下來，漂浮到海洋上。圖中這座巨大的冰山於 2018 年漂流至北格陵蘭的伊納蘇特小村莊附近。當地居民需要疏散，以防冰山破裂。

正在縮小的冰蓋

夏季時，北極的部分冰雪會融化，但是在秋季又重新結冰。然而，自從 1979 年以來，融化的冰雪量超過了重新結冰的量。下面的地圖顯示了夏季冰雪覆蓋面積迅速縮小的情況。

1980 年的冰蓋 ▨
2000 年的冰蓋 ▨
2021 年的冰蓋 □

破冰船

破冰船是專門設計的船舶，擁有加固的船體，用於在冰封的極地海域開闢航道。首先讓船首衝上冰面，然後將冰層壓為碎塊，如此反覆，就能清理出一條供其他船隻使用的航道。

強大的破冰船能破碎厚達 3 米的浮冰。

冰 架

南極洲是巨大的漂浮冰架所在地，這些冰架是由與陸地相連的厚厚冰層延伸到海洋上面形成的。最大的冰架是羅斯冰架，面積達到 472000 平方公里，幾乎相當於法國的面積。

全球三分之二的淡水儲存在冰川中！

冰山是至少高出水面 5 米的冰塊，而比較小的冰塊則被稱為冰山塊。

有些冰山有尖峰。

這座房子在冰山的規模和尺度面前顯得微不足道。

最潮濕的地方

印度的毛辛拉姆鎮是地球上降雨量最大的地方。這座小鎮在 2022 年 6 月 17 日 24 小時內的降雨量是創紀錄的 1 米！

世界之最！

水

從河流到雨，從海洋到雲，水無處不在，不僅存在於地球上，還存在於地球周圍！這裏是一些令人驚嘆的事實和統計數據，展示了水的重要性，以及我們這顆藍色星球的存水量。

海洋的面積

地球上有 5 大洋，它們都是相連的。這些廣袤的鹹水域在右側按從大到小的順序排列。

1 太平洋
16176 萬平方公里

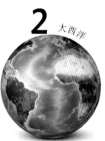
2 大西洋
8513.3 萬平方公里

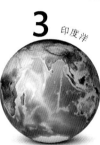
3 印度洋
7056 萬平方公里

4 南冰洋
2196 萬平方公里

5 北冰洋
1409 萬平方公里

壯觀的瀑布

伊瓜蘇大瀑布位於阿根廷和巴西的邊境，是世界上最壯觀的瀑布之一。它不斷地向周圍的森林噴灑恆定的薄霧。它的寬度達到 2.7 公里，落差為 80 米。它的名字源於當地語言，意為「大水」。

伊瓜蘇瀑布

地球總水量

地球上的水量始終保持不變，約 138600 萬立方公里，足以填滿 550 萬億個奧林匹克游泳池！

大氣層中的水

大氣層中的水以雲、降水和水蒸氣的形式存在。如果大氣中的水分全部降下，海平面將上升約 3.8 厘米。

大氣層含有的水分僅約為地球總水量的 0.001%。

最大的湖泊

這裏是 4 個體積最大的淡水湖。有些湖覆蓋的面積廣闊，而有些湖則非常深。

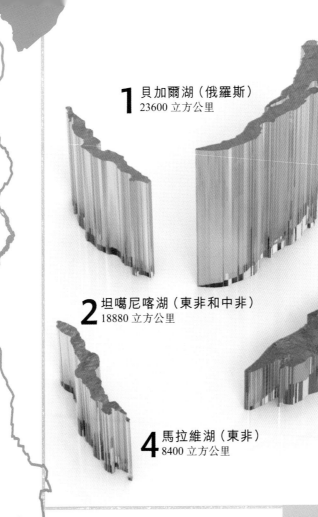

1 貝加爾湖（俄羅斯）
23600 立方公里

2 坦噶尼喀湖（東非和中非）
18880 立方公里

3 蘇必利爾湖（北美洲）
12100 立方公里

4 馬拉維湖（東非）
8400 立方公里

貝加爾湖約含有全球地表淡水資源的 20%！

最長的河流

1 尼羅河（非洲）
6853 公里

2 亞馬遜河（南美洲）
至少 6400 公里

3 長江（亞洲）
6300 公里

4 密西西比河–密蘇里河
（北美洲）
5970 公里

最大的河流

最長的河流不一定是最大的。我們還可以根據河流的流量來衡量它們。流量是每秒向海洋排放的水量。以下是 5 條流量最大的河流。

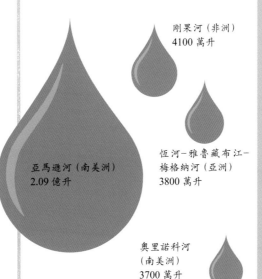

剛果河（非洲）
4100 萬升

亞馬遜河（南美洲）
2.09 億升

恆河–雅魯藏布江–梅格納河（亞洲）
3800 萬升

奧里諾科河（南美洲）
3700 萬升

馬德拉河（南美洲）
3100 萬升

最深的海溝

海溝是海洋的最深部分。地球上最深的海溝都位於太平洋。馬里亞納海溝非常深，即使珠穆朗瑪峰坐在它的底部，尖峰也不會露出海面。

1 馬里亞納海溝的挑戰者深淵
10935 米

2 湯加海溝
10882 米

3 埃姆登深淵
10539 米

珠穆朗瑪峰

馬里亞納海溝

挑戰者深淵是馬里亞納海溝的最深部分。

風化作用

風化是岩石被逐漸地、一點一點地分解的過程。風化作用可被分為 4 種類型。

物理風化

水滲入岩石的裂縫中，隨後結冰膨漲，使岩石破裂。

化學風化

雨水呈弱酸性。當酸雨落到岩石上時，會產生化學反應，溶解岩石的外表。

熱風化

當岩石變暖時，會稍微膨脹，然後在冷卻時會收縮。這種作用會使岩石發生崩解破碎。

生物風化

動物的挖掘活動可能會導致岩石破裂。植物的根也會長入岩石的裂縫中，將其撐破。

牢牢地卡着

圖中的岩石完全被卡在挪威的謝拉格山的冰裂縫中。這塊巨石是在大約 5 萬年前的最近一次冰河時期被冰川帶到那裏的。而這道冰裂縫是被冰川雕刻出來的。冰川融化後，這塊巨石就被卡在那裏，而且將在接下來的幾千年中一直被卡在那裏。

一位大膽的徒步者在謝拉格巨石上停留拍照留念。峭壁下方深達 984 米！

2018 年在新西蘭的一座農場，一個直徑為 200 米的天坑一夜之間突然出現了！

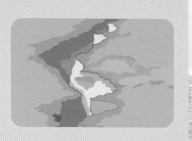

噴砂

在沙漠中，被風吹起的沙子掃蕩着整個地貌。由於沙子的重顆粒靠近地面移動，因此對岩石下部的磨蝕較為嚴重，造成了如圖中的岩石那樣上大下小的形狀。

埃及撒哈拉沙漠中的石灰岩地貌。

極端侵蝕

　　地球的岩石表面看起來可能沒有變化，但是它們一直不斷地受到風、水和冰的侵蝕。經過數百萬年的時間，地貌因為被侵蝕而逐漸地發生了變化。

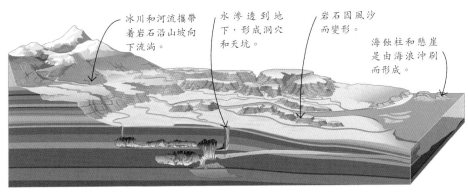

冰川和河流攜帶着岩石沿山坡向下流淌。

水滲透到地下，形成洞穴和天坑。

岩石因風沙而變形。

海蝕柱和懸崖是由海浪沖刷而形成。

侵蝕原理

　　侵蝕是指冰、水和風破壞岩石並且帶走岩石碎屑的過程。冰川和河流切割地貌，帶走岩石碎屑。風吹動沙子，撞擊岩石，形成沙丘。海浪和風侵蝕並且塑造海岸線，將碎屑帶入海洋中。

海浪的力量

　　海浪沖刷着海岸線，侵蝕着岩石懸崖，並且帶走岸邊的沙石。海岸侵蝕能將岩石塑造成柱狀結構，被稱為海蝕柱，以及拱門，例如馬耳他的藍色窗口拱門。藍色窗口拱門高 28 米，在 2017 年的一場風暴後最終崩塌。

河流侵蝕

　　河流在流經土地時塑造着地貌。河水是柔性的，但是長期衝蝕着地面，並且帶着岩石順流而下，逐漸塑造出深深的峽谷和山谷。美國的大峽谷就是由科羅拉多河沖刷而成的。圖中環繞着巨岩的曲流被稱為馬蹄灣，是在 500 多萬年前形成的。

世界上最高的海蝕柱是位於太平洋的柏爾金字塔島，它高達 561 米！

330 米

561 米

地下深處

地下隱藏着一個洞穴和隧道的世界。這些黑暗的地方經常會有歷經數千年而形成的奇異而美麗的岩石。

水下洞穴

墨西哥的尤卡坦半島有巨大的天然井，裏面充滿着清澈的河水或雨水。這些神秘的地下水井有些是有天窗的，也有些像圖中這處水井一樣，終年不見日光。

石筍從洞穴的地面向上生長。

潛水員需要強大的聚光燈來探索黑暗的洞穴。

隨着時間的推移，鐘乳石和石筍相互連接，形成石柱。

洞穴是如何形成的

大多數地下洞穴形成於由石灰岩構成的岩石中。在數百萬年的時間裏，雨水滲入裂縫，逐漸溶解石灰岩這種軟岩。來自溪流或河流的水滲入裂縫，使裂縫擴大，形成龐大而複雜的洞穴系統。

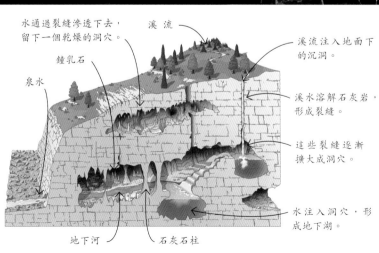

水通過裂縫滲透下去，留下一個乾燥的洞穴。

溪 流

鐘乳石

泉水

溪流注入地面下的沉洞。

溪水溶解石灰岩，形成裂縫。

這些裂縫逐漸擴大成洞穴。

水注入洞穴，形成地下湖。

地下河

石灰石柱

越南的韓松洞是世界上最大的洞穴，全長9.4公里！

成長的岩石

洞穴通常被尖刺狀的岩石結構覆蓋。當洞頂的水下滴時，水中的部分礦物質會留下，長時間積累，形成尖刺狀岩石。鐘乳石從上往下生長，類似冰柱，而石筍則從地面向上生長。

礦物質在數千年的時間內逐漸積累。

成千上萬的尖錐狀鐘乳石，從洞頂向下垂吊。

有超過2千萬隻蝙蝠在美國的布蘭肯洞穴中棲息！

冰洞

當冰川的融水形成一條溪流時，會在冰川下流淌，並且切割冰層，形成冰洞，就像上圖中冰島的這處冰洞一樣。冰川的冰反射藍光，使洞內呈現出壯觀的藍色。

這些結晶體有的長達12米，直徑達1米。

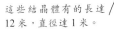

水晶洞穴

墨西哥奈卡水晶洞深處有巨大的乳白色石膏結晶體，它們是數百萬年前由溶解了鈣和硫的熱水注滿洞穴而形成的。

洞穴生物！

被稱為盲眼蠑螈的爾姆斯生活在南歐迪納爾山脈下的洞穴中。它們在漆黑的環境中不需要視覺，但是能夠憑借其令人難以置信的嗅覺追蹤獵物。

狂暴的火山

當火山噴發時，它們能釋放地球上最具破壞力的力量。岩石、灰燼和氣體可能會被釋放出來，熾熱的熔岩也可能會被猛烈地噴射出或滲出。

被掩埋在灰燼中

當西班牙拉帕爾馬島上的老昆佈雷火山在 2021 年噴發時，它將大量的火山灰噴射到大氣中。隨着火山灰的沉降，成千上萬住宅被掩埋。

1815 年印度尼西亞的坦博拉火山噴發，引致一場嚴重的饑荒，最終導致 8 萬人死亡。

識別火山類型

不同的熔岩和不同的噴發形式造成了不同形狀的火山。以下 3 種最為常見：

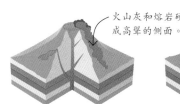
火山灰和熔岩硬化後形成高聳的側面。

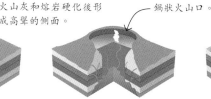
鍋狀火山口。

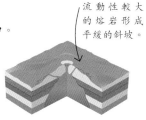
流動性較大的熔岩形成平緩的斜坡。

層狀火山

陡峭的錐形火山，由厚而黏稠、不易流動的熔岩層堆積而成。

鍋狀火山

劇烈的噴發可能會摧毀火山頂部，只留下一個有峭壁的巨大火山口。

盾狀火山

這是最活躍的火山類型，它們不會長得很高，但是可能非常寬闊。

爆炸性的噴發將熔岩噴射到天空中。

熔岩河。

最活躍的火山

夏威夷的基拉韋厄火山自 1983 年以來幾乎持續不斷地噴發，使其成為地球上最活躍的火山。熔岩從這座火山流向 16 公里外的海洋。

火山鳥的雛鳥在地下孵化，然後自己挖掘通道到地表。

火山鳥

大多數鳥類會自己孵化自己的蛋，但是印度尼西亞蘇拉威西島的火山鳥卻藉助熾熱的火山灰來完成這項任務。它們挖洞產卵後就離開了，將孵化的任務交給火山灰來完成。

變成石頭！

公元 79 年，意大利的維蘇威火山噴發，人和動物被困在火山灰中，他們的遺骸在火山灰中留下了空洞，考古學家用石膏填充這些空洞來製作石膏模型。

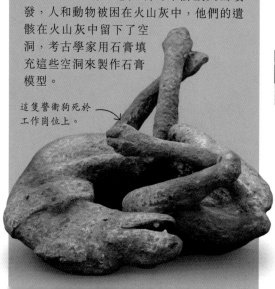
這隻警衛狗死於工作崗位上。

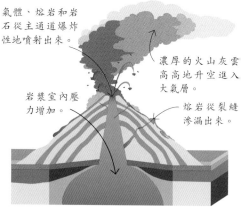
氣體、熔岩和岩石從主通道爆炸性地噴射出來。

濃厚的火山灰雲高高地升空進入大氣層。

岩漿室內壓力增加。

熔岩從裂縫滲漏出來。

即將噴發

火山噴發是指地底下融化的岩石（岩漿）從地表的裂口中噴發出來。大多數活火山位於構造板塊的邊緣或地殼的「熱點」。

熔岩流動

熔岩能達到高達 1200 ℃ 的高溫，是沸騰的水的 12 倍。剛噴發時，熔岩呈現明亮的紅色。由於溫度高，流動的速度很快。隨着熔岩冷卻，它會形成厚厚的黑色外皮，流動速度減緩，最終變成堅實的岩石。

2021 年，人們能夠就近觀看冰島的法格拉達爾火山，而不會被燒傷，這是因為黏稠的熔岩流動得非常緩慢。

踏入火山之中！

在 2014 年，探險家薩姆·科斯曼進入了一座火山的內部，到達距離熔岩湖僅有 15 米的地方。他身穿特製的保護服，使他免受強烈的熱量和有毒氣體的侵害。

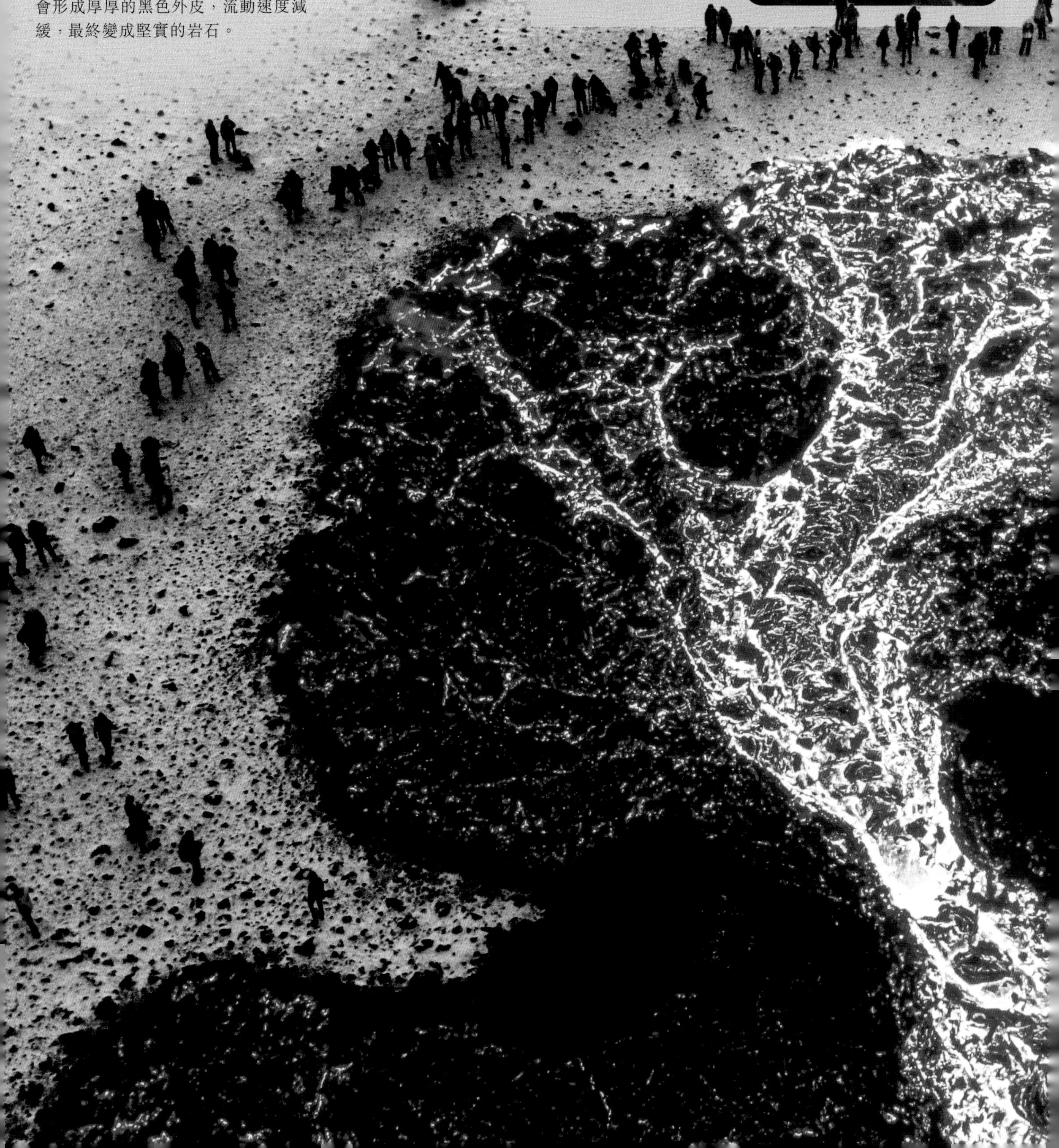

珍妮・克里普納博士是一位火山學家，着重研究火山噴發現象。她目前正在新西蘭的瑪魯赫伊火山上進行研究。

火山學家

問：作為一名火山學家，你的感覺如何？

答：研究火山是非常令人興奮的，但是有時也會面臨挑戰。我們就像偵探，尋找線索來揭示全球各地火山的過去、現在甚至未來的活動規律。

問：你是否有機會觀看火山？

答：是的！實地考察對於了解每座火山的特點非常重要，這也是我最喜歡的工作。為了研究一次噴發事件，我會收集樣品並且進行觀察，例如觀察熔岩流。

問：你能預測火山噴發嗎？

答：即將噴發的火山會釋放氣體並且引發微弱的地震，還可能會導致地表略微上升，改變火山周圍泉水的化學性質，或使地表變熱。如果我們使用正確的監測工具和手段，就可以觀察到這些現象。

問：你是如何確定一座火山是否是死火山的？

答：通過採樣檢驗，我們能確定火山上次噴發的時間。如果它已經大約一百萬年沒有噴發，那它就不太可能再次噴發了。我們還可以觀察該地區的地質情況，特別是地殼下的岩漿庫的距離和狀態來判斷火山是否已經死了。

問：你了解到最有趣的事情是甚麼？

答：那就是火山噴發會產生閃電！即使是小規模的噴發，閃電也是常見的現象，但是大規模的噴發能在火山灰柱中產生數千次閃電。

問：你離火山噴發有多近？那是甚麼感覺？

答：我曾經在日本的櫻島火山目睹了它小規模噴發的情景。看見灰色的火山灰柱冉冉升起真是太令人激動了！親眼目睹我們這顆非常活躍的星球上自然力量的運作，使人感到美妙而震撼。

埃特納火山

　　意大利的埃特納火山是世界上最活躍的火山之一。它幾乎持續地噴發了數千年，還不時地發生巨大的爆發。圖中這次壯觀的爆發發生在 2015 年，一根巨大的煙柱和大量火山灰衝上 8 公里高空。

致命的災難

在 1995 年，日本神戶市發生了一場致命的地震，有 6400 人喪生，4 萬人受傷。城市的大部分建築被摧毀，包括數千棟住宅和阪神的一段高速公路。

斷層的類型

構造板塊之間的邊界被稱為斷層線。大多數地震都發生在兩板塊向不同方向移動的斷層線上。

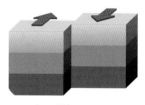

走滑斷層
兩板塊以相反方向水平滑動。

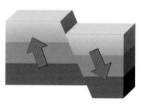

正斷層
兩板塊分離，其中一塊以一定的傾角向下滑動。

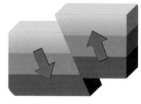

逆斷層
兩板塊互相擠壓，其中一塊被向上頂起。

大約 90% 的地震發生在圍繞太平洋的「環太平洋火山帶」上。

每年大約有 100 次強度足以造成重大破壞的地震。

不穩定的地球

當地球表面的構造板塊相互碰撞時，能量在擠壓下積聚，最終突然釋放，引發地震。地球上每天都有成千上萬次地震，其中大多數地震的強度都非常小，小到人類感覺不到，但是強烈的地震可能會帶來災難性的後果。

海嘯警告

下圖顯示的巨型海浪是發生在日本海岸的一次海嘯，它是由海底地震引起的。這次海嘯產生的波浪從地震發生地開始經遠距離傳播，以每小時高達 805 公里的速度衝擊沿海的內陸地區。

在第 126 層，這塊懸掛着的重物在地震和強風期間擺動，用以減小建築物的擺動。

彈性建築

在斷層線附近的地區，建築物可以通過工程設計來抵禦風和地震。中國的上海中心大廈是世界上最高的建築之一，它採用了柔性材料，能隨地震晃動，從而保護整體結構。它還在高層安裝了有減震功能的阻尼器。

地震是如何發生

當構造板塊相互擠壓或相互滑動時，它們之間的壓力逐漸增加，直到板塊發生位移。此時，能量的爆發以波動的形式從震源傳播到地表的震中。地震在震中位置有最大的強度。

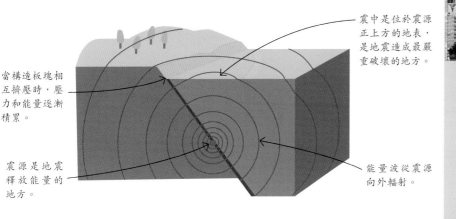

震中是位於震源正上方的地表，是地震造成最嚴重破壞的地方。

當構造板塊相互擠壓時，壓力和能量逐漸積累。

震源是地震釋放能量的地方。

能量波從震源向外輻射。

月球上也會發生地震，但是被稱為「月震」！

狂野的天氣

　　天氣是指特定時間和特定地點的大氣狀態。大氣狀態在不斷地變化，給我們帶來了陽光、雨水、詭異的龍捲風、環繞地球的風，以及在地表上空盤旋的雲。

卷積雲　卷雲　積雨雲
高層雲
雨層雲　層雲　積雲

雲的類型

　　雲是由微小的冰或水滴構成的。我們將雲按照形狀、大小和高度進行分類。積雨雲的雲體龐大高聳，它是能帶來暴風雨的雲。

精靈閃電！

　　許多暴風雨會帶來閃電，但是有些暴風雨還會帶來更為罕見的現象：精靈閃電。就像閃電一樣，精靈閃電也是短暫的放電，但是它們呈現為紅色，並且出現在大氣層高處。它們很微弱，所以只有在沒有光污染的夜晚才能被看到。

龍捲風

　　龍捲風是在風暴雲中形成的旋轉空氣柱，是地球上速度最快的風！強烈的龍捲風能連根拔起樹木，催毀建築物，並且將汽車捲到空中。龍捲風在北美最為常見，尤其是在中西部地區的一條被稱為「龍捲風走廊」的狹長地帶上。

流動的空氣

　　地球的天氣是由大氣環流引起的。太陽光使有些地區的溫度比其他地區高。暖空氣上升，而旁邊的冷空氣迅速湧來以取而代之，從而產生了風，帶來不同的天氣狀態。

從太空中能看見雲在地球表面移動。

極端天氣

　　任何類型的天氣現象，如果異常劇烈的話，都可能對人類和環境造成危險。強風，例如圖中的蘇格蘭鹽衣灣，帶來暴風雨，暴雨引發洪水，過多的陽光導致致命的乾旱和熱浪。

在 2001 年，印度的喀拉拉邦下起了血紅色的雨。其顏色是由雨水中微小的藻類造成的！

冰雹是由凍結的水滴一層一層地構成，就像一個冰洋蔥。

冰 雹

當雨滴被風帶到高層大氣中時，可能會形成冰雹。有記錄的最重冰雹是 1986 年孟加拉國戈巴爾甘傑的冰雹，每顆重達 1.02 公斤！

一條旋轉的空氣柱從雲中延伸至地面。

龍捲風的力量能摧毀它的路徑上的一切。

直徑很細的龍捲風被稱為「繩索龍捲風」，但是它們可能比大型龍捲風更加強烈。

氣 團

氣團是大氣中具有均勻的溫度和濕度的一團空氣。有些氣團非常龐大，能覆蓋整個國家甚至更大的範圍。它們隨風移動，並且影響所到之處的天氣。當多個氣團相遇時，它們之間的交界面被稱為「鋒面」。

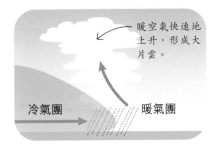

暖空氣快速地上升，形成大片雲。

冷氣團　暖氣團

冷 鋒

冷鋒是冷氣團主動向暖氣團移動時形成的鋒面。這時天氣變冷，出現大片的雨雲。

暖空氣緩慢地上升，形成薄雲。

暖氣團　冷氣團

暖 鋒

暖鋒是暖氣團主動向冷氣團移動時形成的鋒面，會帶來溫暖的天氣，通常伴有輕微降雨。

龍捲風內部的風速可能會超過每小時 480 公里！

奇怪的雨

偶爾會有一些不同於水的物體被報告從天空中落下，其中一些奇怪的物體可能是被風吹來的，但是沒有人確切地知道。

小銀魚雨

每年五月或六月，洪都拉斯的約羅市都會經歷一場帶來大雨和小魚的風暴。

小青蛙雨

2005 年 6 月 7 日，在強風中，塞爾維亞的小鎮奧扎齊上空落下成千上萬隻青蛙。

八爪魚、海星和大蝦雨

2018 年 6 月 12 日，中國青島的一場巨大風暴帶來了巨大的冰雹和各種海鮮。

高爾夫球雨

在 1969 年的一個多雨的夜晚，美國佛羅里達州的天空落下了大量高爾夫球。

肉塊雨

1876 年，天空中落下了肉塊，被稱為「肯塔基肉雨」。這些肉塊可能是被飛過的禿鷹丟棄的。

最高和最低氣溫

世界上最高氣溫的記錄是 2021 年 7 月 9 日在美國加利福尼亞州死亡谷的爐溪，測到 54.4℃。世界上最低記錄的溫度是 1983 年 7 月 21 日在位於南極洲的東方站，氣溫達到了驚人的 -89.2℃！

爐溪

東方站

世界之最！

天　氣

地球是一顆擁有極為強烈（有時甚至是奇異）天氣的星球。這裏是一些出現在天氣預報中最狂野的天氣，包括旋轉的風和毀滅性的森林大火。

快如閃電

閃電的速度約為每小時 435000 公里。委內瑞拉的馬拉開波湖一晚發生多達 4 萬次閃電，是地球上閃電次數最多的地方。那裏每年有 140 至 160 個夜晚會發生大規模雷暴。

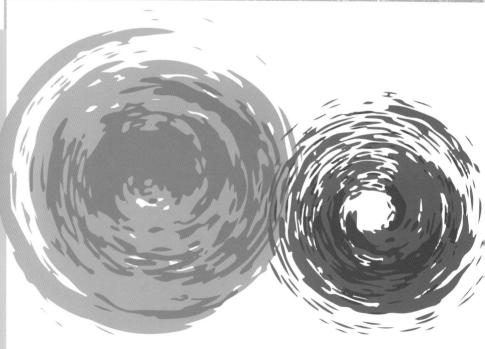

1 颱風泰培
東亞，1979 年，直徑 2220 公里

2 颶風桑迪
北美和加勒比地區，2012 年，直徑 1610 公里

不尋常的雲

並不是所有雲都是白色的和蓬鬆的。右側這些天空中奇怪的、有時帶有色彩的雲型是一些最稀有的雲。

典型的積雨雲的重量大約與一架 A380 飛機一樣重！

貝母雲
與大多數雲不同，這種罕見的雲型形成於平流層中。它們由微小的冰粒構成，因此呈現彩虹色。

乳狀雲
這些一顆顆球形的雲通常形成於不穩定的積雨雲中，因此它們經常帶來大雨、冰雹和閃電。

浪形雲
當雲層上方的風速比雲層的速度快時，風可能會帶動雲層的頂部，形成波浪狀的雲型。

雲洞
當一架飛機穿過雲層時，雲層中的水滴突然結冰下落，形成空洞。

風速最大的地方

南極洲是世界上風力最大和最多風的大陸。最強烈的風被稱為「下降風」，它們從大陸刮向海岸，沿途下坡而行。有史以來記錄到最快的風是 1972 年杜蒙杜爾維爾站的風，風速達到了每小時 327 公里！

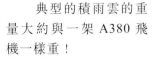

最大的森林大火

森林大火發生在乾燥和容易乾旱的地區。由於氣候變化，森林大火愈來愈頻繁地發生。以下是覆蓋面積最大的 5 大森林大火。

1 西伯利亞針葉林火災
俄羅斯，2003 年
222577 平方公里

2 澳洲叢林大火
澳洲，2019 年 / 2020 年
170000 平方公里

3 加拿大西北地區火災
加拿大，2014 年
34398 平方公里

4 阿拉斯加火災季節
美國，2004 年
26707 平方公里

5 黑色星期五叢林大火
澳洲，1939 年
20234 平方公里

最大的熱帶風暴

熱帶風暴是旋轉的、強烈的暴雨風暴。颶風、颱風和氣旋指的都是熱帶風暴，但是它們在世界各地有不同的名稱。這裏是歷史上直徑最長的熱帶風暴。

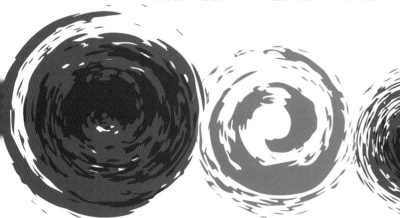

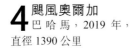

3 颶風伊戈爾
北美和加勒比地區，2010 年，直徑 1480 公里

4 颶風奧爾加
巴哈馬，2019 年，直徑 1390 公里

5 颶風麗麗
北美和加勒比地區，1996 年，直徑 1295 公里

克里斯‧賴特是美國印第安納州 WTTV-4 電視台的首席氣象學家。他每天向電視觀眾報導 3 次天氣預報。

訪問

氣象學家

問：天氣預報有多準確？

答：5 天預報可達大約 90% 準確度，而 7 天預報有 80% 準確度，但是 10 天預報大約只有一半是準確的！

問：你們使用甚麼技術？

答：我們使用各種儀器收集觀測數據，包括雷達、氣象氣球、衛星和氣象浮標。蒐集到的數據被輸入到在超級電腦上運行的預測模型中。這些模型利用過去的天氣數據和新的天氣數據，通過數學方程演算，來推算天氣預報。

問：當你不上電視的時候，你的工作是甚麼？

答：首先，我與新聞編輯部的工作人員會面，討論即將播放的新聞節目。然後，我會仔細分析天氣數據，準備天氣預報的內容。之後，我會使用電腦程序創建天氣圖像。一旦準備好這些，我就隨時可以上電視了！

問：你曾經報導過極端天氣事件嗎？

答：是的。我有一次報導熱帶風暴的登陸。它的風力非常強大，雨水落在我身上感覺就像被石頭砸中一樣！

問：你報導過最恐怖的天氣事件是甚麼？

答：在 2004 年，一場龍捲風暴導致印第安納州出現了 24 個龍捲風，其中一個落在距離印第安納波利斯賽車場僅 16 公里的地方，而當時有 25 萬人正在觀看比賽，因此有可能導致一場災難性的悲劇。

問：自你開始從事這個行業以來，它有甚麼變化嗎？

答：技術的進步使天氣預報變得更加詳細和準確。當我開始預測天氣的時候，大約是 40 年前，我們只能預測 3 天的天氣。氣象學家現在能夠更好地預測天氣趨勢了。

超級單體風暴雲

這團巨大的旋轉風暴雲被稱為超級單體。超級單體是最大、最強烈的風暴雲，能夠釋放最猛烈的天氣現象，例如暴雨、巨大的冰雹，甚至破壞性龍捲風。它們通常出現在北美中部地區，溫暖潮濕的赤道氣流與從洛基山脈下來的寒冷乾燥氣流相遇，就有可能造成這種極端天氣。

雄偉的山

地球上大多數高山都是由數千萬年前地殼板塊相互碰撞而形成的。有些山仍在繼續增高，而有些則在緩慢地被風化侵蝕。如今，大約 20% 的地球陸地面積是山區。

令人暈眩的高度

蘇格蘭的本尼維斯山是英國最高的山，海拔 1343 米。它曾經是一座活火山，但是在大約 4.1 億年前向內部崩塌。如今，每年有超過 15 萬人試圖攀登本尼維斯山。

一位登山者懸掛在通往山頂的一條路線上。

為了登山者的安全，有一根安全繩被固定在岩壁上，供登山者搭扣用。

冰雪覆蓋使得攀登變得格外具有挑戰性。

山是如何形成的

當兩塊構造板塊相互擠壓時，會形成山。當岩漿從地殼下向上推時，也會形成山。火山噴發也能形成山（參見第 68-69 頁）。

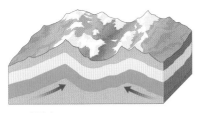

褶皺山

這是最常見的山體類型。當構造板塊相互碰撞時，地殼被向上推動，從而形成褶皺山。

地震導致地殼的裂縫產生。

斷層山

構造板塊內部和板塊之間的壓力可能會使地表產生裂縫，將岩石塊上下推動。

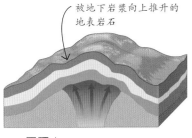

被地下岩漿向上推升的地表岩石

圓頂山

岩漿從地幔上升，推動岩石地殼向上隆起，形成圓頂山。

夏威夷的毛納基火山從位於海床的山腳到水面上的山頂的高差是 10211 米，比珠穆朗瑪峰還要高！

水下

珠穆朗瑪峰 　　毛納基火山

雪崩

有些山峰非常高，非常寒冷，長年被雪覆蓋着。當一大塊雪鬆動時，就會沿着山坡滑下，沿途加速並且帶動更多的雪呼嘯而下，幾乎能摧毀路徑上的一切。

雪崩的速度能達到每小時 320 公里。

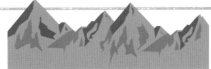

最高峰

全球前 5 座最高的山峰都位於亞洲，是由於印度板塊和歐亞板塊在 4 千萬至 5 千萬年前碰撞而形成的。

1　珠穆朗瑪峰 8848 米

2　喬戈里峰 8611 米

3　干城章嘉峰 8586 米

4　洛子峰 8516 米

5　馬卡魯峰 8485 米

珠穆朗瑪峰正在增高，每年大約增高 5 毫米！

白色的毛皮在雪山中提供了偽裝功能。

1951 年，在珠穆朗瑪峰上發現了一個巨大的 33 厘米長的腳印，據說是神秘的雪人腳印！

地球上最長的山脈位於海底深處。洋脊（上圖顯示為紅色）長達 65000 公里，是陸地上最長的安第斯山脈的 9 倍。

高山生活

為求生存，山地動物已經適應了惡劣的條件。山羊擁有厚實蓬鬆保暖的毛皮，還有強壯的分蹄來攀登崎嶇的岩石和陡峭的斜坡。

壯麗的荒漠

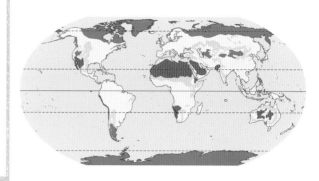

　　荒漠佔據了地球陸地面積的五分之一。儘管我們通常將 desert（荒漠）理解為沙漠，也就是完全被沙子所覆蓋的區域，但是荒漠也包括一些多岩石、土質、多山或極冷區域。荒漠的定義是每年降水量少於 25 厘米的地區。

■ 炎熱的荒漠　　　　　　　　　■ 寒冷的荒漠
■ 沿海荒漠　　　　　　　　　　 半乾旱荒漠

荒漠在哪裏？

　　上面的地圖顯示了荒漠的分佈。炎熱乾燥的荒漠，例如撒哈拉沙漠，分佈在熱帶地區附近，而寒冷的荒漠則分佈在極地地區以及中亞和東亞地區。

地球上最炎熱的地方是位於美國莫哈維沙漠的死亡谷！

荒漠的類型

　　大約 20% 的荒漠是被沙子所覆蓋的區域，它們經常處於極高或極低的溫度。

寒冷的荒漠
　　南極和北極地區的荒漠有着非常寒冷的氣候，溫度非常低，幾乎沒有植被生長。

炎熱的荒漠
　　在熱帶地區，荒漠全年都很炎熱，但是夜晚溫度會驟降。這些地區幾乎沒有降雨，氣候非常乾燥。

半乾旱荒漠
　　這種荒漠比炎熱的荒漠涼爽，夏季漫長而且乾燥，但冬季則較為多雨。

沿海荒漠
　　靠近海洋的荒漠幾乎沒有降雨，但是常常被霧氣籠罩，因此相對潮濕。

納米布沙漠中的沙丘是世界上最高的，高達 300 米。

南非劍羚是遊牧性的羚羊。它們在黎明和黃昏時覓食，這是因為草地上的露水能給牠們提供一些水分。

沙漠裏的生命

　　位於納米比亞的納米布沙漠的年齡為 5500 萬年，是世界上最古老的沙漠。在這個長度超過 2000 公里的沙漠中，有許多在風力作用下形成的巨大沙丘。這片沙漠看起來像是一個無生命的荒地，但是依然有一些適應性非常強的植物和動物能夠在這個極端環境中生存繁衍。

風每年從撒哈拉沙漠吹走大約 9 千萬噸沙塵！

存水者

在北美洲的索諾蘭沙漠中，巨人柱仙人掌已經適應了長時間沒有水源的生存方式。它們在堅實的莖部中儲存水，還能膨脹莖部以獲得更多的容量。莖部的外表覆蓋着尖刺，以保護內部的水分。

沙塵暴

在沙漠地區，強風能將沙塵捲起，形成速度高達每小時 97 公里的沙塵暴。沙塵暴能攜帶數噸微小的沙塵顆粒，飄散到遙遠的地方，並且覆蓋那裏的一切。

吉拉啄木鳥在巨人柱仙人掌上挖巢穴，來撫養它們的雛鳥。

南極洲是世界上最大的荒漠，它的面積大約是澳洲的兩倍！

雨影荒漠

靠近海岸的山可能會產生雨影荒漠。海洋中的水蒸發形成雲雨，但是被山擋在靠海的一側，而另一側只有涼爽乾燥的空氣，因此常年無雨，從而形成荒漠。

隨着雲上升並且冷卻，雨水降落在山的這一側。

涼爽的空氣和缺乏降雨造成了乾旱的荒漠。

海水蒸發。

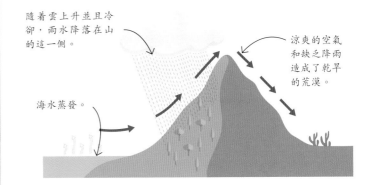

褐喉樹懶高高地懸掛在
雨林樹冠的樹枝上。

亞馬遜雨林

亞馬遜雨林橫跨南美洲 8 個國家，是世界上最大的雨林。
在地球上所有已知植物和動物物種中，至少有 10% 在亞馬遜
雨林中棲息。在這個神奇的地方，平均每兩天就有一種新物
種被發現！

美妙的森林

地球上大
約有 3 萬億棵
樹木！

樹木是地球上最大的植物，也是陸地上超過四分之三的動物家
園。樹木通過光合作用吸收大氣中的二氧化碳，改善空氣質素，因
此在應對氣候變化的努力中發揮着至關重要的作用。然而，森林正
在逐漸消失，每年有難以計算的樹木被砍伐。

森林的類型

森林主要被分為 3 種類型。茂密而物種豐富的熱帶雨林靠近赤道，針葉林生長在接近北極的寒冷地區，而溫帶森林遍布氣候溫和而且四季分明的區域。

最高的樹木形成了露生層。

熱帶雨林
這種溫暖潮濕的森林有 4 個明顯的層次，每層的水分和陽光量各不相同。

針葉林
這種寒冷乾燥的森林中生長着針葉樹，例如雲杉、松樹和冷杉，它們具有結實的針狀葉子。

溫帶森林
這種森林中的大多數樹木具有寬闊、扁平的葉子，它們在秋季落葉並且在春季重新長出新葉。

木聯網

森林的地下有一種真菌結成的網絡，被稱為「木聯網」，估計已有近 5 億年的歷史。許多科學家相信，樹木利用這個網絡共享資源，例如水和營養物質。樹木甚至可能利用它進行交流，例如發出昆蟲襲擊的警報等。

一滴雨水從雨林樹頂冠到達森林地面需要大約 10 分鐘的時間！

寒冷的森林

全世界的樹木幾乎有四分之一生長在針葉林中。針葉林主要由松樹等針葉樹構成。它們適應了全年寒冷的溫度，細長的錐形樹形有助於它們擺脫可能會壓斷樹枝的大雪，同時使它們盡可能地捕捉和吸收更多的陽光。

森林守護者

許多原住民社區依賴雨林維持生存，並且長期以來一直在幫助保護雨林免受濫伐。右圖中這位男孩是巴西的帕伊特-蘇魯伊人中的一員。這些原住民保護和監控着亞馬遜的 248147 公頃森林。

種植樹木是帕伊特-蘇魯伊人幫助保護森林的方式之一。

每分鐘都有相當於 27 個足球場面積的森林被破壞。

看圖識別 **樹 木**

你是一名初露頭角的植物學家嗎？你能分辨橡樹和榆樹，還有楓樹和山毛櫸嗎？試着在不看下面的答案的情況下識別這些樹木。你能找出其中的異類嗎？

1 藍花楹
2 橡膠樹
3 索科龍血樹
4 辣木
5 橡樹
6 娑羅樹
7 約書亞樹
8 北美落葉松
9 橄欖樹
10 毒豆樹
11 香蕉樹
12 南歐紫荊
13 猴麵包樹
14 蘋果樹
15 樹蕨
16 巨杉
17 刺柏
18 楓樹
19 花楸樹
20 桃花心木
21 臭椿
22 榴蓮樹
23 松樹
24 海棗樹
25 柳樹
26 紅樹
27 冷杉
28 櫻花樹
29 猴謎樹
30 山毛櫸

異類是（11）香蕉樹，這種巨大植物的莖其實不是木質的，因此並不是真正的喬木，而是一種草本。

變化的原因

燃燒化石燃料（煤炭、石油和天然氣）來獲取能源會增加大氣中二氧化碳這種溫室氣體的含量。這是工業化以來氣候變化的主要原因。使用風能和太陽能等可再生能源有助於減少溫室氣體的排放。

氣候緊急情況

人類的活動引起了地球氣候的巨大變化。氣溫上升會導致更多的極端天氣，包括風暴、熱浪，以及海平面上升。為了阻止氣候變化，我們必須減少溫室氣體的排放。

氣候影響

在過去 150 年裏，地球平均溫度上升了 1.1℃。氣溫上升在世界各地產生陸地連鎖反應。

冰蓋融化
冰蓋正在融化，導致海平面上升。冰是白色的，能反射太陽光線，但是隨着它的融化，反射的熱量減少，海水變的更暖。

棲息地的破壞
隨着地球變暖，動物棲息地正在發生變化並且被破壞。許多物種面臨滅絕的危險。

極端天氣
全球氣溫上升導致更加極端和不可預測的天氣，包括熱浪、乾旱、颶風和洪水。

海洋損害
過量的二氧化碳溶解到海洋中，使海洋變得更具酸性，從而產生毀滅性的影響。

生活被毀
極端天氣影響糧食和水的供應，將威脅到人們的基本生存環境，可能迫使人們背井離鄉。

野火加劇

破紀錄的高溫和極端乾旱正在引起大範圍野火。2019 年至 2020 年，澳洲叢林大火摧毀了近 3000 所房屋，並且導致近 30 億隻動物死亡或流離失所。從太空中可以觀察到煙霧升入大氣層，高達 25 公里。

自 1980 年以來，與氣候相關的災害的發生次數增加了兩倍多。

消防員用水撲滅猛烈而迅速蔓延的大火。

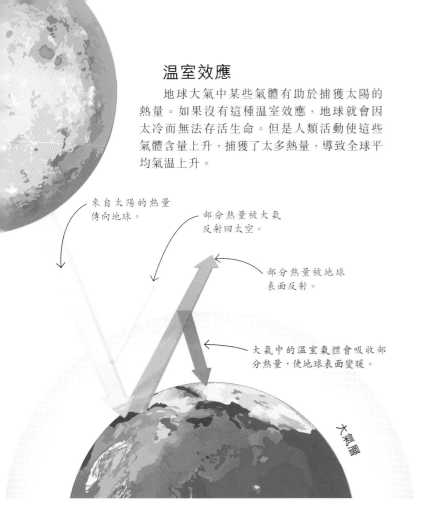

温室效應

地球大氣中某些氣體有助於捕獲太陽的熱量。如果沒有這種温室效應，地球就會因太冷而無法存活生命。但是人類活動使這些氣體含量上升，捕獲了太多熱量，導致全球平均氣溫上升。

來自太陽的熱量傳向地球。

部分熱量被大氣反射回太空。

部分熱量被地球表面反射。

大氣中的温室氣體會吸收部分熱量，使地球表面變暖。

大氣層

樹木能吸收和儲存二氧化碳。變暖效應的 10% 是由於森林被損壞而造成的。

拯救地球

我們大家都可以通過減少購買物品、增加再利用和回收來減緩氣候變化。然而，為了扭轉氣候變化，政府和企業必須轉向清潔能源，並且停止砍伐森林。

桉樹非常易燃。

保護我們的星球

幾個世紀以來，人們使用了地球的天然資源，同時也破壞了自然棲息地，並且製造了大量垃圾。但是我們可以共同努力，在新技術的幫助下保護地球，扭轉這種損害。

恢復珊瑚礁

珊瑚礁面臨海洋變暖和酸化、過度捕撈和污染的威脅，正在大片地死去。為了扭轉珊瑚礁衰退的趨勢，科學家在印度尼西亞巴峇里附近建造了供珊瑚生長的生態石。這些生態石是人工結構，並用通電的方法，例如讓電流流過單車的金屬框架，來使海水中的礦物質黏附在上面，以幫助重建珊瑚礁。

樹　牆！

非洲各地正在種植樹木，建造綠色長城，以阻止沙漠的蔓延，並且增加農田面積。按計劃，綠色長城將綿延數千公里。

吉布提

塞內加爾

撿垃圾

大部分垃圾，特別是塑膠垃圾，最終會流入海洋，然後被衝上岸。現在，塑膠出現在海洋食物鏈的各個層次。撿垃圾是我們力所能及提供幫助的一種方式。

環保人士將現有珊瑚礁上脫落的活珊瑚碎片附着在新珊瑚礁上。

再野化棲息地

再野化是讓棲息地恢復到被人類改變之前的狀況。這可能意味着讓農田恢復自然植被或讓河流自由流淌。隨着時間的推移，這會鼓勵野生動物回到本屬於它們的棲息地。在北美，再野化棲息地已經使狼等物種被重新引入。

清理海洋

每年，數億噸塑膠垃圾進入海洋。它們從河流流入，或作為捕魚業的垃圾被丟棄在海洋中。為了清理海洋，人們開發了一種捕獲和回收海洋垃圾的方法。

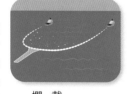

攔　截

兩艘船拖着一條長長的 U 形屏障網漂浮在海面上，攔截漂浮的塑膠。

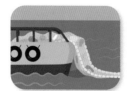

收　集

當屏障網裝滿時，裏面的塑膠就會被圍捕，然後被吊到船上進行分類。

回　收

塑膠被運上岸，然後被加工成顆粒，用來製造太陽鏡等產品。

瓢蟲等昆蟲可以代替農藥來保護農作物！

珊瑚開始長成新的活珊瑚礁，這將創造一個充滿活力的生態系統。

單車上也長有藤壺。

廢棄的鋼制單車為珊瑚提供了生長框架。

這個結構將成為熱帶魚的棲息地。

可持續能源

風能、太陽能、波浪能和潮汐能是比化石燃料能源更環保的替代能源。圖中的風樹在公共場地利用風能產生綠色電力，給街道照明，還可以為手機甚至汽車充電。

環保替代品

人們正在開發新材料來取代那些對環境有害的材料。例如，可生物降解的植物塑膠正在慢慢取代由化石燃料製成的塑膠。我們還可以多些重用物品，減少垃圾。

麻布袋可以被多次使用。

竹子和紙張可以被回收利用。

目前全球僅有 9% 的塑膠垃圾被回收！

生命

甚麼是生命？

　　自從生命在地球上出現以來，牠們已經進化出令人驚歎的多種多樣形式。如今，地球上的生物種類繁多，有肉眼看不見的微小細菌，也有龐大的藍鯨，還有繁茂生態系統中其他各種各樣的植物和動物。

生物分類

　　科學家將地球上的所有生物分為 7 個界別，其中 3 個是微觀的：古細菌界、細菌界和原生動物界。雖然肉眼看不見，但是如果沒有牠們，其他形式的生物將無法生存。另外 4 個界別的生物大小各異，牠們是色藻界、植物界、真菌界和動物界。

古細菌界
這類簡單的單細胞生物生活在惡劣的棲息地，例如炎熱的酸性水域和冰冷的海洋。

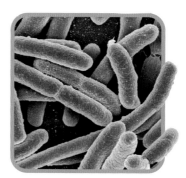

細菌界
單細胞細菌存在於所有棲息地中。許多細菌生活在植物和動物身上，但是只有少數細菌會引起疾病。

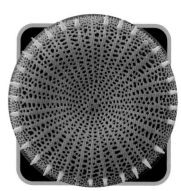

原生動物界
原生動物的細胞比細菌複雜。大多數原生動物像微觀動物一樣具有運動能力，並且能夠攝食。

充滿生機

　　所有生物都有 7 個特徵，使牠們有別於非生物。這些特徵是運動、呼吸、排泄、吸收營養、感官、繁殖和生長。右圖的珊瑚礁中的所有生物都展示了這些特徵。

科學家估計地球上約有 870 萬生物物種！

運動
所有生物都能動。大多數植物和真菌只在原地活動，但是動物，例如這隻毛頭星，具有四處移動的能力。

呼吸
魚類通過呼吸從水中提取氧氣。在微觀尺度上，細胞通過呼吸作用釋放食物中的能量。

排泄
所有生物的細胞中都產生化學廢物。將廢物排到體外的過程被稱為排泄。魚類通過尿液排泄廢物。

樹木和草利用太陽能給自己製造食物。

獅子是肉食動物，牠們捕食吃植物的斑馬和羚羊。

斑馬吃草，從中獲取營養和能量。

鬣狗是食腐動物，牠們以動物的屍體為食。

生態系統

任何生命都不能獨自生存。植物、真菌、動物以及其他生命形式共同生活在生態系統中。生態系統也受到地形和氣候的影響，例如非洲的稀樹草原。

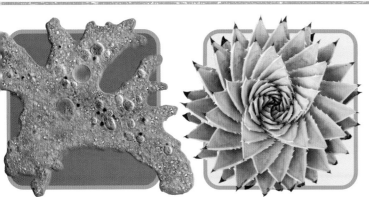

色藻界
大多數色藻生活在水中，包括微觀的硅藻和巨大的海帶。它們與植物一樣，會利用太陽能給自己製造食物。

植物界
植物由許多細胞構成。大多數植物生長在陸地上，它們都能利用太陽能給自己製造食物。

真菌界
真菌有單細胞的，也有多細胞的，它們通常吸收死亡的植物和動物的物質以獲得能量和營養。

動物界
幾乎所有動物都是多細胞生物。動物具有感官和神經系統，能自由移動和覓食。

吸收營養
所有生物都需要吸收營養才能維持生命。生物能給自己製造營養或從外界獲取營養。海洋金魚吃浮游生物以獲取營養。

感 官
所有生物都能感知環境，並且對環境的變化作出反應。魚類有視覺、嗅覺、味覺和聽覺，並且對觸覺有反應。

繁 殖
所有生物都進行繁殖以使自身種繁衍。雌性魚類能產卵。雄性魚類給卵受精後，卵就會孵化成小魚。

生 長
所有生物開始都很小，然後逐漸發育和長大。毛頭星能夠再生失去的肢體，並且能夠再生出多達 150 隻觸腕。

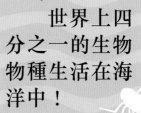

世界上四分之一的生物物種生活在海洋中！

非生物
病毒是微小的有機體，其中一些會引起疾病。但是它們並不被視為生物，這是因為它們缺乏很多生物的特徵。它們只能通過侵入活細胞來繁殖。

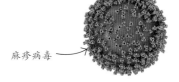

麻疹病毒

地球上曾經存在過很多生物物種，其中99.9%已經都滅絕了！

最初的生命

疊層石是看起來像石頭的活化石，是由沉積泥沙被困在層層藍藻中而形成的。牠們是 35 億年前存在生命的證據。作為第一種能進行光合作用的生命形式，牠們給地球的大氣添加了氧氣，為生物進化創造了條件。

生物的進化

進化論是物種在多個世代中發生變化的理論。自然選擇驅動着進化過程，使最能適應環境的生物生存下來，並且將基因傳遞給下一代。

顏色不同的甲蟲
有一種生活在蕨類植物葉子上的甲蟲物種具有多種顏色。

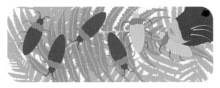

顏色鮮豔的甲蟲被吃掉
在蕨類植物上的橙色甲蟲最容易被發現，因此最容易被捕食昆蟲的動物吃掉。

有綠色偽裝的甲蟲幸存
有綠色偽裝的甲蟲存活下來了，並且將基因傳給下一代，而橙色甲蟲逐漸滅絕了。

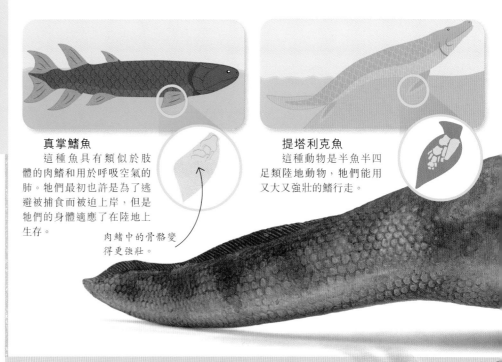

真掌鰭魚
這種魚具有類似於肢體的肉鰭和用於呼吸空氣的肺。牠們最初也許是為了逃避被捕食而被迫上岸，但是牠們的身體適應了在陸地上生存。

肉鰭中的骨骼變得更強壯。

提塔利克魚
這種動物是半魚半四足類陸地動物，牠們能用又大又強壯的鰭行走。

有史以來最大的昆蟲是生活在 2.5 億年前的巨蜻蜓！

以足球作為參照物。

它的翼展可達 71 厘米。

早期的生命

生命首次出現在地球上的時間是 37 億年前。在接下來的數十億年中，微小單細胞生物是地球上唯一的生命形式。然後，在大約 5.42 億年前，發生了一次非同尋常的生命大爆發。

潮濕的森林

最早期的簡單植物在水中漂浮，大約在 5 億年前開始登上陸地。微小的類似苔蘚的植物逐漸演變成為樹蕨、木賊和蘇鐵，進而形成高聳繁茂的森林。

鱗木能長到 50 米高。

化石顯示了樹皮的鱗狀紋理。

登 陸

生物最初在水中生活，並且在水中進化，這個過程長達數十億年。大約在 3.9 億年前，有些類似魚類的動物開始部分時間在陸地上生活。最終，牠們進化成了第一批四足動物，也就是今天許多陸地動物的祖先。

魚石螈

魚石螈生活在淺水沼澤中，是最早具有 4 足的脊椎動物之一。它們的腳趾和腿有可能將身體抬離地面，以便行走。

科學家不確定魚石螈有多少根腳趾。

寒武紀生命大爆發

大約在 5.42 億年前，地球上生物的多樣性顯著增加，這一事件被稱為寒武紀生命大爆發。那時，海洋中充滿了奇形怪狀的動物，牠們爬行、游動、捕捉漂浮的食物顆粒，並且互相捕食。

已知最古老的脊椎動物祖先是皮卡蟲。

捕食性肢節動物奇蝦。

游動的肢節動物馬爾三葉形蟲。

有刺的蠕蟲狀怪誕蟲

能鑽洞的軟體埃謝櫛蠶

鱟最早出現於 4.8 億年前，並且至今仍然存在！

生物進化時間線

我們很難想像地球上生物進化的宏大時間尺度。為了幫助理解，下面的時鐘將地球的存在時間用 12 個小時來表示。在第 1 個小時內，地球是一顆火球般的氣體和岩石球體，後來生物才慢慢開始出現和進化，而現代人類的出現發生在最後一秒鐘！

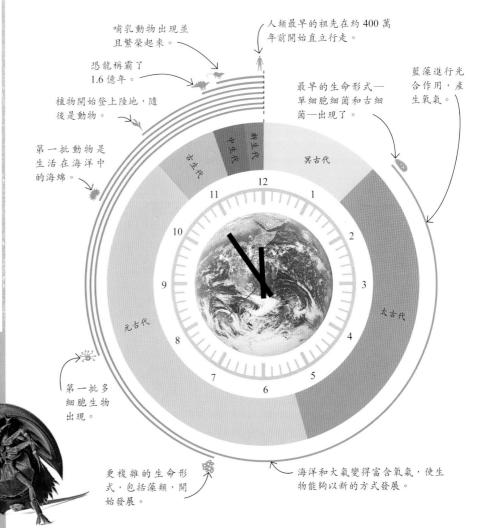

哺乳動物出現並且繁榮起來。

人類最早的祖先在約 400 萬年前開始直立行走。

恐龍稱霸了 1.6 億年。

植物開始登上陸地，隨後是動物。

最早的生命形式—單細胞細菌和古細菌—出現了。

藍藻進行光合作用，產生氧氣。

第一批動物是生活在海洋中的海綿。

古生代　中生代　新生代　冥古代

元古代　太古代

第一批多細胞生物出現。

更複雜的生命形式，包括藻類，開始發展。

海洋和大氣變得富含氧氣，使生物能夠以新的方式發展。

中生代的怪獸

恐龍是在中生代時期漫遊地球的眾多動物中最為人所熟知，但是牠們並不孤單。那時，巨型爬行動物在海洋中游動，天空中也有一些恐龍和其他動物飛行。第一批哺乳類動物也出現了，牠們形態各異，大小不一。

超級游泳健將

這具蛇頸龍的化石骨架讓我們了解到這種強大的海洋捕食性動物是如何在侏羅紀的水域中游動的。牠由 4 隻巨大的鰭腳提供動力，在海洋中巡遊，並且伸展長頸，用顎捕捉游動的獵物。

後鰭腳

形似槳的鰭腳在水中上下扇動，使蛇頸龍像企鵝一樣在水中「飛行」。

有牙齒的長形嘴部。

魚龍

魚龍是一種海洋爬行動物，具有靈活的、類似魚類的身體結構，因此能夠快速游動。牠們的身長可達 26 米，而圖中這個標本的頭骨就長達 2 米。

甜甜圈形狀的骨頭有助於維持巨大的眼球的位置。

細長的頸部由大約 40 節頸椎構成。

狹窄頭骨中的顎，能張開很大。

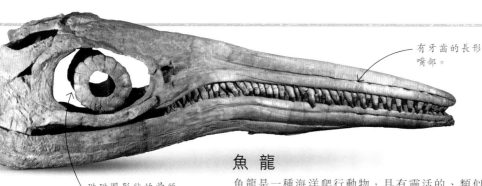

有史以來最大的飛行動物是風神翼龍，牠們的翼展與一架噴火式戰鬥機相差無幾！

圓錐形的長牙齒使蛇頸龍能夠咬住滑溜的獵物。

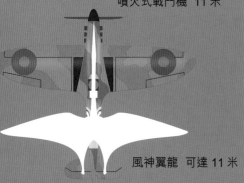

噴火式戰鬥機 11 米

風神翼龍 可達 11 米

爬行動物時代

2.52 億年前至 6600 萬年前是中生代，被劃分為 3 個紀：三疊紀、侏羅紀和白堊紀。在中生代，爬行動物稱霸着陸地、海洋和天空。

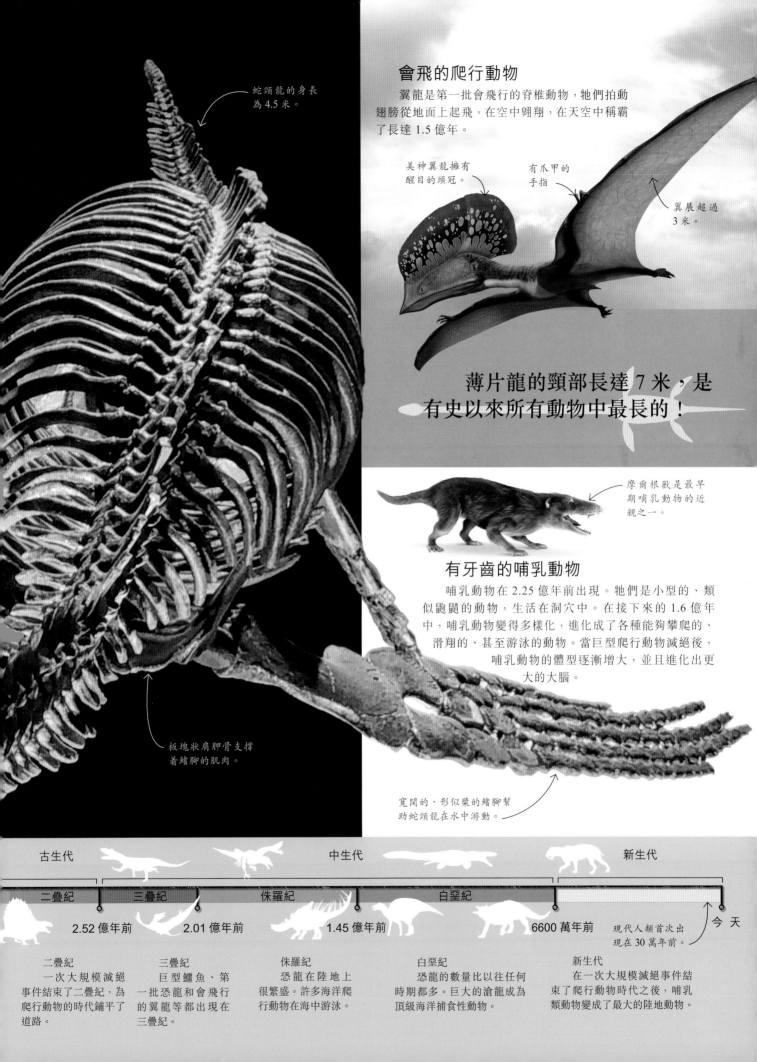

會飛的爬行動物

翼龍是第一批會飛行的脊椎動物,牠們拍動翅膀從地面上起飛,在空中翱翔,在天空中稱霸了長達 1.5 億年。

蛇頸龍的身長為 4.5 米。

美神翼龍擁有醒目的頭冠。

有爪甲的手指

翼展超過 3 米。

薄片龍的頸部長達 7 米,是有史以來所有動物中最長的!

摩爾根獸是最早期哺乳動物的近親之一。

有牙齒的哺乳動物

哺乳動物在 2.25 億年前出現。牠們是小型的、類似鼩鼱的動物,生活在洞穴中。在接下來的 1.6 億年中,哺乳動物變得多樣化,進化成了各種能夠攀爬的、滑翔的、甚至游泳的動物。當巨型爬行動物滅絕後,哺乳動物的體型逐漸增大,並且進化出更大的大腦。

板塊狀肩胛骨支撐着鰭腳的肌肉。

寬闊的、形似槳的鰭腳幫助蛇頸龍在水中游動。

古生代		中生代		新生代
二疊紀	三疊紀	侏羅紀	白堊紀	
	2.52 億年前	2.01 億年前	1.45 億年前	6600 萬年前	今天

現代人類首次出現在 30 萬年前。

二疊紀
一次大規模滅絕事件結束了二疊紀,為爬行動物的時代鋪平了道路。

三疊紀
巨型鱷魚、第一批恐龍和會飛行的翼龍等都出現在三疊紀。

侏羅紀
恐龍在陸地上很繁盛。許多海洋爬行動物在海中游泳。

白堊紀
恐龍的數量比以往任何時期都多。巨大的滄龍成為頂級海洋捕食性動物。

新生代
在一次大規模滅絕事件結束了爬行動物時代之後,哺乳類動物變成了最大的陸地動物。

恐龍稱霸

恐龍在地球上稱霸了 1.6 億多年。牠們之中有笨重的、被鱗甲覆蓋的巨型恐龍，也有兇猛的捕食性恐龍，還有小型的、有羽毛的恐龍。除了少數恐龍以外，牠們都在 6600 萬年前滅絕了。

大與小

許多恐龍是龐大的，其中最大的是阿根廷龍，牠是非常龐大的蜥腳類恐龍。而有些恐龍則非常小。有一隻馳龍的足跡，可能是一隻幼兒的，只有 1 厘米長，這表明牠的體型與麻雀大小相當。

阿根廷龍

身長約 33.5 米

馳 龍
身長可能為 15 厘米

恐龍分類

恐龍被分為 5 大類。有些研究人員認為，大約有 2000 種恐龍物種存在，可能還有很多尚未被發現的物種。

獸腳類
以肉食為主，有鋒利的牙齒，並且用兩條後腿行走。始祖鳥和迅猛龍都屬於這一類。

蜥腳類
具有長頸，以植物為食。牠們是重重地踩踏過地球的最大動物，其中包括梁龍。

甲龍類
具有厚實的骨甲和帶刺或帶錘的尾巴。劍龍屬於這一類。

鳥腳類
有奇特的頭形和寬闊的嘴部。許多鳥腳類恐龍（例如埃德蒙頓龍）擁有複雜的牙齒。

厚頭類
以植物為食，用堅硬的頭骨和角進行炫耀和戰鬥，其中包括腫頭龍。

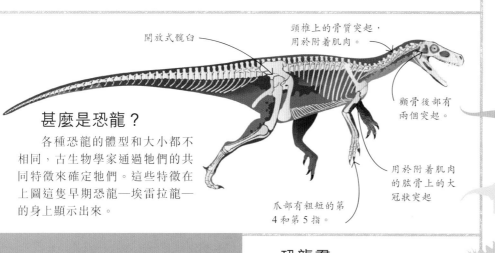

甚麼是恐龍？

各種恐龍的體型和大小都不相同，古生物學家通過牠們的共同特徵來確定牠們。這些特徵在上圖這隻早期恐龍—埃雷拉龍—的身上顯示出來。

開放式髖臼

頸椎上的骨質突起，用於附着肌肉。

顴骨後部有兩個突起。

用於附着肌肉的肱骨上的大冠狀突起

爪部有粗短的第 4 和第 5 指。

有些科學家認為似鴕龍能以每小時 60 公里的速度奔跑，幾乎可以與用於賽跑的格力犬相媲美！

恐龍羣

有些恐龍結羣行動！像長頸鹿般的蜥腳龍會結集成很大的羣體一起漫遊，吃針葉樹、銀杏樹和蘇鐵等高樹的葉子。

許多大型食草恐龍是喜歡羣居的動物，牠們聚集在一起以便共同抵禦兇猛的捕食性動物。

長尾有助霸王龍保持平衡。

恐怖的霸王龍

霸王龍是有史以來漫遊過地球的最大肉食動物之一，牠們以食草動物（例如三角龍）為食。圖中重建的化石骨骼展示了霸王龍能以兇猛的力量咬碎三角龍的骨頭。

霸王龍寬闊的頭骨使它們具有有史以來所有陸地動物中最強大的咬合力。

尖利的爪子

強壯的後腿支撐着霸王龍的體重。

三角龍的頸盾上有霸王龍牙齒的咬痕。

巨大的頭骨上有喙和數排能切割植物的牙齒。

帶有尖端的長角，用於吸引和爭奪配偶。

蛋裏的胚胎

所有恐龍都以產蛋的方式繁殖。下圖的這塊恐龍蛋化石出現在中國南部，蛋裏有保存完好的沒有牙齒的獸腳類恐龍胚胎，被命名為「英良貝貝」。

這隻胚胎像一隻蜷縮在蛋裏的小鳥。

巨嶠彩虹龍的頭部和尾部都有彩虹色羽毛。

彩色羽毛

近年來，化石的發現揭示出許多恐龍身上長有羽毛。如今，科學家還發現了帶有色素細胞痕跡的化石，這表明這些類鳥的恐龍身上長有彩色羽毛。

大規模滅絕

在約 6600 萬年前，一次小行星撞擊使恐龍的稱霸戛然而止。這次毀滅性的撞擊摧毀了生態系統，導致大多數恐龍滅絕。然而，獸腳類恐龍的一個分支幸存了下來，並且演變成了今天地球上的鳥類。

看圖識別　恐　龍

恐龍專家們請注意：你能分辨霸王龍和三角龍，以及劍龍和稜背龍嗎？看看你能認出這些恐龍中的多少種，並且找出其中的異類！

1　劍龍
2　橡樹龍
3　風神翼龍
4　腔骨龍
5　始祖鳥
6　馬塔貝拉龍
7　似鱷龍
8　伊森龍
9　迪布勒伊洛龍
10　冠龍
11　鯊齒龍
12　三角龍
13　禽龍
14　副櫛龍
15　梁龍
16　迅猛龍
17　稜齒龍
18　似鴕龍
19　重爪龍
20　釘狀龍
21　包頭龍
22　冰脊龍
23　異特龍
24　埃德蒙頓龍
25　近鳥
26　霸王龍
27　腫頭龍
28　異齒龍
29　始盜龍
30　蜀龍
31　阿根廷龍
32　稜背龍
33　薩爾塔龍
34　鸚鵡嘴龍
35　中華龍鳥
36　激龍
37　阿爾伯塔龍
38　板龍
39　棘龍
40　蜥結龍
41　單脊龍

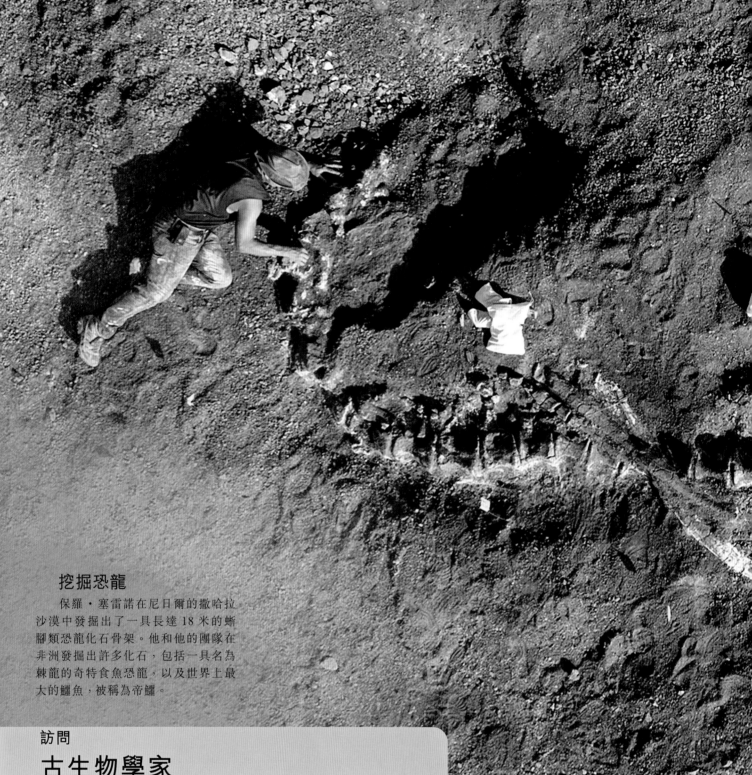

挖掘恐龍

保羅‧塞雷諾在尼日爾的撒哈拉沙漠中發掘出了一具長達 18 米的蜥腳類恐龍化石骨架。他和他的團隊在非洲發掘出許多化石，包括一具名為棘龍的奇特食魚恐龍，以及世界上最大的鱷魚，被稱為帝鱷。

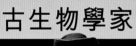

訪問

古生物學家

美國古生物學家保羅‧塞雷諾是芝加哥大學的教授，他創辦了化石實驗室。他在安第斯山脈和戈壁沙漠等區域發現了許多恐龍化石。近年來，他在非洲的撒哈拉沙漠中發現了很多新物種。

問：古生物學家們是否仍在發現新恐龍？

答：很久以前，發現新恐龍是罕見的。現在，由於眾多古生物學家都在尋找和進行挖掘，發現新恐龍的速度飆升至每年約 50 具，堪稱恐龍的復興時期！

問：我應該在哪裏尋找化石？

答：化石可能存在於各種類型的岩石中，海洋石灰岩層和陸地上的砂岩層都可能存在化石。你可以查找化石愛好者指南，找到你附近的化石採集地點。

問：你的發現中最讓你興奮的是甚麼？

答：我目前正在研究的就是最讓我興奮的。牠是非洲的一具奇特的掘土迅猛龍。如果不是在撒哈拉偶

然發現了這種恐龍的化石骨架,世界上沒有人能夠想像牠們曾經存在過。

問:你是如何確定恐龍的骨骼如何組合成骨架的?

答:拼裝恐龍骨骼並不太難,這是因為所有的恐龍骨架都由同一組骨骼構成的。一具完整的恐龍骨架有 300 多塊骨骼,而且每塊骨骼都有特定的名稱,與特定的肌肉相連,甚至與人類的骨骼有一定的相似性。

問:通過觀察化石,你能告訴我們關於恐龍的甚麼信息?

答:非常多。即使只有一塊有牙齒的頜骨,也能告訴你恐龍的飲食習性、所屬種類,有時甚至讓你能確定牠是否為新物種。如果你得到大部分骨骼,你就可以了解牠的行走方式、奔跑方式,以及牠是捕食性動物還是食草動物。

問:我們知道恐龍的外貌嗎?

答:有時恐龍死亡後在陽光下被曬乾,皮膚變成了堅硬的皮革。這些恐龍「木乃伊」如果被迅速埋葬,就能在沉積物中保留牠們的鱗狀皮膚的印記。然而,牠們皮膚的顏色仍然是個謎。

問:《侏羅紀公園》的故事有可能成為現實嗎?

答:不可能。恐龍化石無法保存古代的 DNA。科學家發現的最古老的 DNA 是約為 200 萬年前的乳齒象的 DNA,那時恐龍已經滅絕了 6000 萬年。

植物的生命

世界上有 39 萬多種已知的植物物種，幾乎每個地方都有適應該地的植物生存。與動物不同，植物能夠利用太陽光給自己製造食物，並且為動物提供食物。

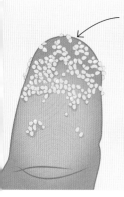

每株植物就像朱古力米一樣小。

地球上最小的植物是無根萍，一種無根水生浮萍植物！

植物如何生長

大多數植物具有支撐自己的莖、吸取水分和營養的根系以及捕獲太陽能的葉。莖中的管道將水、營養和糖分形態的能量在植物內部運輸。

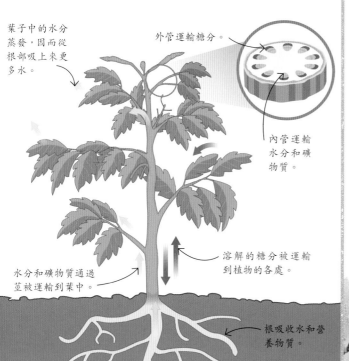

葉子中的水分蒸發，因而從根部吸上來更多水。

外管運輸糖分。

內管運輸水分和礦物質。

水分和礦物質通過莖被運輸到葉中。

溶解的糖分被運輸到植物的各處。

根吸收水和營養物質。

植物分類

植物有各種各樣的形狀和大小，被分為以下 6 大類。開花植物是最常見的一類。

地錢植物
它們是地球上最早生長的一批植物。它們沒有葉、根和莖。

苔蘚和角苔植物
這類植物生長在濕潤的地方，呈地毯狀或墊狀。

石 松
這類小植物具有輸送水分和養分的脈管，以及比較硬的鱗狀葉子。

蕨類植物和木賊
這類茂盛的植物的繁殖方式是通過孢子而不是種子。

針葉樹
這類植物的種子生長在錐果中。許多植物具有針狀葉子。

開花植物
為了繁殖，這類植物會開出花朵來吸引傳粉的昆蟲。

巨型南瓜

世界上有大約 200 種供食用的植物品種。有些人為了參加比賽，會種植巨大的蔬菜。圖中這顆獲獎南瓜的重量相當於一輛小汽車，它每天需要 300 升水才長到了 1205 公斤重。

這個南瓜有厚實的外皮，能夠保持水分和保護果肉。

南瓜從蔓延的藤上長出。

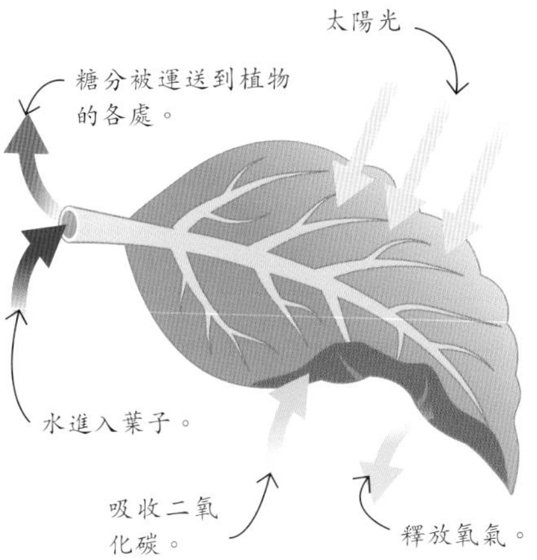

糖分被運送到植物
的各處。

太陽光

水進入葉子。

吸收二氧
化碳。

釋放氧氣。

製造食物

植物利用太陽光的能量將水和二氧
化碳轉化為氧氣和糖分。這個過程被稱
為光合作用，它發生在葉子中，需要藉
助葉綠素這種綠色素才能進行。

食肉植物

捕蠅草會迅速閉合來抓住昆蟲，例如圖
中這隻不幸的黃蜂。當獵物落在葉子上時，
會觸發葉子外緣的敏感
刺毛，導致葉子閉合。
捕蠅草是已知的
630 種食肉植物中
的一種。

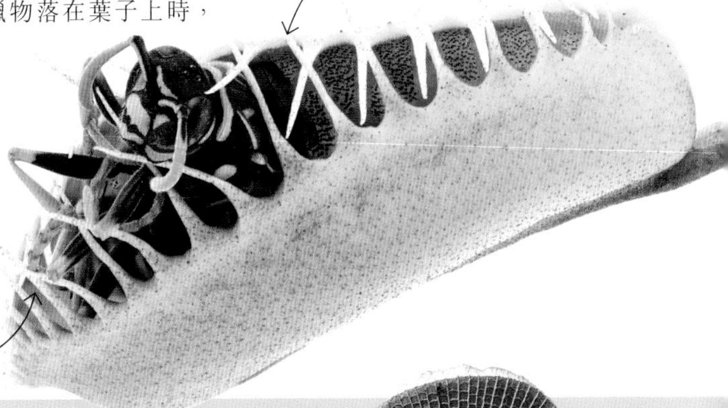

指狀的長刺毛固定
住黃蜂。

捕蠅草會消化黃蜂
以獲取營養。

巨型維多利亞大王蓮
葉子在水面漂浮，它們的
直徑能達到 3.2 米！

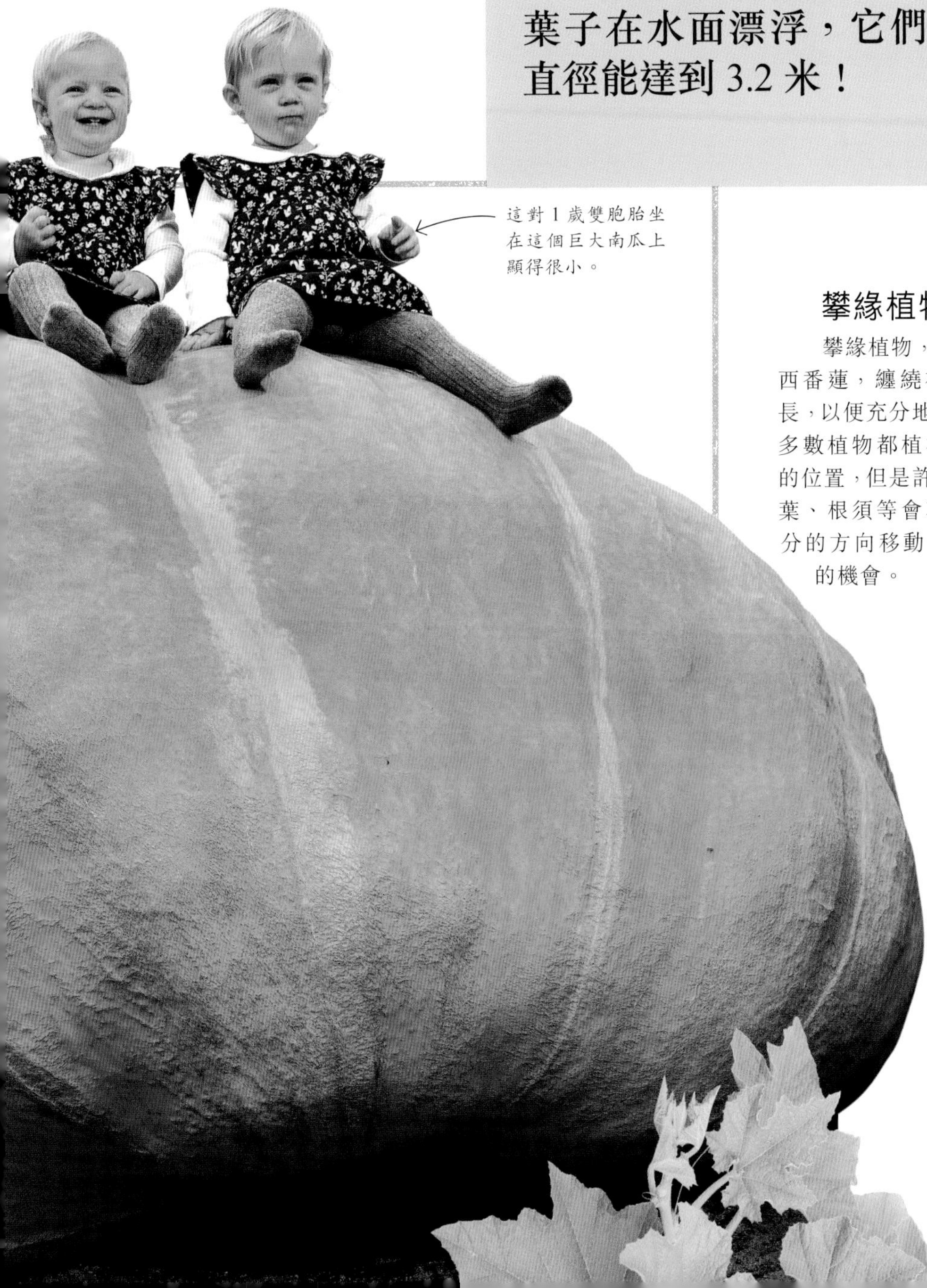

這對 1 歲雙胞胎坐
在這個巨大南瓜上
顯得很小。

蔓生植物的捲鬚會搜索
可供它們纏繞的物體。

攀緣植物

攀緣植物，例如圖中這株
西番蓮，纏繞在支撐物上生
長，以便充分地接收陽光。大
多數植物都植根於一個固定
的位置，但是許多植物的花、
葉、根須等會朝光、水或養
分的方向移動，以增加生存
的機會。

西番蓮

地球上植物的總
重量超過其他所有形
式的生命總和！

花的形狀

為了吸引蜜蜂、蝴蝶和其他昆蟲，花有各種形狀、大小和顏色。以下是一些形狀的例子。

錐　形
明亮的黃仙花的中心是一個有飾邊的喇叭形，周圍環繞着 6 片花瓣。

星　形
顏色鮮豔的非洲菊有一圈從中心散射出來的花瓣。

鐘　形
紫風鈴是鐘形的，有 5 片張開的花瓣。

圓頂形
繡毬花的大花頭是由許多小花組成的。

玫瑰花形
玫瑰花有數圈花瓣排列成螺旋狀或圓圈狀。

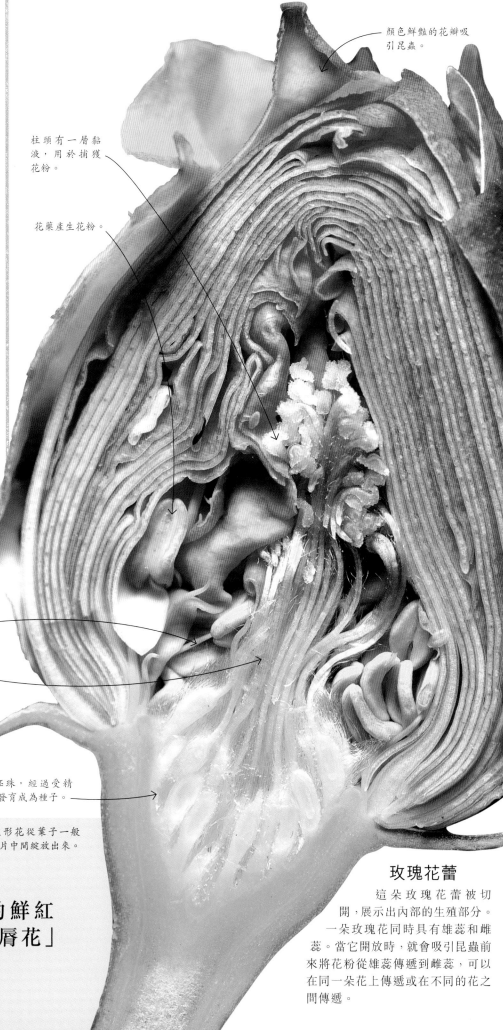

顏色鮮豔的花瓣吸引昆蟲。

柱頭有一層黏液，用於捕獲花粉。

花藥產生花粉。

花絲支撐着花藥，兩者共同形成雄蕊。

管狀花柱將柱頭連接到子房，兩者共同形成雌蕊。

萼片保護着花朵。

子房內有胚珠，經過受精後，胚珠會發育成為種子。

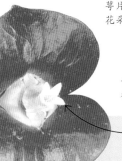

一朵小星形花從葉子一般的紅色苞片中間綻放出來。

這種熱帶植物的鮮紅色苞片使它獲得「嘴脣花」之名！

玫瑰花蕾

這朵玫瑰花蕾被切開，展示出內部的生殖部分。一朵玫瑰花同時具有雄蕊和雌蕊。當它開放時，就會吸引昆蟲前來將花粉從雄蕊傳遞到雌蕊，可以在同一朵花上傳遞或在不同的花之間傳遞。

美妙的花朵

開花植物佔地球上所有植物的 90%。它們生長出各種各樣的美麗花朵以進行繁殖。當花被受粉後，種子就會生長，進而長出新的植物。

香蕉花粉會沾在狐猴身上，被狐猴帶走傳播。

幫助授粉

最常見的傳粉者是昆蟲，它們在覓食時會沾上花粉，然後傳播花粉。但是其他動物，例如蝙蝠、蜂鳥和紅領狐猴等，也可以是傳粉者。

世界上最重的種子是海椰子的種子，重達 25 公斤！

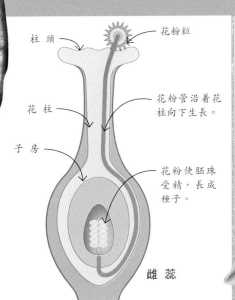

柱頭
花粉粒
花柱
花粉管沿着花柱向下生長。
子房
花粉使胚珠受精，長成種子。
雌蕊

蜂蘭

有些開花植物已經進化出不尋常的方法來吸引昆蟲傳粉。下圖中的蜂蘭這角度看起來像蜜蜂，能吸引真正的蜜蜂前來。

刺角瓜

許多開花植物通過結出美味的水果來傳播它們的種子，就像圖中的刺角瓜一樣。動物吃了水果後，會在不同的地方排泄出種子。

花受精

花粉是雄性的。當花粉粒落在雌蕊的柱頭上時，微小的花粉管就會從花粉粒中向下生長，穿過花柱，進入子房，使胚珠受精，發育為種子，而子房的壁會發育為果實，將種子包裹在其中。

大王花是世界上最大的花，它們的直徑可達 1 米！

大王花沒有葉子、莖和根部，它們生長在熱帶藤本植物上。

有毒的植物

許多植物可以被動物和人類食用，但是也有些植物是有毒的。在野外，千萬不要採摘或食用莖葉、果實或漿果，除非你認識它們。

毒番石榴
這種樹的果實也被稱為「死亡小蘋果」，它們會使口腔和喉嚨起致命的水皰。

蓖 麻
這種植物的豆子含有致命的蓖麻毒素。微量的蓖麻毒素就足以殺死一個成年人。

顛 茄
這種植物的漿果會導致口齒不清、視力模糊和幻覺。

翠 雀
這種漂亮的花朵會灼傷口腔，引起嘔吐，並且可能會導致呼吸衰竭而亡。

水 仙
這些明媚的春季花朵有類似洋蔥的鱗莖，食用後可能會引發抽搐。

食肉植物

下圖的毛氈苔是食肉植物，它用黏性可彎曲的觸毛來捕獲昆蟲，然後將葉子捲起來消化昆蟲。一顆毛氈苔能在幾分鐘內殺死一隻昆蟲，但是需要數星期來完成消化。

毛氈苔

最大的植物

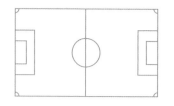

世界上最大的植物是澳洲鯊魚灣附近的一株海草，佔地面積幾乎達到了 200 平方公里，相當於 3 萬個足球場的面積。

太空中的植物

美國太空總署的科學家一直在國際太空站的花園裏種植植物。他們已經種植了 3 種生菜作為食物，用來增加太空人飲食中的維生素 C，預防壞血病。他們還種植了百日菊，用來研究開花植物在太空中的生長狀況。

世界之最！

植　物

許多植物都具有驚人的特性，有些植物的葉子是致命的，有些植物是有治療作用的草藥，而有些植物有難聞的氣味。有些植物名列地球上最大的生物，也有些植物名列最長壽的生物。

最高的樹

下面的一排樹是各大洲最高的樹，其中一些比自由女神像還高。世界上已知最高的樹矗立在美國北加州的紅杉國家公園，但是為了保護自然環境，它的確切位置是保密的。

異色桉
位於澳洲，高 72.9 米

高大非洲棟
位於坦桑尼亞，高 81.5 米

謝爾曼將軍巨杉
位於美國，高 83.8 米

天使之心
亞馬遜蓮蘇木，位於巴西，高 88.5 米

自由女神像
位於美國紐約，高約 93 米

昂貴的植物

盆景樹是活的藝術品。2011年，在日本的一場盆景大會上，有一棵有幾個世紀壽命的白松盆景被以1億日元的價格售出。

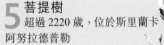

1億日元

竹子的生長速度在所有植物中是最快的。有些種類的竹子每天能生長91厘米，每小時約3厘米！

藥用植物

數千年來，人們一直使用植物來治療感冒、流感和焦慮等各種疾病。今天的傳統醫學也使用植物提取物作為藥物。

假馬齒莧
可能有助於保護大腦免受衰老的影響。

柳樹皮
柳樹皮含阿士匹靈的活性成份。阿士匹靈被用於止痛和退燒。

雪花蓮
可以減緩由阿茲海默症引起的記憶喪失。

最老的樹

有些樹已經生存了數千年，可以追溯到古埃及文明時期。

1 狐尾松
超過4850歲，位於美國加利福尼亞州

2 智利柏
超過3625歲，位於智利洛斯里奧斯

3 落羽杉
超過2625歲，位於美國北卡羅來納州

4 祁連圓柏
超過2235歲，位於中國青海

5 菩提樹
超過2220歲，位於斯里蘭卡阿努拉德普勒

狐尾松

有惡臭的花

有些花散發出腐肉的氣味，以吸引麗蠅幫助它們傳粉。

巨魔芋
巨大的巨魔芋散發出腐屍惡臭，因而被稱為屍花。

大王花
大王花也被稱為腐屍花。這種巨大的熱帶花散發出腐爛惡臭的氣味。

綠蘿桐
這種翠綠的花的惡臭氣味也被比作發臭的腳。

伏都百合
這種高大的紫紅色百合花因其散發的腐肉氣味而被稱為臭百合。

高大的花序散發熱量，也散發腐肉的氣味。

花瓣狀的環狀苞片內側是肉色的。

巨魔芋

百天長
各仁桉，位於澳洲，
高99.8米

梅納拉
黃娑羅雙，位於馬來西亞
高100.8米

亥柏龍神
北美紅杉，位於美國，
高116.1米

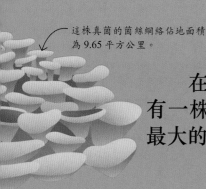

這株真菌的菌絲網絡佔地面積為 9.65 平方公里。

在美國俄勒岡州，有一株蜜環菌是地球上最大的生物之一！

甚麼是真菌？

真菌是由線狀菌絲構成的菌絲網，它們大部分位於地下，而我們在地面上看見的蘑菇則是真菌的子實體。真菌從孢子生長而來。

爆炸性的馬勃

馬勃將孢子儲存於球狀的子實體中。當被擠壓時，子實體就會像放煙霧一樣釋放出孢子。常見的巨型大禿馬勃能釋放出多達 7 萬億顆孢子。右圖中的紅皮麗口包馬勃生長在一層保護性膠質中。

膠質層

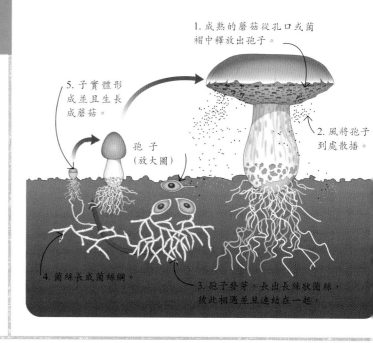

1. 成熟的蘑菇從孔口或菌褶中釋放出孢子。

5. 子實體形成並且生長成蘑菇。

孢子（放大圖）

2. 風將孢子到處散播。

4. 菌絲長成菌絲網。

3. 孢子發芽，長出長絲狀菌絲，彼此相遇並且連結在一起。

蘑菇大家族

蘑菇有各種形狀、大小和顏色。不同的蘑菇有不同的散播孢子的方式。這裏的外觀奇異標本讓我們得以窺探種類繁多的蘑菇大家族的其中一角。

毒蠅傘

這種有毒的蘑菇有鮮豔的紅白色傘蓋，可能起到一種警告作用，告誡動物不要食用它們。

紅色傘蓋上點綴的白色斑點是在幼年時期保護整個子實體的菌幕的殘留物。

菌褶，孢子生長的地方

曾經在蘑菇生長時保護菌褶的菌幕的殘餘環

菌柄

靛藍粉褶菇

隨着這種蘑菇成熟，它們的菌褶從藍白色變為粉紅色。這種藍色在自然界中非常罕見。

鹿膠角菌

這種顏色鮮豔、黏滑的蘑菇生長在腐爛的針葉樹上。

阿切氏籠頭菌（惡魔手指）

這種鬼筆菌散發出一種腐肉的氣味，吸引蒼蠅前來，而蒼蠅在飛走時會攜帶它們的孢子。

它們有 5-8 條觸鬚，因此得到「八爪魚臭角」的別稱。

神奇的真菌

真菌可能看起來像植物，但是它們其實與動物的親緣更為接近。真菌在地球上扮演着至關重要的角色，它們能分解動物和植物的殘骸，將有機物質重新釋放到環境中，為其他生物提供養分。有些真菌長出可食用的蘑菇，但是食用蘑菇時必須非常小心，因為很多蘑菇有劇毒。

幽靈真菌

上圖中的真菌能在黑暗中發光，是 100 多種發光真菌之一。科學家認為發光是為了吸引昆蟲前來幫助它們傳播孢子。

真菌分類

科學家已經確定了 144000 種真菌物種，但是還有許多未被發現，總數可能多達 400 萬種。真菌種類繁多，有微小的霉菌，也有巨大的蘑菇。以下是 4 大類。

蘑菇菌

這類是有些真菌的子實體（果體）。它們產生孢子，而孢子以後會長成新的真菌。

子囊菌

子囊菌是真菌中種類最多的一類。它們在微小的囊中產生孢子。

霉菌

這類看起來毛茸茸的真菌由菌絲構成，能使植物和動物腐爛。

酵母菌

這類單細胞真菌以糖分為食，產生二氧化碳。有的酵母菌被用於面團發酵。

真菌和樹木形成了一個被稱為「木聯網」的地下網絡。它們利用這個網絡進行溝通和分享食物！

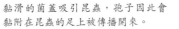

黏滑的菌蓋吸引昆蟲，孢子因此會黏附在昆蟲的足上被傳播開來。

長裙竹蓀

這種蘑菇也是一種鬼筆菌，它們看起來可能很精緻，但是卻有一股惡臭。它們長出蕾絲般的白色菌裙，至於為甚麼會這樣，還沒有確切的答案，但可能是為了讓昆蟲爬到菌蓋上。

紫蠟蘑

獨特的紫色使這種蘑菇很容易辨認，但是它們會漸漸褪色，變得難以辨認。所以人們稱它們為「紫色騙子」。

杯狀菌

這是一種杯子形狀大型真菌，它們顏色豔，在菌杯的內表面生孢子。

孢子生長在菌杯內。

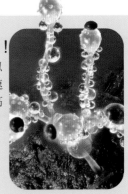

快速的孢子！

晶澈水玉霉菌以每小時 90 公里的速度噴射孢子，其最高速度比子彈還快！

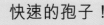

無脊椎動物

無脊椎動物是指沒有脊柱或內骨骼結構的動物。它們種類繁多，佔動物界的 97%，其中有微小的昆蟲，也有觸腕長度超過 10 米的大型魷魚。

生活在一隻腐爛蘋果中的線蟲可多達 9 萬條！

微小的線蟲以蘋果中的細菌為食。

無脊椎動物分類

無脊椎動物的種類極多，大約有超過 30 大類，以下是其中最常見的 6 大類。

軟體動物

大多數軟體動物，例如蝸牛和牡蠣，都有殼，但是有些軟體動物，例如蛞蝓和魷魚，沒有殼。

刺胞動物

水母、海葵和珊瑚是水生動物，長着帶有刺細胞的觸手。

環節動物

這類是具有分節體的蠕蟲，包括蚯蚓、水蛭和海生多毛綱動物。

棘皮動物

這類生活在海洋中的動物有着多棘刺的身體，包括海星（左圖）、海膽和海參。

海綿

海綿是結構非常簡單的動物，它們固定在海床上，通過過濾水中的食物獲取營養。

肢節動物

這是最大的一類，包括甲殼動物和昆蟲。它們具有堅硬的外骨骼和分節的附肢。

巨蚌

這種巨大的軟體動物擁有能長到 1.4 米長的貝殼。它們以生活在自己的軟組織中的微小藻類製造的糖分為食。

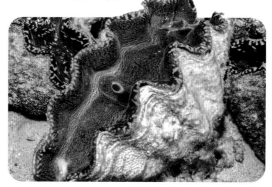

海葵

海葵經常被誤認為是植物，但實際上它們是附着在海床上的捕食性動物。它們的觸手有刺細胞，能麻痹像小魚或浮游生物（微小的甲殼類動物），並且將它們引導入口中。

爭鬥中的螃蟹

紅石蟹是甲殼動物。雄性紅石蟹在爭鬥中試圖打斷對手的爪。獲得勝利的雄性紅石蟹會驅趕對手，並且贏得對雌性紅石蟹的配偶權。

年幼的紅石蟹有深色的外殼，以利偽裝。

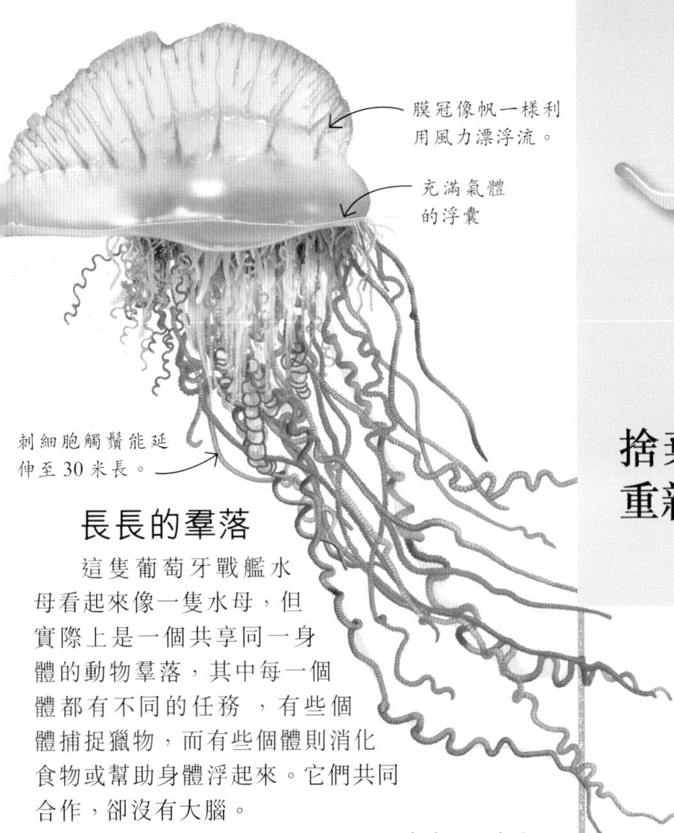

膜冠像帆一樣利用風力漂浮流。

充滿氣體的浮囊

脫落的頭部能繼續存活數天。

類似爪子的前腿能向獵物注射強效毒液。

刺細胞觸鬚能延伸至 30 米長。

長長的羣落

這隻葡萄牙戰艦水母看起來像一隻水母，但實際上是一個共享同一身體的動物羣落，其中每一個體都有不同的任務，有些個體捕捉獵物，而有些個體則消化食物或幫助身體浮起來。它們共同合作，卻沒有大腦。

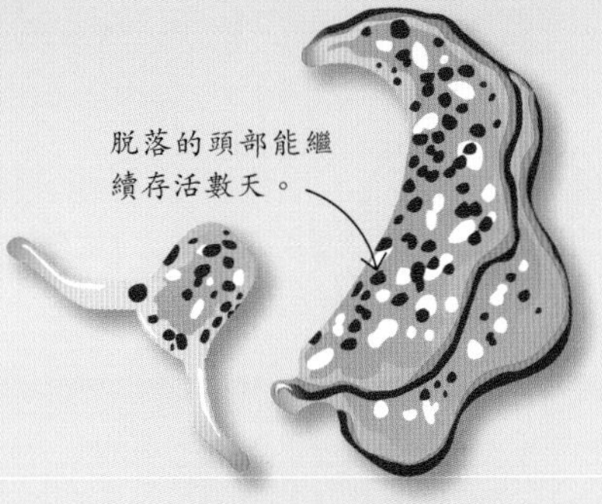

有些海蛞蝓能自行捨棄自己的頭部，並且重新長出新的頭部！

巨型蜈蚣

可怕的印度瑰寶蜈蚣能長達 16 厘米。它們用帶毒的前腿來捕殺像老鼠、鳥類和蝙蝠這樣的獵物。

攻擊者用強有力的鉗子猛刺。

厚實的裝甲外殼保護紅石蟹柔軟的身體。

超長的後腿能用作鉤子。

紅石蟹分節的腿使牠們能向各個方向快速爬行。

聰明的動物

頭足類動物，包括八爪魚、魷魚和牠們的親屬，是視覺敏銳、動作靈活的獵手，具有高度發達的大腦，能幫助牠們巧妙地避開捕食牠們的動物。

小飛象八爪魚

這種被稱為小飛象八爪魚的動物之所以被如此命名，是因為牠們的鰭看起來像大象的耳朵。這種不尋常的八爪魚生活在深達 7 公里的海洋深處。

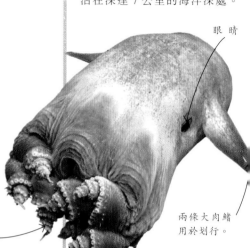

眼睛

8 條短腕幫助小飛象八爪魚操縱前進方向。

兩條大肉鰭用於划行。

蜆殼掩體

下圖這隻條紋蛸（一種八爪魚）躲在舊蜆殼中以避開捕食牠的動物，並且伏擊獵物。這類聰明的動物的其他物種能改變自身顏色進行偽裝，或者噴射墨汁來阻擋攻擊者。

1. 移動庇護所

這隻條紋蛸找到一隻蜆殼，然後帶着蜆殼將它的長腕足用作腿，沿着海底行走，去尋找適合捕獵的地點。

條紋蛸用腕足抓住蜆殼。

大王魷的眼睛是所有動物中最大的！

人眼　　鯨眼　　大王魷眼

頭足類動物分類

所有頭足類動物都有腕足或觸腕，有些動物同時具有兩者。大多數頭足類動物都能通過高速噴水的方式推動自己快速在水中行進。頭足類動物可被分為 4 大類。

墨魚
墨魚擁有一塊輕盈的內殼骨。與牠們的體型相比，牠們的大腦較大。

魷魚
魷魚有管狀體型，有 2 條長觸腕，還有 8 條像八爪魚那樣的腕足。

會飛的魷魚

為了逃避捕食性動物，太平洋褶柔魚能通過噴水來推動自己躍入空中。一旦離開水面，牠們就會展開尾鰭和觸腕在空中滑翔。

觸腕上的吸盤有助於捕捉獵物。

這種帶有超級致命毒性的八爪魚用閃爍的藍環來警告捕食牠們的動物趕緊離開！

特殊的細胞能夠迅速改變環的顏色。

活潛水艇

鸚鵡螺是自然界中最像潛水艇的動物。牠們通過釋放貝殼中的氣體和水來控制自己上升和下沉。

2. 藏身之處
條紋蛸用吸盤抓住蜆殼的內表面，並且將它的長腕足摺疊進蜆殼。

條紋蛸時刻警惕地觀察着周圍的環境。

3. 埋伏
條紋蛸安全地埋伏着，等待螃蟹或蝦等獵物靠近，隨時準備突然襲擊。

鸚鵡螺
這種熱帶動物是唯一有外殼的頭足類動物。

八爪魚
血液呈藍色，有 3 顆心臟、8 條腕足和 9 個大腦。八爪魚真是令人驚嘆！

雙色墨魚！

銀磷墨魚的雄性會變成紅色來吸引雌性，也會變成白色來嚇退競爭對手。牠們甚至能變成雙色：一側紅色，另一側白色！在左圖中，兩隻雄性銀磷墨魚正在爭奪一隻雌性銀磷墨魚（不在圖中）。

昆蟲世界

昆蟲是地球上數量最多的動物羣體。科學家已經確認了 100 多萬種昆蟲，但是估計昆蟲的
總種數可能是這一數字的 10 倍。

超強視力

隨觀察角度不同而變色的虎甲蟲擁有「復眼」，因
此能夠發現快速移動的物體。它們還具有近乎 360 度
的視野。這種超強視力有助於躲避攻擊。

復眼由成千上萬隻
微小的眼睛組成。

觸角有觸覺，
也有嗅覺。

毛髮能感知
振動。

頸部用於抓捕
獵物，通常是
小昆蟲。

4隻翅膀能獨立運動,以控制飛行。

便於抓握的、毛茸茸的腿

空中攻擊者

許多昆蟲都有翅膀,而蜻蜓的翅膀是最利於飛行的。蜻蜓能分別控制每片翅膀的拍動頻率和角度來改變飛行方向、懸停或在空中捕食獵物。

昆蟲分類

昆蟲被分為大約 30 大類,但大多數昆蟲屬於下面的 7 大類。

甲 蟲
已知約有 35 萬種。

強健的前翅

蝴蝶和蛾
已知約有 16 萬種。

螞蟻、蜜蜂和黃蜂
已知約有 15 萬種。

蜻蜓和豆娘
已知約有 5600 種。

蟋蟀和蚱蜢
已知約有 24000 種。

兩隻翅膀

蒼 蠅
已知約有 152000 種。

半翅目昆蟲
已知約有 10 萬種。

大蟲子

世界上其中一種最重的昆蟲是一種在新西蘭發現的巨大蝗蟲,名為大沙螽。它們的重量能達到 71 克,大約相當於 3 隻老鼠的重量。

在已知的動物物種類中,有四分之一是甲蟲!

郭公蟲廣泛地分佈於世界各地。

帝王蝴蝶羣

難以計數的帝王蝴蝶每年都進行一場最壯麗的遷徙,它們從加拿大開始,飛行 5000 公里,到達墨西哥,然後再返回。在完成這一往返旅程中,帝王蝴蝶能繁殖 5 代之多。

甚麼是昆蟲?

昆蟲是一個多樣化的羣體,但是大多數昆蟲都具有一些共同特徵。它們都有外骨骼(位於身體外部的骨骼),身體有 3 節:頭部、胸部和腹部。

許多但並非所有昆蟲都有翅膀。

胸部
頭部
復眼

腹部

螫刺

所有昆蟲都有 6 條腿。

1 對觸角

糞金龜用後腿滾動糞便。

糞金龜

有些昆蟲以植物、花蜜或其他昆蟲為食,但是糞金龜以糞便為食。許多糞金龜將糞便滾成球狀,然後帶入地下洞穴,而有些糞金龜則生活在糞便中!

一隻子彈蟻的螫刺會引起持續 25 小時的劇烈疼痛!

看圖識別　昆蟲

讓我們來測試你的捉蟲技能，看看你能識別多少種昆蟲。你能找出其中的異類嗎？

异類是水黽（27）是潮蟲。潮蟲不是昆蟲，而是一種甲殼類動物，和蝦與龍蝦屬於同一綱。

悉尼漏斗網
蜘蛛咬一口可能
會致人死亡！

幼狼蛛

嬰兒潮

當幼狼蛛孵化出來時，母狼蛛會背負着它們四處走動，以保護它們的安全。母狼蛛一次能背負100多隻幼狼蛛。

超級蜘蛛

世界上有超過 45000 種已知蜘蛛物種。蜘蛛是聰明的獵手，它們織造複雜的網來捕捉獵物，或者伏擊獵物，並且用有毒的尖牙殺死獵物。大多數蜘蛛對人類無害。

跳 蛛

微小的跳蛛只有約 5 毫米長，粗看並不起眼，但是如果近距離觀察，就能發現雄性跳蛛有鮮艷的顏色，以吸引雌性跳蛛。

兩隻主眼能看見細節，而且還能看見顏色，對蜘蛛而言很特別。

側眼提供 360 度的視野。

跳蛛的腿能夠以爆發性的速度蹬地伸直，使自己跳到空中。

跳蛛用像手臂一樣多毛的肢體來抓住獵物。

腿上的毛髮具有感知振動和聲音的能力。

蛛網

不同種類的蜘蛛織不同的蛛網來捕捉昆蟲獵物。令人驚訝的是，超過一半的蜘蛛物種不織蛛網，而是用其他方式捕食獵物。

輪形蛛網
這種平面圓形圖案是最常見的蛛網類型，由輻射狀蛛絲和螺旋狀蛛絲構成。

鋸齒形蛛網
鋸齒形圖案可能有助於蜘蛛偽裝，或阻止鳥類撞入蛛網。

混亂式蛛網
有些蛛網是由隨機編織的蛛絲構成的毯狀結構，看起來凌亂，但能使獵物很難逃脫。

捕捉晚餐

一旦被這隻裂葉金蛛捕捉到獵物，它就會用蛛絲將獵物緊緊包裹，並且注入消化液，將獵物變成液體，然後吸食這頓晚餐。

蛛絲在蜘蛛的體內以液體形態存在，但是接觸到空氣後會變成固體，而且非常堅韌。

塔蘭托毒蛛會發射有刺激性的小毛，刺痛捕食性動物的皮膚和眼睛！

蜘蛛的體內

蜘蛛的身體有兩個部分。較小的前身長着八條腿。較大的後身有紡器和絲腺。堅硬的外骨骼保護着重要的器官。

心臟　腸　八條腿　胃　毒腺　口器　尖牙釋放毒液。　紡器

腹部　頭胸部

厲害的顎齒！

避日蛛是一種蛛形動物，有非常厲害的顎齒，能將獵物咬碎後再吞食，與蜘蛛先消化再吸食的方式不同。

用顎齒咬住甲殼動物。

其他蛛形動物

蜘蛛屬於一類被稱為蛛形動物的動物類羣。蛛形動物的身體有兩個部分，通常有 8 隻分節的腿和硬外骨骼。

蠍子
這類可怕的蛛形動物用螯肢抓獵物，牠們還有一條靈活的、帶有毒刺的尾巴。

蜱和蟎蟲
蜱是吸血寄生蟲。蟎蟲非常微小，肉眼無法看見。

鞭蠍
這類蛛形動物在夜間捕食，用 6 條後腿行走，並且將第一對腿用作觸角。

盲蛛
這類蛛形動物有非常細長的腿。雌性盲蛛會用嘴隨身攜帶牠們的卵。

魚的傳說

地球的水域中游動着大約32000種魚。魚類有着豐富的多樣性,有在熱帶沼澤中游動的小鯉魚,也有在陽光照耀下的海洋中巡遊的龐大鯨鯊。魚類在不同的地方以不同的方式生存繁衍。

尾鰭推動魚向前游動。

側線感知水流的運動。

背鰭幫助魚類直線游動。

水流入口中

臀鰭維持身體平衡。

鰾囊起浮力器的作用。

鰓從水中提取氧氣。

腹鰭和胸鰭有助於控制方向。

魚的體內

魚主要被分為 3 大類:硬骨魚、軟骨魚(例如鯊魚和鰩魚,見第126-129頁)和無頜魚(例如海七鰓鰻)。上圖是典型的硬骨魚的解剖結構,這是最常見的一類魚。

魚羣

許多種魚類會組成魚羣。成羣結隊能增加魚類發現危險和逃避捕食者的機會。如果一個魚羣由同一物種組成,例如上圖中的這羣棲息在珊瑚礁裏的條斑胡椒鯛,那麼就被稱為同類魚羣。

鮮豔的背鰭會豎立起來以吸引配偶。

肌肉發達的胸鰭可用於跳躍、行走和攀爬。

臀鰭幫助雄性大彈塗魚躍入空中至60厘米的高度。

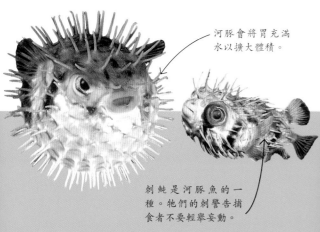

河豚會將胃充滿水以擴大體積。

刺鲀是河豚魚的一種。牠們的刺警告捕食者不要輕舉妄動。

為了嚇跑捕食牠們的動物,有毒的河豚能膨脹成一個帶刺的球體!

雄性黃頭
後頜䲁在口中
孵卵！

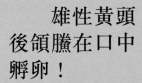

雄性泰國鬥魚
會展開尾鰭，
讓自己看起來
更大，以吸引
雌性。

華麗的鬥士

許多熱帶魚有鮮豔
的顏色，用於吸引配偶、
驅趕競爭對手或躲避捕食牠
們的動物。像圖中這樣的泰國鬥
魚被選擇性地繁育了至少一千年，以
獲得絢麗的色彩和褶邊鰭。

魚是甚麼？

魚的物種比其他脊椎動
物（哺乳動物、鳥類、爬行
動物和兩棲動物）的物種加
在一起還要多。儘管魚的種
類繁多，但是所有魚類都有
一些共同特徵。

有脊椎
所有的魚類都
有脊椎，大多數魚類
具有內骨骼。

冷 血
絕大多數魚類都
是冷血動物，但是月
魚是個例外。

有 鰓
魚類從流過鰓
的水中吸收氧氣，並
且將氧氣輸送到血
液中。

生活在水中
幾乎所有魚類都
生活在水中，但是有
少數魚類是兩棲的，
能在水外生存。

有鱗片的皮膚
堅韌的鱗片保護魚類的
柔軟的皮膚。鱗片相互重疊
以使魚類能靈活地游動。

離開水的魚類

儘管大多數魚類無法在陸地上生存，但
是有少數魚類能夠在陸地上「行走」和呼吸，
大彈塗魚就是其中的一種。牠們能將鰭用作
腿，在泥灘上爬行，還能通過皮膚吸收氧氣，
在陸地上停留數小時之久。

雌性大彈塗魚的
背鰭上有伸長的
棘刺。

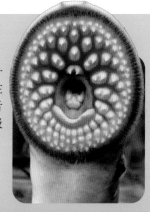

海洋吸血鬼！

無顎的海七鰓鰻是一
種寄生動物。牠們附着在
硬骨魚身上，用粗糙的舌
頭刮去宿主的肉，然後吸
食宿主的體液和血液。

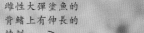

鯊魚襲擊

有些種類的鯊魚是熟練的捕食性動物，處於海洋食物鏈的頂端。牠們捕食其他魚類和海洋動物，包括鳥類和海龜。儘管有些大型鯊魚有着令人膽戰心驚的名聲，卻是性情溫和的。還有一些小型鯊魚依靠感知能力來防禦，而不是一味地攻擊。

鯊魚的體內結構

鯊魚的骨骼不是由硬骨構成的，而是由軟骨構成的。軟骨是像人類耳朵那樣堅韌而有彈性的組織。鯊魚有敏銳的感知能力，有助於捕獵。牠們有強大的尾巴和鰭，使牠們能夠在水中靈活快速地游泳。

尾巴推動身體前進。

背鰭使身體保持豎直。

富含脂肪的大肝臟控制着身體的沉浮。

鰓從水中吸收氧氣。

腹鰭

敏感的神經末梢形成的側線位於皮膚下面。

成對的胸鰭用於平衡和操控方向。

斧頭鯊的皮膚覆蓋着小齒狀的琺瑯質鱗片。

超強的感知能力

這隻斧頭鯊正在捕食小魚、魷魚和甲殼類動物等獵物。鯊魚具有驚人的感知能力，能通過嗅孔探測到動物的電信號。鯊魚的側線系統能察覺水中的振動。

斧頭鯊的眼睛位於頭部的側面，使牠們具有廣闊的視野。

身體側面的側線神經能夠察覺到獵物造成的水流振動。

淺色的腹部使斧頭鯊難以被下方的動物察覺。

巨大的魔鬼魚

魔鬼魚是巨型海洋動物，是鯊魚的近親。最大的魔鬼魚的翼展（兩個鰭尖之間的距離）可達到 7 米。

巨大的三角形鰭

侏儒燈籠鯊是最小的鯊魚物種，僅有 20 厘米長！

鯊魚的繁殖方式

鯊魚以 3 種方式繁殖。有些種類的鯊魚產卵，卵在母體外孵化；有些種類的鯊魚產卵，但是卵在母體內孵化；還有些種類的鯊魚會直接產下活體幼鯊。

東太平洋絨毛鯊

這種鯊魚會產生名為「美人魚錢包」的卵盒，然後將卵產在卵盒中就離開了，讓胚胎獨自在卵盒中發育。

白斑角鯊

這種鯊魚的卵在母體內發育。圖中這條新生的白斑角鯊仍然連着卵黃囊。

檸檬鯊

這種鯊魚的後代在母體內生長，直到成為能獨立生存的幼鯊才離開母體。

鯊魚的親屬

鯊魚並不是唯一的軟骨魚類，還有其他兩種軟骨魚類：銀鮫和鰩魚。鯊魚是最大的軟骨魚類羣體，有數百種物種。

銀鮫

這類魚主要生活在深海中。他們有大眼睛，有助於在黑暗中看路。

銀鮫

藍紋魟

鰩類

這類魚有寬闊扁平的身體。許多鰩鯊有細長的尾巴。

鯊魚

大多數鯊魚具有鋒利的牙齒、敏銳的感官和強大的顎部。

半帶皺唇鯊

長吻銀鮫於 4.2 億年前首次出現在海洋中，比恐龍出現得要早得多！

鼻子能夠在沙中搜索獵物。

尖形的頭部和錐形的鼻子

頭部前端的小孔被稱為羅倫氏壺腹，能檢測到魚類釋放出的電流信號。

鯊魚的牙齒

錐齒鯊的牙齒生長成排列不整齊的 3 行。當牙齒脫落時，就有新牙齒替換牠。有些鯊魚在一生中會替換約 3 萬顆牙齒。

這些牙齒很尖銳，具有鋒利的尖端和鋸齒狀的邊緣。

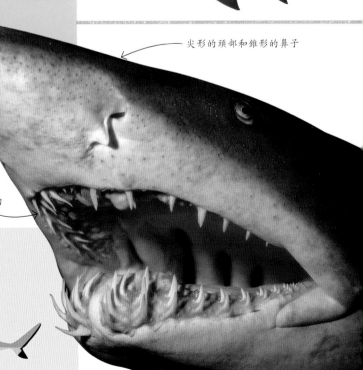

烏翅真鯊能感知 1 公里外的獵物！

布拉德・諾曼博士是 ECOCEAN（海洋生態環保）圖書館的創始人，這是一個用於監測鯨鯊的公民科學項目。諾曼博士是澳洲西部的莫道克大學的研究員。

海洋生物學家

問：你在鯨鯊方面的工作是甚麼？

答：我於 1995 年創建了 ECOCEAN（海洋生態環保）圖書館，用於監測鯨鯊。現在這已經發展成為鯨鯊書網站（www.sharkbook.ai），並且得到了來自 50 多個國家的公民科學家參與。如果你有防水照相機，你可以在潛水時拍攝照片，然後上傳到鯨鯊書，來支持鯨鯊研究。

問：你們發現最有趣的事情是甚麼？

答：到目前為止，我們已經識別了數千條鯨鯊，並且已經能夠確定鯨鯊的「熱點」，也就是鯨鯊的重要棲息地，但令人驚訝的是，我們仍然不知道鯨鯊的繁殖地點，而且很少見到很小或者很大的鯨鯊。

問：鯨鯊會遠行嗎？

答：牠們可以游到數千公里外的地方，但是有些鯨鯊每年都會返回同一個地方，例如矮胖子是我在 1995 年與之一起游泳的第一條鯨鯊，牠已經連續 25 年每年都返回澳洲西部的寧格魯礁。

問：與鯨鯊一起潛水是甚麼樣的體驗？

答：那是一次真正令人驚嘆的體驗！對我來說是改變人生的體驗。我已經與這種大魚一同遊了將近 30 年，而且我不打算停下來。有時候鯨鯊會稍微對我感到好奇（這很有趣，但不可怕），但大多數時候牠們會無視我的存在。

問：與鯨鯊一起游泳會打擾牠們嗎？

答：如果你與鯨鯊一起游泳，你應該在牠們的旁邊游泳，要給牠們足夠的空間，不要擠牠們或在牠們前面游泳。要始終保持與鯨鯊至少 3 米的距離。不要試圖觸摸牠們。這是為了你的安全，也是為了牠們的安全。

問：我們如何保護鯨鯊？

答：保持海洋的健康是保護鯨鯊的最佳方法。每個人都可以通過減少浪費來尊重和改善整個地球上的生態。

問：你對一個有志成為海洋生物學家的人有甚麼建議？

答：追隨你的熱情。如果你熱愛海洋，就將海洋放在你的心中，成為你的目標，並且盡你所能去幫助海洋。

張開大口

鯨鯊是世界上最大的魚類，牠們的身體可長達 12 米，但牠們是温和的巨型魚類，以微小的浮游生物為食。小魚經常在牠們旁邊游動，以求得到保護。每隻鯨鯊都有獨特的斑點和線條圖案，就像指紋一樣，可以被用來識別牠們。

甚麼是兩棲動物？

所有兩棲動物都是呼吸空氣的冷血脊椎動物。牠們有光滑的薄皮膚。大多數兩棲動物產卵，並且在水中度過生命的一部分。

有脊椎
所有兩棲動物都有脊椎和內骨骼。

冷血
兩棲動物的體溫與周圍環境相同。

產卵
大多數的兩棲動物會在潮濕的地方產卵，以防止卵變乾。

水生幼體
兩棲動物在水中開始生命，然後逐漸長成能夠在陸地上生活的成體。

濕潤的皮膚
所有兩棲動物都能在水下通過濕潤的薄皮膚呼吸。

蛙的鳴叫

有些蛙類物種，例如湖側褶蛙，擁有聲囊，也就是充滿空氣的、能放大聲音的皮膚袋。蛙的鳴叫聲能傳到 1.6 公里開外！

蜻蜓是蛙類最喜歡的食物。

多指節蟾！

大多數蛙類物種都有從卵到小蝌蚪再到成年蛙的逐漸發育過程，但是多指節蟾的蝌蚪的體型特別大，而在發育成成年蛙時體型會縮小到原來的三分之一。

成年蛙

蝌蚪

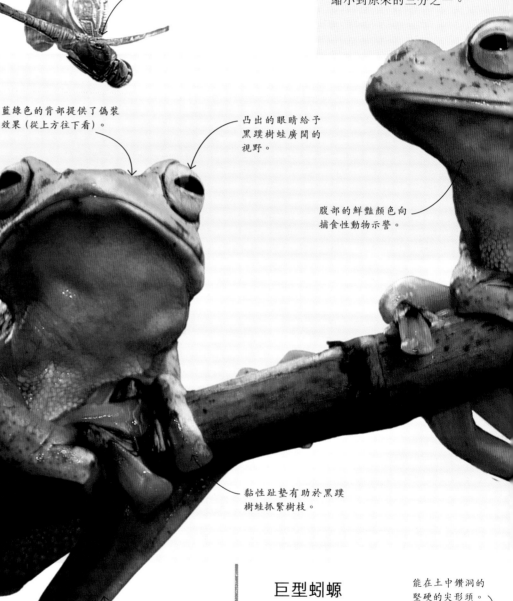

藍綠色的背部提供了偽裝效果（從上方往下看）。

凸出的眼睛給予黑蹼樹蛙廣闊的視野。

腹部的鮮艷顏色向捕食性動物示警。

黏性趾墊有助於黑蹼樹蛙抓緊樹枝。

用於抓握的腳趾

長而有力的後腿

巨型蚓螈

世界上有近 200 種已知蚓螈，圖中的 1.5 米長的巨型蚓螈是最大的。與大多數蚓螈一樣，巨型蚓螈也很善於挖洞。

能在土中鑽洞的堅硬的尖形頭。

鋒利的針狀牙齒有助於捕獲獵物。

牛蛙跳躍的距離是自身身長的 20 倍！

牛蛙是世界上最大的蛙類之一，身長能達到 15 厘米。

牛蛙能跳躍遠達 3 米。

兩棲動物的把戲

兩棲動物是數百萬年前從魚類進化而來的，牠們擁有一種令人驚奇的能力：牠們大多數既能在水中生活，也能在陸地上生活。

趾間有部分蹼的腳

中國南部的大鯢是世界上最大的兩棲動物！

大鯢長達 1.8 米。

冠歐螈

下圖為大冠歐螈，牠們年幼時生活在水下，用鰓呼吸。但是牠們的鰓會退化，轉而用肺呼吸，這樣它們就能夠離開水了。

羽毛般的長形鰓

樹蛙

黑蹼樹蛙生活在潮濕的熱帶雨林樹冠層中。牠們用寬大的腳爪抓住樹枝，還能利用像滑翔傘一樣的蹼狀腳在樹木之間滑行。牠們在水面上方的樹葉上產卵，這樣蝌蚪孵化後就會掉入水中。

兩棲動物分類

兩棲動物僅被分為 3 類，但是牠們的體形非常不同。世界上總共有大約 8100 種兩棲動物物種。

蚓螈

蚓螈是類似蠕蟲的、沒有肢體的動物，牠們生活在地下或水中，很少被人看見。

螈螈

這類蜥蜴般的動物有長尾巴和四肢。

蛙和蟾蜍

蛙和蟾蜍是最大的一類，牠們有長長的後腿和較短的前腿。

爬行動物稱霸

爬行動物分類

爬行動物被分為 4 大類，其中一大類是喙頭蜥，現在僅存兩種物種。

蜥蜴和蛇

這是最大的一類，其中有各種有鱗片皮膚的蜥蜴和無肢體的蛇類。

陸龜和海龜

海龜生活在水中，而陸龜生活在陸地上。牠們都有圓頂殼，很容易辨認。

鱷類動物

鱷魚、短吻鱷和凱門鱷是一些最強大的爬行動物。牠們主要生活在水中。

喙頭蜥

這類蜥蜴般的爬行動物曾經與恐龍生活在同一時代，很幸運地幸存至今。

這類有鱗片的幸存者中有一些是世界上最可怕的動物，包括巨大的科莫多巨蜥、超大型蛇和兇猛的鱷魚。

雙冠蜥能在水面上行走。牠們用後腳在水面上快速滑行！

暴躁的蜥蜴

科莫多巨蜥是最大的蜥蜴。牠們之間為了爭奪配偶，與對方扭打，並且噴射毒液。

牠們的皮膚覆蓋著堅硬的骨質鱗片，形成了一層保護層。

眼瞼有鱗，呈錐形。

巨型陸龜

加拉帕戈斯象龜是世界上最大的陸龜。有些加拉帕戈斯象龜重達 225 公斤，從頭到尾長達 1.5 米。牠們也是壽命最長的陸地動物之一，能夠存活 100 多年。

殼上的鱗片由角蛋白構成，與人類指甲的成份相同。

堅硬的殼保護著柔軟的身體。

這隻豹變色龍能將尾巴纏繞在樹枝上，以便在攀爬時提供支撐。

變色能力

變色龍以其改變顏色的能力而聞名，牠們會根據自己的心情和溫度改變顏色。這類蜥蜴還具有能分別移動眼球的能力，使牠們具有 360 度的視野。

甚麼是爬行動物？

所有爬行動物都是冷血的脊椎動物，具有不透水的硬皮膚，使牠們能夠在乾燥的環境中生存。

冷血
爬行動物的體溫依靠外界熱量來維持，隨外界溫度的變化而變化。

有脊椎
爬行動物的身體由硬骨脊椎和內骨骼支撐。

有鱗片的皮膚
鱗片保護皮膚，限制水分流失，並且能散熱。

大多數產卵
爬行動物通常用產卵的方式繁殖，這些卵有防水的外殼。

少數產仔
有些蛇和蜥蜴會產下發育成熟的幼子。

納米變色龍是地球上最小的爬行動物，身長僅為13.5毫米！

有鱗片的皮膚

所有爬行動物都有一層外部的保護盔甲。蜥蜴和蛇被鱗片覆蓋，而陸龜、海龜和鱷類動物則有角質板護身。

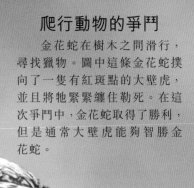

壁虎是令人驚嘆的攀爬者，它們的趾墊上有微小的毛髮，幫助它們抓緊物體表面，因此它們能在牆上奔跑，也能從天花板上橫穿而過。

金花蛇用牙齒咬住獵物。

爬行動物的爭鬥

金花蛇在樹木之間滑行，尋找獵物。圖中這條金花蛇撲向了一隻有紅斑點的大壁虎，並且將牠緊緊纏住勒死。在這次爭鬥中，金花蛇取得了勝利，但是通常大壁虎能夠智勝金花蛇。

金花蛇將自己纏繞在大壁虎的身上。

金花蛇的身體又長又有力，具有強大的柔韌性。

大壁虎的眼睛凸出，這是因為它在掙扎中努力呼吸。

蛇皮
紅尾蚺的鱗片圖案有助於牠們在捕食時隱蔽。

蜥蜴的皮膚
藍斑蜥蜴的鱗片會隨着牠們的生長而改變顏色，形成迷宮般的圖案。

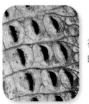

鱷魚的皮膚
鱷魚的角質板被稱為鱗甲，背部的鱗甲最厚實。

兇猛的鱷類動物

爬行動物中體型最大的一類是鱷類動物。牠們是兇猛的獵手，能快速游泳。牠們潛伏在熱帶河流和沼澤的水下，等待着攻擊獵物的最佳時機。

瀕危的恆河鱷

恆河鱷屬於長吻鱷，原產於印度北部和尼泊爾的沙質河岸，但是水壩的修建破壞了牠們的許多棲息地。牠們還面臨着被困在捕漁網中的威脅。

成年恆河鱷的身長能達到 6.5 米。

有肌肉的扁尾巴能在水中提供推力。

最強大的咬合力！

鱷魚擁有所有陸地動物中最強大的咬合力，足以咬碎獵物的頭骨。唯一能超過牠們的陸地動物是可怕的霸王龍。霸王龍的咬合力是鱷魚的 3 倍以上。

誰是誰？

世界上有 24 種鱷類動物，牠們分屬於 3 個科：短吻鱷和凱門鱷；鱷魚；長吻鱷。下面是如何區分牠們的方法。

透明的第三眼瞼在水下保護眼睛。

美洲鱷的背部呈灰色。

又短又寬的嘴巴

短吻鱷和凱門鱷

當這類爬行動物閉上嘴時，下牙大多會隱在嘴裏。牠們生活在美洲的淡水中。

尖形嘴巴

鱷魚

鱷魚分佈於熱帶地區的淡水和鹹水中，牠們有 V 字形長鼻子。即使閉上嘴，尖銳的下牙也會露出來。

細長的嘴巴，用於捕捉魚類。

長吻鱷

長吻鱷的細長鼻子有 110 顆牙齒。雄性長吻鱷的嘴巴末端有一個獨特的隆起。牠們生活在淡水中。

最大和最小！

最大的鱷類動物是強大的灣鱷，也被稱為鹹水鱷，牠們是所有現存爬行動物中最大的。而最小的鱷類動物則是鈍吻古鱷。

鈍吻古鱷的身長為 1.4 米。

灣鱷的身長為 7 米。

突然襲擊

鱷魚是潛伏在水中進行獵殺的隱秘獵手。牠們會從水中突然發起攻擊，咬住獵物，並且將牠拖入水中作死亡翻滾，直到獵物被淹死。鱷魚會整個吞下小動物，也會撕裂較大的獵物。

潛伏
鱷魚悄悄地接近獵物。

突襲
閃電般地突襲，死死咬住獵物。

死亡翻滾
將獵物拖入水中並且不斷翻滾，直到獵物被淹死。

灣鱷幼兒

當小灣鱷孵化後，會利用特殊的「卵牙」破殼而出。這些小幼兒開始啾啾叫，由牠們的母灣鱷用嘴帶着牠們安全地下水。

嘴端有卵牙。

鱗甲覆蓋着身體。

腳掌有用於游泳的蹼。

尖銳的牙齒用於抓住獵物。

鱷魚是甚麼？

鱷魚是生活在水中的大型食肉爬行動物。牠們有堅硬的裝甲皮膚，還有配備着鋒利牙齒的強大顎部。牠們的眼睛、耳朵和鼻孔位於頭的頂部，因此牠們在幾乎完全浸沒在水中的情況下，能觀察、聽和嗅周圍的環境，伏擊獵物。

鱷魚牙齒的長度能達到10厘米。

鱷魚的牙齒經常脫落並被更替。一隻鱷魚在一生中能長出多達 3000 顆牙齒！

滑行的蛇類

這類靈活的爬行動物生活在世界上幾乎每個國家，共有 3000 種物種。儘管人們對牠們心生恐懼，但大多數蛇類對人類是無害的。牠們的攻擊可能是致命的，但是通常只對小型動物（例如老鼠和青蛙）構成威脅。

蛇的攻擊

圖中這條翠綠樹蚺白天盤踞在樹上，用強有力的尾巴緊緊纏着樹枝。到了晚上，牠開始行動，向鳥類撲擊，用靈活的頸部咬住獵物，用獠牙鈎住獵物，然後用身體纏繞獵物，將獵物勒死。

白天，瞳孔會收縮成垂直的縫隙狀。

這些尖銳的獠牙沒有毒性，但是牠們能夠用致命的力量咬住獵物。

兩顎的連接並不是硬連接，而是能夠脫離和分開移動的，這使兩顎能夠張開得非常大，便於吞食獵物。

成年翠綠樹蚺呈亮綠色，腹部顏色較淺。

身體的肌肉發達，具有強勁的蠕動力。

獠牙向內彎曲，使獵物更難逃脫。

響尾蛇的警告

響尾蛇的尾部有一串角質環，由堅硬的鱗片構成。當牠被搖動時會發出很大的聲響，用來嚇退企圖攻擊響尾蛇的動物。如果對方沒有被嚇退的話，響尾蛇可能會率先發起致命的攻擊。

內陸太攀蛇咬一口所排出的毒液足以殺死 100 個成年人！

網紋蟒的長度能達到 10 米！

孵 化

幼蛇會使用「卵牙」在蛋殼上打一個孔。

然後幼蛇從孔中蠕動而出。

大多數蛇類通過產卵繁殖。雌蛇可能會在溫暖的砂土或土壤中產下多達 100 枚蛋。這些蛋具有皮質外殼，能保持裏面的水分。雌蛇通常會離開這些蛋，讓牠們自行孵化。

有毒的響尾蛇

響尾蛇，例如圖中的罕見的藍色響尾蛇，上顎長有鋒利、中空而且可摺疊的毒牙，能將毒液注入獵物的體內。當不使用時，毒牙會向後摺疊到嘴內的頂部。

重疊的鱗片使響尾蛇能夠彎曲和扭動身體。

微笑的殺手！

不要被它背部的笑臉所迷惑！印度眼鏡蛇是印度其中一種最毒的蛇。它們會豎起身體，張開頸部的外皮，來嚇退潛在的威脅。

蛇的感知能力

蛇利用舌頭來「品嘗」空氣，尋找潛在食物的氣味。這得益於一種叫做鋤鼻器的味覺器官。

神經將信號傳遞到大腦。

蛇的舌頭收集氣味顆粒。

舌頭會縮回鋤鼻器中。

吞 食

下圖這條蟒蛇將一隻鹿勒死後，正在試圖將鹿整個吞下。幾乎所有的蛇，無論是否有毒，都會吞下整個食物而不咀嚼。牠們用張開的顎部將獵物含住，然後將獵物推入胃中。

顏色模仿

有些無毒的蛇利用偽裝來自保。為了使自己看起不像一隻無助的獵物，牠們會模仿其他比較危險的蛇類的顏色。

有毒的珊瑚蛇有鮮豔的顏色，用於警告潛在的捕食性動物。

奶蛇並沒有毒，但是牠們鮮豔的顏色可能會嚇退捕食性動物。

大胃王

北美倭鼩鼱是世界上最小的哺乳動物之一，但是與牠們的體型相比，牠們的食量極大。為了維持生命，牠們每天需要攝入大約 3 倍於自己體重的食物。

—— 成年北美倭鼩鼱的體重約為 3 克。

世界之最！
生存策略

野外生活就是為了生存而不斷進行戰鬥。為了能夠獲得食物和不被其他動物吃掉，動物已經發展出一些無所不用其極的生存策略。

有毒液的動物

許多動物用毒液來使獵物失去行動能力，或者在自衛時保護自己免受攻擊。

1 箱水母
這種水母產生能使獵物暈倒的毒素，毒性非常強大，足以毒死一個人。

2 石魚
這種魚偽裝成海底的岩石。如果不小心踩到牠們，牠們就會發出致命的螫刺。

3 吉拉毒蜥
當這種蜥蜴用顎咬住獵物時，牠們的毒牙會使獵物極度痛苦。

4 蜂猴
這種靈長類動物能分泌出一種與牠們的唾液混合後具有毒性的油，在撕咬時令對手中毒。

5 芋螺
這種漂亮的軟體動物用充滿毒液的箭狀齒舌捕獵，以使獵物失去行動能力。

6 鴨嘴獸
雄性鴨嘴獸用位於後腿上的充滿毒液的腳刺來擊退對手。

最快的動物

有些動物以牠們在捕獵時能達到的速度而聞名。以下是陸地、海洋和空中最快的動物。

最快的鳥　游隼　300 公里／小時

最快的魚　印度槍魚　129 公里／小時

最快的陸地動物　獵豹　95 公里／小時

最快的昆蟲　澳洲蜻蜓　58 公里／小時

魚多勢眾

如果單獨一隻動物不足以擊退捕食性動物，那牠們可能會聚集在一起以增加力量。下圖的一大羣鯖魚至少能保護其中一些免受在下方徘徊的條紋四鰭旗魚的捕食。

最長的爪子

大犰狳擁有所有動物中最長的爪子，用來挖開白蟻丘，尋找食物。與之相比，美洲角雕的爪子和老虎的彎曲爪子都顯得很小！

20 厘米
大犰狳

18 厘米
大食蟻獸

12.5 厘米
雙垂鶴鴕

12.5 厘米
北美灰熊

10 厘米
三趾樹懶

10 厘米
美洲角雕

10 厘米
老虎

可怕的牙齒

最鋒利的牙齒
吸血蝙蝠擁有鋒利的牙齒，用於在夜晚捕食時咬住獵物，但是牠們很少咬人類。

最長的牙齒
雄性獨角鯨擁有一顆長牙，從上唇伸出來，形成劍狀。這顆長牙長達 3 米。

牙齒數量最多的
鯨鯊的嘴很寬闊，裏面有約 3000 顆微小的牙齒，排列成 300 行，但是因為鯨鯊已經演變成濾食性動物，所以這些牙齒並無大用。

最奇怪的牙齒
鋸齒海豹擁有鋸齒狀牙齒（如上圖所示）。這些牙齒像篩子一樣，能過濾海水中的磷蝦（小型甲殼類動物）。

長得最快的牙齒
太平洋蛇鯖是深海魚，牠們的嘴裏有 500 多顆不整齊的牙齒，每天會掉落並長出 20 顆牙齒。

雖小但致命

蚊子比任何其他動物都致命。這種小昆蟲的叮咬能傳播如瘧疾之類的致命疾病，每年造成大約 100 萬人死亡。

最快的拳頭

雀尾螳螂蝦是動物界中擁有最快攻擊速度的動物，牠們能以每小時高達 80 公里的速度揮動猶如鐵拳的前腿。

花樣百出的防守

動物使用各種令人驚奇的武器來自衛。有些動物甚至為了羣體的利益而犧牲自己。

德克薩斯角蜥蜴能將自己膨脹成有刺的氣球！

德州角蜥蜴
德州角蜥蜴可以從眼睛中噴射有毒的血液來迷惑捕食牠們的動物。

攻擊的螞蟻

自爆的螞蟻

自爆的螞蟻
這種螞蟻會自爆，釋放出一種黏性的黃色液體來殺死攻擊者。

歐非肋突螈
如果受到威脅，這種蠑螈會將自己的肋骨穿出皮膚，形成刺槍。

漂亮的鳥類

現實並非所有鳥類都能飛行，但有些鳥類能夠演出驚人的空中雜技。鳥類分佈於各大洲的各種棲息地，在濕地和荒漠等各種環境的天空中都有鳥類用強有力的翅膀翱翔。

4. 翠鳥返回棲木後，就可以盡情地享受它的收穫了。

1. 這隻翠鳥發現水中的獵物，立即開始俯衝。

極速俯衝

翠鳥俯衝到水面捕捉魚類的整個攻擊過程僅僅在幾秒鐘內就能完成。牠們的速度是如此之快，以至於肉眼看去只是一片藍紅色的殘影。

3. 僅僅拍動幾次翅膀就輕鬆地向上飛回了天空。

蛋殼

鳥蛋包含了胚胎發育所需要的一切。蛋殼保護着胚胎，同時也讓空氣進入，而蛋黃則直接為胚胎提供營養。

蛋黃　硬蛋殼
蛋白

充滿氧氣的氣囊　胚胎

2. 尖尖的喙首先觸水，準確地叼住一條魚。

堅硬的骨質！

正如上面的放大視圖所顯示的，鳥類的骨骼並不是實心的，而是由骨質構成的網狀結構，使鳥類的骨骼異常堅硬！

甚麼是鳥？

世界上大約有 1 萬種鳥，包括小巧的褐色麻雀和鮮艷的天堂鳥。牠們都有一些共同的關鍵特徵。

温 血
與哺乳動物一樣，鳥類也能夠調節自身的體温，也是「温血動物」。

有脊椎
所有鳥類都有一副強壯的內骨骼，牠們的肌肉附着在骨骼上。

有羽毛
柔軟的羽毛使鳥類保持温暖，而剛硬的羽毛則用於飛行。

產 蛋
鳥類產硬殼蛋，並且在巢中孵蛋，直到雛鳥孵化出來，離開巢穴。

大多數會飛行
雖然有例外，例如鴕鳥，但是大多數鳥類都會飛行。

大小各異！

鴕鳥是世界上最大的鳥，身高可達 2.8 米。而蜂鳥則是最小的鳥，身長只有 5.5 厘米，能站在鉛筆尾端上。

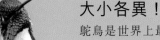

吸蜜蜂鳥

鴕鳥

最長的翼展

漂泊信天翁

漂泊信天翁擁有世界上最長的翅膀，翼展可達 3.5 米。牠們一生都在南大洋上空滑翔。

游隼能以超過每小時 300 公里的速度俯衝！

翅膀摺疊在身體兩旁，形成阻力最小的姿勢。

羽毛輕盈

蓬鬆的鳥類羽毛不僅外觀漂亮，牠們是由一種被稱為角蛋白的輕質材料構成的，具有流線型的形狀，以實現平穩飛行。

結實的羽軸

絨羽

羽小枝
羽織支

近距離觀察
每根羽毛都由許多微小的分支構成。

鳥的體內有甚麼？

鳥類擁有強健的骨骼和強壯的飛行肌肉。牠們的身體內還有能將空氣輸送到肺部的氣囊系統，以保持氧氣供應，為飛行提供能量。

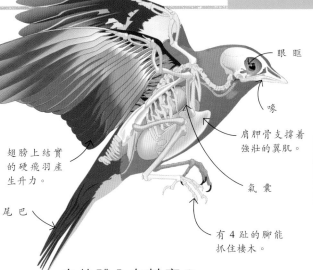

眼眶

喙

肩胛骨支撐着強壯的翼肌。

氣囊

有 4 趾的腳能抓住棲木。

翅膀上結實的硬飛羽產生升力。

尾巴

築巢者

許多鳥會在自己築的巢中產蛋。黑頭織雀對於築巢比其他鳥類更精益求精。牠們用草編織精緻的巢，並且將巢懸掛在樹上。

酷炫的企鵝

企鵝不會飛行，但牠們是超級游泳健將。牠們雖然在陸地上步履蹣跚，但是在水中卻是得心應手。在鰭狀翅膀的推動下，牠們的流線型身體能在海洋中迅速穿梭。

企鵝的多樣性

世界上有 18 種企鵝物種，右邊是其中 4 大類的代表。

南極企鵝
這種有刷狀尾巴的企鵝在南極洲很常見。

小藍企鵝
這是最小的企鵝物種，也被稱為仙企鵝。

冠企鵝
這是一種冠羽企鵝，因其像意大利通心粉般的黃色羽毛而得名。

斑嘴環企鵝
這種身上有條紋的企鵝是唯一的非洲企鵝物種。

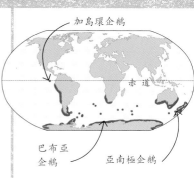

南方的家

企鵝生活在南半球，包括南極洲、亞南極島嶼和大陸（地圖上的紅色標記）。只有加島環企鵝偶爾會遊蕩到赤道以北。

企鵝之間能在水下交流，牠們用變化的叫聲彼此呼應！

有倒刺的舌頭

企鵝捕食滑溜的小型海洋生物，例如魚類和墨魚。企鵝的舌頭上有倒刺，被稱為舌齒，用於阻止獵物在被吞咽之前逃脱。

南跳岩企鵝舌頭上的倒刺指向喉嚨的方向。

珍貴的蛋

這隻雄性皇帝企鵝整個冬季都在保護雌性伴侶生的蛋。牠把蛋捧在腳上，以免蛋接觸地上的冰雪。

巨型企鵝！

皇帝企鵝是現存最大的企鵝。然而，4000 萬年前有一種現在已滅絕的巨型企鵝，牠們的身長（從嘴到腳尖的距離）達到了驚人的 2 米。

1.36 米	1.65 米	2 米
皇帝企鵝	平均成年人	遠古巨型企鵝

企鵝羣聚取暖

為了在寒冷的南極洲的冬季中存活下來，皇帝企鵝會抱團取暖，並且輪流換位置，這樣每隻企鵝都有機會在羣體的中心享受一段時間的溫暖。

一隻阿德利企鵝每天攝取的食物重量是自身體重的五分之一，這相當於你每天吃下 30 隻漢堡！

水花飛濺

企鵝的鰭非常適應在水中划動，以推動自己前進。在危急關頭，企鵝還能躍出水面，騰空而起。

潛　水
企鵝潛入水中尋找魚類等食物。

游　泳
企鵝划動鰭來產生動力，並且用尾巴控制方向。

跳　躍
企鵝在快速游泳「助跑」之後，能躍出水面跳上陸地。

企鵝通常形成大規模的羣體，集結在一起生活。這些羣體被成為羣落。

狹窄的硬鰭在水中起到槳的作用。

皇帝企鵝的跳躍

這隻皇帝企鵝從水中躍出，飛速騰空而起，在冰面上着陸，也許是為了擺脫捕食牠的動物。皇帝企鵝能夠以每小時 24 公里的速度游泳，並且能夠憋氣長達 20 分鐘！

看圖識別　**鳥　類**

你精通觀鳥嗎？你能分辨知更鳥和
走鵑嗎？別忘了找出其中的異類！

1　肉垂禿鷲
2　黃翅斑鸚哥
3　歐亞鴝
4　藍頂翠鴗
5　大山雀
6　綠頭鴨
7　黑眉信天翁
8　白眉藍姬鶲
9　松鴉
10　燕尾刀翅蜂鳥
11　普通翠鳥
12　七彩文鳥
13　綠簑鳩
14　鴯鶓
15　美洲紅鸛
16　托哥巨嘴鳥
17　白尾海雕
18　地中海隼
19　灰斑鳩
20　紫翅椋鳥
21　藍山雀
22　紅腹角雉
23　藍腳鰹鳥
24　紅原雞
25　非洲鴕鳥
26　小紅鸛
27　藍孔雀
28　褐幾維鳥
29　肉垂水雉
30　五彩金剛鸚鵡
31　北極海鸚
32　原鴿
33　美洲飛鼠
34　美洲白鵜鶘
35　倉鴞
36　麗色軍艦鳥
37　黃腹麗唐納雀
38　北極燕鷗
39　黑嘴天鵝
40　家燕
41　暗棕鵟
42　雙垂鶴鴕
43　紅腹灰雀
44　大藍鷺
45　草雀
46　皇帝企鵝
47　葵花鳳頭鸚鵡
48　灰冠鶴
49　野生火雞
50　走鵑

甚麼是哺乳動物?

哺乳動物最突出的特徵是牠們大多數具有毛髮,以及牠們的幼兒由母體分泌的乳汁餵養長大。牠們還有其他共同特徵。

溫血
哺乳動物能調節體溫,將食物轉化為熱量。

有脊椎
所有哺乳動物都有由硬骨構成的內骨骼。

有毛髮
幾乎所有哺乳動物都有一些毛髮。這些毛髮能留住空氣以保持體溫。

胎生
大多數哺乳動物的繁殖方式是胎生,而原獸亞綱中的單孔目動物靠產卵來繁殖。

分泌乳汁
母體通過分泌含有重要營養物質的乳汁來哺育幼兒。

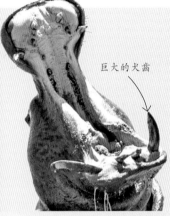

巨大的犬齒

河馬是最危險的陸地哺乳動物,每年導致多達 500 人死亡!

巨型食蟻獸

食蟻獸屬於一類以昆蟲為食的哺乳動物,但是沒有牙齒。牠們利用長長的黏舌頭來舔食螞蟻和白蟻。一隻食蟻獸一天能吃掉多達35000 隻蟻。

長長的鼻子非常適合探入白蟻丘和螞蟻穴。

舌頭的長度能達到 61 厘米。

皮毛是防水的,使幼兒保持溫暖和乾燥。

太可愛了!

海獺大部分時間都在水中度過。母海獺甚至在水中生幼兒,然後仰面漂浮在水面上照顧幼兒,將牠們放在胸前哺乳。

冠海豹奶的脂肪含量是 60%，比雪糕還高！

狐蝠

令人驚訝的是，有許多哺乳動物會飛行或滑翔，其中包括 1100 多種蝙蝠。泰國狐蝠是世界上最大的食果蝙蝠，有些泰國狐蝠的翼展達到 2 米。

一隻泰國狐蝠幼兒緊緊地依附在母狐蝠身上，並且在母狐蝠飛行時進食。

毛茸茸的哺乳動物

哺乳動物是我們最熟悉的動物，因為我們人類也是哺乳動物。哺乳動物大約有 5500 種已知物種，包括與我們親緣最近的黑猩猩，以及多刺的豪豬、星鼻鼴和深海的鯨類。

哺乳動物分類

世界上有許多種類的哺乳動物，根據牠們的繁殖方式，可被分為 3 大類。

一隻給幼兒哺乳的駝鹿

胎盤類

大多數哺乳動物都用胎生的方式繁殖，也就是生下活的幼兒。雌性會在生育後一段時間內（時間長短取決於物種）哺育和照顧牠們的後代。

有袋類

有袋類動物的雌性會生下發育不完全的幼兒，然後將牠們放在育兒袋中進行哺育。樹袋熊和負鼠就是有袋類動物的例子。

一隻西部灰袋鼠和它的袋鼠幼兒

鴨嘴獸在水下捕食。

單孔類

這類稀有的哺乳動物用產卵的方式繁殖。單孔類動物只有 5 種：鴨嘴獸和 4 種有刺的針鼴。

海獺擁有哺乳動物中最厚的皮毛。一隻成年海獺體表平均每平方厘米有 1.24 億根毛髮。

在所有哺乳動物中，有 40% 的物種是嚙齒動物！

巨大的鯨類

巨大的鯨類生活在海洋中，海水托着牠們沉重的身體。牠們是哺乳動物，必須浮到水面上才能通過鼻孔吸入氧氣。

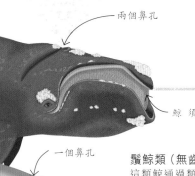

兩個鼻孔

鯨須

一個鼻孔

鬚鯨類（無齒類）
這類鯨通過類似梳子結構的鯨須過濾食物。

有齒類
這類鯨用牙齒咬獵物。

牙齒

甚麼是鯨？

鯨是海洋哺乳動物中的一類，屬於鯨下目。海豚和鼠海豚也屬於鯨下目。鯨下目被分為兩類：有齒類和鬚鯨類（也被稱為無齒類）。

虎鯨羣

虎鯨屬於海豚類，是其中最大的一種。虎鯨過羣居生活，並且以家庭為單位，每羣可以多達40隻。虎鯨聰明活潑，以哨聲和點擊聲互相交流溝通，使用各種「戰術」進行集體狩獵。

海豚扭頭！

只有少數海豚生活在淡水中，粉紅色的亞馬遜河豚就是其中的一種。這種聰明的動物擁有非常靈活的脊椎，能將頭部旋轉與身體成90°。

海洋中的獨角獸

獨角鯨屬於有齒鯨類。每隻雄性獨角鯨都有一根螺旋形的長角，實際上是從上顎長出來的一顆牙齒。人們認為這種長牙的作用是向雌性炫耀和與對手競爭。

長牙能長達3米。

鯨吞

鬚鯨類（無齒類）通過須板這種梳子狀結構，從海水中過濾篩選磷蝦和其他微小動物為食。

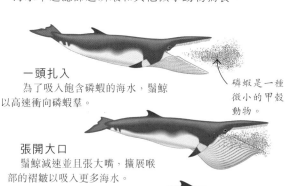

一頭扎入
為了吸入飽含磷蝦的海水，鬚鯨以高速衝向磷蝦羣。

磷蝦是一種微小的甲殼動物。

張開大口
鬚鯨減速並且張大嘴，擴展喉部的褶皺以吸入更多海水。

排水過濾
鬚鯨關閉喉部，通過須板將海水排出口外，同時將磷蝦留在口中。

柯氏喙鯨能潛入將近3公里的深海，並且能屏住呼吸超過2小時以上！

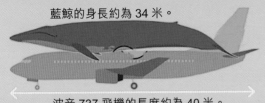

藍鯨的身長約為 34 米。

波音 737 飛機的長度約為 40 米。

藍鯨是已知地球上體型最大的動物！

斯諾特在行動！

科學家想知道一隻鯨的健康狀況。方法之一是派遣斯諾特機器人進行採樣。這種無人機式的機器人會飛臨那隻鯨的上空，採集從它的呼吸孔中噴出的海水樣本，然後帶回實驗室供科學家檢查。

與下方的座頭鯨相比，觀鯨船非常小。

在座頭鯨浮出水面之前，牠的鼻子會先探出水面。

鯨類的尺度

有些鯨類的體型非常龐大。座頭鯨是僅次於藍鯨的第二大物種，身長能達到 17 米。圖中這隻座頭鯨正在將自己向上推，以便浮出水面來觀察水面上的情形。

座頭鯨的喉部內的褶皺能擴展，以增加濾食時的容量。

藤壺附著在鰭狀肢邊緣。

貓科動物

貓科動物有兩大類：大型貓科動物和小型貓科動物，而獵豹和雲豹在這兩類之外。

大型貓科動物

這一類中有雪豹（上圖）、獅子、老虎、美洲豹和花豹，牠們都會低沉地咆哮。

小型貓科動物

這一類中有虎貓（上圖）、美洲獅和家貓，牠們會發出呼嚕聲，但是無法低沉地咆哮。

獵豹

獵豹因其獨特的狩獵方式（參閱第 152 頁）而被稱為「疾馳的大貓」。

雲豹

雲豹既不會像大型貓科動物那樣低沉地咆哮，也不會像小型貓科動物那樣發出呼嚕聲。

獵豹加速非常快，從靜止到時速 95 公里只需要 3 秒鐘！

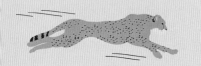

強大的爪子能一擊撲倒獵物。

致命的貓科動物

貓科動物是食肉的捕食性動物，具有發達的感官，能夠跳躍和快速奔跑，並且長着捕獵用的鋒利牙齒。世界上共有 38 種野生和家養的貓科動物，牠們都屬於同一科。

強壯的老虎

老虎是所有貓科動物中最大、最強壯的一種，體重可達到 300 公斤，身上有迷彩條紋，有助於隱藏在長草中，因此牠們是可怕的獵手。牠們生活在亞洲的一些地區，包括印度和西伯利亞。

強健的肩膀肌肉處於屈曲狀態，準備撲擊。

古埃及人崇拜一位擁有獅子頭的貓女神！

當貓科動物收緊肌肉和像繩索一樣的肌腱時，爪甲就會伸出。

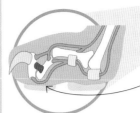

當肌腱放鬆時，趾骨會收回，爪甲也會伴隨着一起縮回。

可縮回的爪甲

大多數貓科動物在攀爬和狩獵時會伸出牠們的爪甲，但是在行走和休息時會將爪甲縮回收起。

獅羣

獅子通常過着羣居生活，也一起狩獵，因此能夠捕捉比獅子大的獵物。獅羣中的雌性在數量上超過雄性，並且是主要獵手。

尾巴幫助美洲豹保持平衡。

前腿骨骼很強壯，能夠支撐捕獵所需的強大肌肉。

美洲豹在跳躍過程中全身伸展。

獵豹的跳躍

所有貓科動物都非常靈活，能夠以巨大的力量跳躍。牠們還能非常準確地判斷自己的着地位置，這對追捕快速奔逃的獵物至關重要。

花豹會爬樹

花豹的爬樹能力在大型貓科動物中很獨特，使牠們能夠利用樹來躲避危險。大多數花豹的毛色呈金棕色，並且有斑點，但是也有一些花豹的皮毛呈深色（如圖）。

在日本名為青島的貓島上，流浪貓的數量是居民的 10 倍！

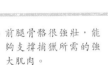

在這隻罕見的黑豹身上，斑點仍然可見。

獵豹追擊

獵豹是世界上速度最快的陸地動物，但是捕捉獵物仍然是一項挑戰。獵豹開始狩獵時伏低身體潛行，在接近獵物時猛然加速達到每小時 95 公里的速度。圖中的高角羚在稀樹草原上以之字線高速奔逃，鏡頭定格在獵豹捕捉到高角羚的瞬間。

訪問

動物學家

薩拉・杜蘭特教授是倫敦動物園協會動物學研究所的動物保護科學家和實踐者。自從 1991 年以來，她一直在坦桑尼亞領導着塞倫蓋蒂獵豹項目。她還負責非洲範圍的獵豹保護倡議。

問：世界上現存多少隻獵豹？

答：據估計，野外生活的成年獵豹數量約為 6500 隻，主要分佈在非洲東部和南部。獵豹的數量還在下降，面臨滅絕的危險。

問：你的獵豹項目在哪裏？

答：我最長期的項目位於坦桑尼亞的塞倫蓋蒂生態系統，與肯亞的馬賽馬拉接壤。這個項目研究和保護棲息在塞倫蓋蒂和茨沃之間的獵豹羣，這是現存最大的獵豹羣之一。這裏的獵豹面臨着棲息地的喪失和破碎化的威脅。牠們還面臨

失去食物的危險，這是因為許多野生羚羊的棲息地現在被家畜佔據了。另外，與人類的衝突以及氣候變化也加劇了對獵豹的威脅。

問：獵豹對人類有危險嗎？

答：獵豹有時會捕食山羊和綿羊等家畜，特別是在野生獵物缺少的情況下。這可能會導致獵豹與畜牧者之間的衝突，但是獵豹襲擊人類的事件非常罕見。動物保護人士的工作之一就是幫助當地社區與獵豹和平共處。

問：我能為保護動物做些甚麼？

答：為了拯救瀕危物種，人們必須學會與野生動物共存。這可能意味着淘汰殺蟲劑，讓昆蟲得以繁殖，或者與熊之類的大型野生動物共存。

問：你的日常生活是甚麼樣的？

答：每天都不一樣。在我寫下這些話的時候，我正準備前往塞倫蓋蒂，給生活在公園邊界的獵豹安裝衛星項圈。我的團隊將找到獵豹，將牠們麻醉後，給牠們戴上項圈。

這樣我們就可以通過衛星每隔 2 小時監測一次獵豹的位置，以查看牠們的狀況是否良好，並且了解獵豹在生態系統中的動態。

問：我們如何拯救大型貓科動物？

答：關鍵在於人！了解大型貓科動物的生態和行為對保護牠們至關重要，但是問題的根源是人們愈來愈多地侵佔了大型貓科動物的棲息地。然而，人也是解決這些問題的關鍵，例如人們可以改變自己的生活方式和行為。

馬來熊擁有長約25厘米的、黏黏的舌頭，它們能用舌頭舔食蜜蜂巢中的蜂蜜！

腹部的毛比背部的毛柔軟。

毛髮是棕色的，但是尖端呈銀色或金色。

搔 背

許多熊會利用樹幹搔牠們的背部。牠們會用後腿站立起來，倚靠在樹上，然後左右擺動。左圖中的這隻北美灰熊正在教牠的幼兒如何搔背。

熊掌有助於攀爬和游泳。

前掌有用於挖掘的長爪甲。

美洲黑熊和亞洲黑熊能夠靈活地爬樹！

熊的技能

熊是多毛的大型哺乳動物，分佈在美洲、歐洲和亞洲，牠們具有極高的智力。這類體型龐大的動物會用多種多樣的方式覓食，牠們的食物包括根莖、嫩芽、漿果、魚和其他動物。

懶熊用彎曲的爪甲刮開白蟻巢穴。

熊的爪甲

所有熊都擁有厲害的爪甲，而且非常善於運用爪甲，包括用來挖掘巢穴、攀爬樹木和捉三文魚等。

大熊貓只吃竹子，每天花費多達 16 個小時進食！

科迪亞克島棕熊

熊的種類

世界上有 8 種熊，其中有些物種有幾個亞種，例如，科迪亞克島棕熊和北美灰熊都屬於棕熊。

| 棕 熊 | 北極熊 | 眼鏡熊 | 大熊貓 | 人類（尺寸對比） | 懶 熊 | 美洲黑熊和台灣黑熊 | 馬來熊 |

雌性北極熊冬天挖掘巢穴，然後在巢穴中生下幼兒。幼兒在雪下的巢穴中躲避風寒，直到春天來臨。

母熊會在主巢穴內睡覺。

幼兒有自己的小巢穴。

捕 魚

每年夏天，棕熊在河裏捕捉逆流而上的三文魚。三文魚會躍出水面，而棕熊則會在空中抓住牠們。魚佔據了棕熊一半的年度食物，幫助牠們在冬眠期間維持生命。

這隻棕熊抓住了一條腹內有許多魚子的雌性三文魚。

北極熊是唯一的純肉食熊。為了捕捉海豹，北極熊會守在冰洞旁邊。當海豹從水下冒出冰面呼吸時，北極熊就會衝上去。

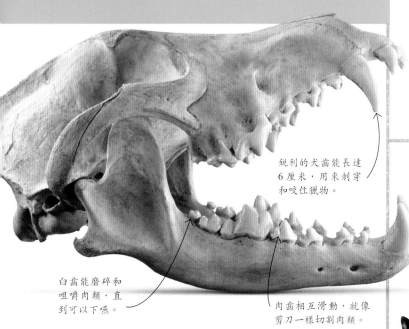

銳利的犬齒能長達 6 厘米，用來刺穿和咬住獵物。

臼齒能磨碎和咀嚼肉類，直到可以下嚥。

肉齒相互滑動，就像剪刀一樣切割肉類。

犬科動物的牙齒

犬科動物具有一組專門用於捕獵和吃肉的、很特別的牙齒。上圖的灰狼顱骨展示了狼的強大顎部上的各種類型的牙齒。灰狼的咬合力是人類的 3 倍。

狼的短距離衝刺速度可達每小時 60 公里！

犬科動物

我們在家中飼養的寵物狗是被馴化的野生灰狼後代。狗和狼都屬於一個更大的、多樣化的動物類別，被稱為犬科動物。

狼的嚎叫

狼是生活在家庭羣體中的羣居動物，並且擅長集體狩獵。狼的嚎叫可能是狩獵的召喚，也可能只是將自己的位置告訴其他狼。

北極狐

北極狐會隨着季節變換皮毛，以便始終能夠在多變的環境中進行偽裝。在夏季，牠們的毛色是灰色的，以融入岩石地面；而在冬季，牠們的毛色變成白色，以與白雪相匹配。

夏季的皮毛　　　　冬季的皮毛

非洲野犬有靈敏的嗅覺，有助於識別羣體成員和發現獵物。

犬 科

犬科有 34 種物種，包括狐狸、豺和郊狼。右側的 6 種動物代表了一些已經進化出的主要羣體。牠們都有共同的特徵，例如用於狩獵的敏銳嗅覺。

赤 狐
這種狐狸有尖尖的耳朵和鼻子，還有毛髮濃密的長尾巴。

埃塞俄比亞狼
這種狼是羣居動物，但是只有雌性首領能生幼兒。

金 豺
金豺實行一夫一妻制。一對金豺會終身結伴生活和狩獵。

郊 狼
郊狼是狼的親戚，過羣居生活，牠們之間通過低吼和尖叫來進行交流。

灰 狼
灰狼是最大的野生犬科動物。牠們的皮毛顏色有很多樣。

狗
狗（家犬）在大約 4 萬年前從灰狼馴化而來。

城市狐狸

赤狐遍布世界各地，並且適應了在城鎮人類的周圍生活。牠們在郊區花園中築巢，捕食老鼠和鴿子，並且在垃圾桶中覓食。

迄今為止有記錄的一胎產下最多小狗的是一條紐波利頓獒犬，牠一胎生下了 24 隻小狗！

非洲野犬

這種兇猛的獵手在非洲的稀樹草原上追捕羚羊時，經常與其他捕食性動物對峙。非洲野犬羣通常有超過 10 隻成員一起狩獵，追逐中的速度能達到每小時 70 公里。

大耳朵有助於聽覺，並且有助於在激烈的行動中散發熱量來降低體溫。

每條非洲野犬的毛髮都有獨特的色斑，因此牠們被稱為雜色狼。

猿類的臂力擺蕩

熱帶雨林是世界上所有猿類和大部分猴類的家園。有些猿類，例如長臂猿，能夠用雙臂交替抓樹枝的方式擺蕩前進，這種方式被稱為臂力擺蕩。

轉動手腕
長臂猿有球狀腕關節，所以能夠自由轉動手腕。

轉動和擺蕩
特殊的手腕讓長臂猿在臂力擺蕩時能轉動身體。

長臂伸展
長臂猿在一次擺蕩中能移動 2.25 米。

身體反轉
長臂猿在擺蕩時，身體會反轉，將身體的朝向從一面轉到另一面。

使用工具

黑猩猩擅長製作和使用各種工具來做很多事情。圖中這隻黑猩猩正在使用一根木棍尋找樹幹內的昆蟲。他們還能使用石頭來敲開堅果，使用幾把葉子擦拭污垢。甚至有人看見他們使用樹枝來剔牙。

大眼睛！

狐猴的眼睛很大，使它們能夠在夜間視物。假如我們眼睛和身體的比例與狐猴一樣的話，那麼我們的眼睛就會像葡萄柚那麼大。

靈長類動物

靈長類動物是哺乳動物中的一類，其中包括人類。牠們的大腦發達，手指靈活，並且過着複雜的羣體生活。雖然牠們有這些共同的特徵，但是也有各自不同的特徵。

中非地區的雄性山魈的面部具有鮮豔的紅色和藍色。

拇指與 4 指相對，因此能抓握和擺蕩。

尾巴能卷握，也就是能纏卷並抓住樹枝。

黑白相間條紋的尾巴，不能捲握樹枝。

手有 5 根手指，拇指很小。

環尾狐猴
狐猴是原猿猴亞目動物，僅存於馬達加斯加島。懶猴和灌叢嬰猴也屬於原猿猴亞目。

西里伯斯跗猴
跗猴屬於獨立的一類。牠們生活在東南亞，並在夜間狩獵。

蜘蛛猴
長毛蜘蛛猴是新大陸猴，生活在南美洲。

山魈
山魈是最大的猴子，牠們是舊大陸猴，生活在非洲和亞洲。

戴帽長臂猿
這種東南亞的長臂猿屬於小型猿類。雌性戴帽長臂猿是白色的，而雄性是黑色的。

羣居的猴子

靈長類動物通常過家族羣體生活，並且具有親密的社交關係。日本獼猴的雌性終生都會留在同一個羣體中。日本獼猴生活在寒冷的地區，經常在當地的温泉中洗浴和梳理毛髮。

與4指相對的拇指能獨立活動。

倭黑猩猩具有像人類一樣的指紋。

像我們一樣的手

類人猿，例如倭黑猩猩，擁有5根手指，而且拇指與4指相對，因此能夠抓住粗壯的樹枝進行攀爬，並且具有精確的控制能力，能用小樹枝作為工具。

侏狨是最小的猴子，牠們的身長只有13.5厘米！

靈長類分類

世界上有數百種靈長類動物。下面是一些主要的種類。人類屬於大型類人猿，這一類還包括紅毛猩猩、大猩猩和黑猩猩。

無毛的面部，寬闊的胸部和肩膀。

黑猩猩能夠直立行走。

與4腳趾相對的大腳趾讓紅毛猩猩不僅能用手，而且還能用腳來擺盪。

紅毛猩猩
這種大型類人猿僅生活在東南亞的婆羅洲和蘇門答臘島。牠們會照顧自己的幼兒長達9年。

大猩猩
温柔而體型龐大的大猩猩能表現出笑和悲傷等情感。牠們是雜食動物。

黑猩猩
黑猩猩能做人類所做的許多事情，例如使用工具和梳理毛髮。

看圖識別　哺乳動物

在哺乳動物中，有體型龐大的鯨，也有身材嬌小的象鼩。你認識多少種哺乳動物呢？你能找出其中的異類嗎？

1　樹袋熊
2　開普敦豪豬
3　巨地穿山甲
4　歐洲鼴鼠
5　白禿猴
6　斑鼩猴
7　歐洲野牛
8　短耳象鼩
9　非洲象
10　耳廓狐
11　南非劍羚
12　東部灰袋鼠
13　歐亞紅松鼠
14　小馬島蝟
15　白犀
16　美洲河狸
17　抹香鯨
18　儒艮
19　非洲疣豬
20　土豚
21　大食蟻獸
22　蹄兔
23　騾耳犼徐
24　黃金倉鼠
25　噬人鯊
26　長吻原海豚
27　海象
28　鴨嘴獸
29　家兔
30　普通刺蝟
31　吸血蝙蝠
32　倭黑猩猩
33　袋獾
34　河馬
35　斑馬
36　眼鏡熊
37　網紋長頸鹿
38　藪貓
39　大羊駝
40　馬鹿
41　雙峰駝
42　小熊貓
43　灰狼
44　狐獴

僵屍螞蟻！

冬蟲夏草真菌利用螞蟻傳播孢子。螞蟻被這種真菌感染後，會改變行為，爬到適合真菌繁殖的高度，然後螞蟻頭部會長出子實體，噴射孢子，感染更多的螞蟻，從而開始新一輪的循環。

一根長柄從螞蟻的頭部長出。

螞蟻將嘴固定在葉子上，等待死亡。

生活在一起

動物、真菌和植物通常互相依賴以求生存，這種關係被稱為共生關係。有時共生關係對雙方都有益處，有時只對一方有利，但更多的是另一方遭受損害甚至有非常糟糕的結局。

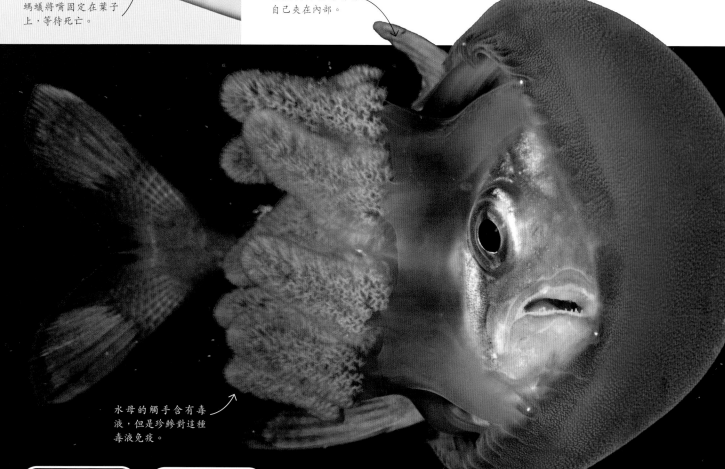

鱸魚利用牠的鰭將自己夾在內部。

水母的觸手含有毒液，但是珍鰺對這種毒液免疫。

珍鰺與水母隨着水流飄動。

1. 魚
一條年幼的珍鰺在尋找藏身之處。

2. 水母
珍鰺為了安全，鑽進了一隻絲胄水母的體內。

隱藏之處

乍一看，這條年幼的珍鰺像是被困住了，但它其實是在用水母做掩護。水母為鰺魚提供了庇護，使它免受捕食性動物的傷害，而這個過程對水母無害。

共生關係的類型

寄生關係
寄生蟲，例如蚊子，依靠另一種生物體（宿主）為生，而宿主受到損害。

鮣魚附著在鯊魚的背上以獲得安全。

偏利共生關係
鯊魚與鮣魚之間存在着一種偏利共生關係，其中一方受益，而不會對另一方造成傷害。

蜜蜂以花蜜為食。

互利共生關係
蜜蜂給花朵授粉是一種讓雙方都受益的關係。

樹懶的皮毛上生長着藻類，形成綠色毛髮。

有一種蝨子寄生蟲以魚的舌頭中的血液為食，並且最終取代了魚的舌頭！

保護性毒素
帝王蝶在馬利筋花中採食花蜜，將花粉在花朵之間傳播。牠們也在馬利筋上產卵，使牠們的幼蟲孵化後以馬利筋為食，而馬利筋含有的化學物質對鳥類具有毒性，因此保護了帝王蝶。

孵化寄生者
杜鵑是一種孵化寄生者。孵化寄生者依賴其他動物來孵化和撫養自己的後代。

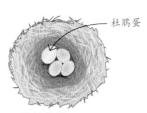

杜鵑蛋

1. 額外的蛋
雌性杜鵑偷偷地將自己的蛋放入宿主鳥的巢中。

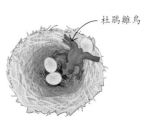

杜鵑雛鳥

2. 推出巢外
杜鵑雛鳥先孵化，並且將宿主的鳥蛋推到巢外。

杜鵑鳥的雛鳥比宿主鳥還大。

3. 杜鵑雛鳥成長
杜鵑雛鳥模仿一窩宿主雛鳥的叫聲，以獲取餵養。

皮毛偽裝
樹懶的皮毛連同長在皮毛上的藻類形成了一個生態系統。藻類獲得了一個生長的理想場所，而樹懶則獲得了躲避捕食性動物的偽裝，而且可以食用生長在皮毛上的、富含營養的藻類。

鳥警報器
牛椋鳥以寄生在高角羚身上的寄生蟲（例如蜱）為食。高角羚允許牛椋鳥在自己身上覓食，因此得到了害蟲防治服務，而且在危險來臨時，牛椋鳥會發出警告聲，提醒牠們的宿主。

舒適的住所
哈氏彩蝠與豬籠草之間存在着互利共生關係。哈氏彩蝠將豬籠草作為一個小休息所，而豬籠草則以哈氏彩蝠的富含營養的糞便為肥料。

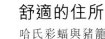

已知物種中有 80% 是寄生生物！

絛蟲是寄生在動物腸道中的寄生蟲。

保護穿山甲

穿山甲是世界上被走私數量最多的哺乳動物。牠們因其鱗片和肉而被非法販賣。儘管自 2017 年以來全球禁止穿山甲交易，但是在過去的 10 年中，已經有超過 100 萬隻野生穿山甲被捕捉。中華穿山甲處於極度瀕危狀態，但是隨着救援計劃的開展，有些地區正在恢復。

亞馬遜雨林中有超過 1 萬種物種正面臨威脅！

野生動物保護

野生動物以驚人的速度走向滅絕，已知有超過 42000 種物種面臨風險。人們以各種方式努力將自然地區和動物物種從瀕臨滅絕的邊緣拯救出來。

標記紅海龜

紅海龜從覓食地遷徙數百公里到海灘築巢產卵。科學家通過衛星跟蹤了解紅海龜。

捕捉紅海龜
一名潛水員在水中捕捉到一隻幼年紅海龜。

安裝追蹤器
科學家用膠水將衛星追蹤器安裝在紅海龜的殼上。

釋放紅海龜
科學家將海龜釋放回大海，然後進行跟蹤。

空運黑犀

這頭稀有的黑犀正在被直升機轉移到遠離偷獵者的安全地區。黑犀的數量正在增加，目前野外有 6 千多頭黑犀。

蜜蜂再野化

蜜蜂因其在植物授粉方面的作用而被稱為關鍵物種。這種作用有助於生態系統的平衡，對農業至關重要。減少農藥使用和進行土地再野化有助於增加蜜蜂的數量。

蜜蜂攜帶花粉，並且製造蜂蜜。

訓鳥師正在照料一隻被救助的食猿鵰。

食猿鵰

道路修建威脅到食猿鵰和杜馬嘎特族原住民居住的熱帶雨林。目前野外只有大約 500 隻食猿鵰幸存。動物保護組織正在與杜馬嘎特族原住民合作，推動保護森林和食猿鵰的項目。

這頭重達 2.5 噸的黑犀被倒掛着，使牠比較容易呼吸。

當今世界上有 1 萬個國家公園和野生動物保護區！

在每年的遷徙季節，有數不勝數的螃蟹爬向海邊。

鋼格柵有助於螃蟹攀爬。

民眾的力量

原住民是地球上五分之一土地的保護者，其中包括許多野生動物聚集地。他們與自然界的關係在保護工作中發揮着至關重要的作用。在下圖中，太平洋托克勞島的學生們正在參加一次氣候抗議活動。

螃蟹徒遷

隨着人們在自然棲息地中修建道路，動物的徒遷之路被破壞，影響了牠們尋找食物和繁殖。在一些地方，野生動物橋能幫助動物安全地橫穿道路。在上圖中，聖誕島紅蟹正爬過一座橋從森林遷徙到海洋進行繁殖。

世界之最！

面臨生存危機的動物

　　許多自然學家認為地球上正在發生植物和動物的大規模滅絕。這是人類活動的結果，因為我們不斷地開發使用愈來愈多的天然資源，並且侵佔自然棲息地。目前全球有許多人和組織正在努力保護地球上種類繁多的生命，使牠們得以生存。但是對有些物種來說已經為時已晚，物種的消失每天都在發生。

斯比克斯金剛鸚鵡

免於瀕臨滅絕

　　動物保護工作使許多物種從瀕臨滅絕的狀態恢復過來。儘管這些動物的數量正在增加，但是其中許多動物仍然處於瀕危狀態。

老　虎
　　這種大型貓科動物在全球範圍內都處於瀕危狀態，但是印度的保護工作已經使老虎的數量得以增加。

珊瑚礁魔鬼魚
　　魔鬼魚在全球範圍內都處於瀕危狀態，但是生態旅遊已經使印度尼西亞的珊瑚礁魔鬼魚的數量增加。

斯皮克斯金剛鸚鵡
　　在從野外消失了 20 多年後，斯皮克斯金剛鸚鵡已經被重新引入巴西的森林。

大熊貓
　　自從 20 世紀 70 年代大熊貓的數量達到最低點以來，野外的大熊貓數量已經幾乎翻了一倍。大熊貓成了動物保護的象徵。

已經滅絕

　　在近幾個世紀中，許多物種因為人類的活動，包括狩獵和氣候變化，而滅絕了。以下是一些再也不會在地球上漫遊、飛行或游動的動物。

1690

渡渡鳥
　　渡渡鳥原生於印度洋的毛里求斯島。過度捕獵導致了這種無法飛行的鳥類滅絕。

1768

大海牛
　　人類為了大海牛的皮毛和油脂而殺絕了這種曾在白令海裏游弋的水生哺乳動物。

1870

拉布拉多鴨
　　對鳥類、蛋和羽毛的過度捕獵導致了這種北美鴨的滅絕。

1936

塔斯馬尼亞狼
　　這個物種在競爭中不敵由外來殖民定居者帶來的狗，因此滅絕了。

1989

金蟾蜍
　　這是一種哥斯達黎加雲霧森林特有的蟾蜍。氣候變化導致了牠們的消失。

面臨滅絕危險的物種

　　國際自然保護聯盟在它的紅色名錄上列出了瀕臨滅絕危險的物種。在被評估的 15 萬種物種中，有 42000 種面臨不同程度的滅絕危險。下圖由國際自然保護聯盟提供，顯示了一些種羣中面臨危險的物種的百分比。

鳥類 13%　爬行動物 21%　哺乳動物 27%　甲殼類動物 28%　活珊瑚 36%　鯊魚和鰩魚 37%　兩棲類動物 41%

　　自 1970 年以來，全球野生動物種羣數量已經減少了 69%。

長毛象滅絕

長毛象曾經在地球上漫步了 500 萬年，然而在距今 4 千年前的時候，牠們從地球上消失了。科學家不知道是人類把牠們獵殺殆盡，還是自然氣候變化導致了牠們的滅絕。

生來自由

有些動物物種已經在野外滅絕，但是在動物園的繁育環境中繼續存在。動物園通過這樣的項目來增加物種數量，並且在適當的時候將動物重新引入牠們的原生棲息地，但是無論是人工繁育還是釋放到野外都充滿了挑戰。

桂紅翡翠
1986 年，世界上最後不到 30 隻桂紅翡翠都被捕獲，然後被送到動物園繁育。目前牠們的數量已經達到了 145 隻。

金獅面狨
自 20 世紀 70 年代以來，動物園的繁育工作已經使野外生活的金獅面狨數量增加了 9 倍。

阿拉戈斯盔嘴雉
這種鳥上次在野外被發現是在 20 世紀 80 年代。

藍尾石龍子
這種蜥蜴已經重新引入沒有捕食性動物的島嶼。

山雞蛙
動物學家正在尋找提高這種蛙對真菌疾病的抵抗力的方法。

帕圖螺蝸牛
已經有 15000 多隻小型帕圖螺蝸牛重新回到了牠們的島嶼家園。

弗氏斯基法鱂
最近已經有 1000 條這種魚被重新引入河流中。

死而復生

腔棘魚是一種被認為在 6600 萬年前滅絕的魚類物種，但是 1938 年人們在南非海岸附近發現了活着的腔棘魚。據信，腔棘魚的壽命能長達 100 多年。

瀕危動物

下面是地球上一些最瀕危的動物。人類活動導致了牠們的自然棲息地快速消失。

1 爪哇犀牛
這種犀牛曾經分佈在整個東南亞，但是如今大約只剩 75 頭生活在印度尼西亞的爪哇島上。

2 遠東豹
這是世界上最稀有的一種大型貓科動物，僅有大約 100 隻個體存活，分佈在俄羅斯的阿穆爾地區和中國東北地區。

3 蘇門答臘虎
這種有條紋的貓科動物是最小的虎種，生活在印度尼西亞的蘇門答臘島上，如今僅剩下大約 600 隻。

4 山地大猩猩
這種大猩猩生活在中非山脈的高海拔森林中，大約只有 1000 隻生活在野外。

5 塔巴努里猩猩
所有猩猩都面臨滅絕的危險，但是這個物種只生活在印度尼西亞蘇門答臘島的一小片地區，目前僅剩不到 800 隻。

6 長江江豚
這是世界上唯一的一種淡水江豚，大約有 1000 隻生活在中國的長江。這種水生哺乳動物也面臨滅絕的危險。

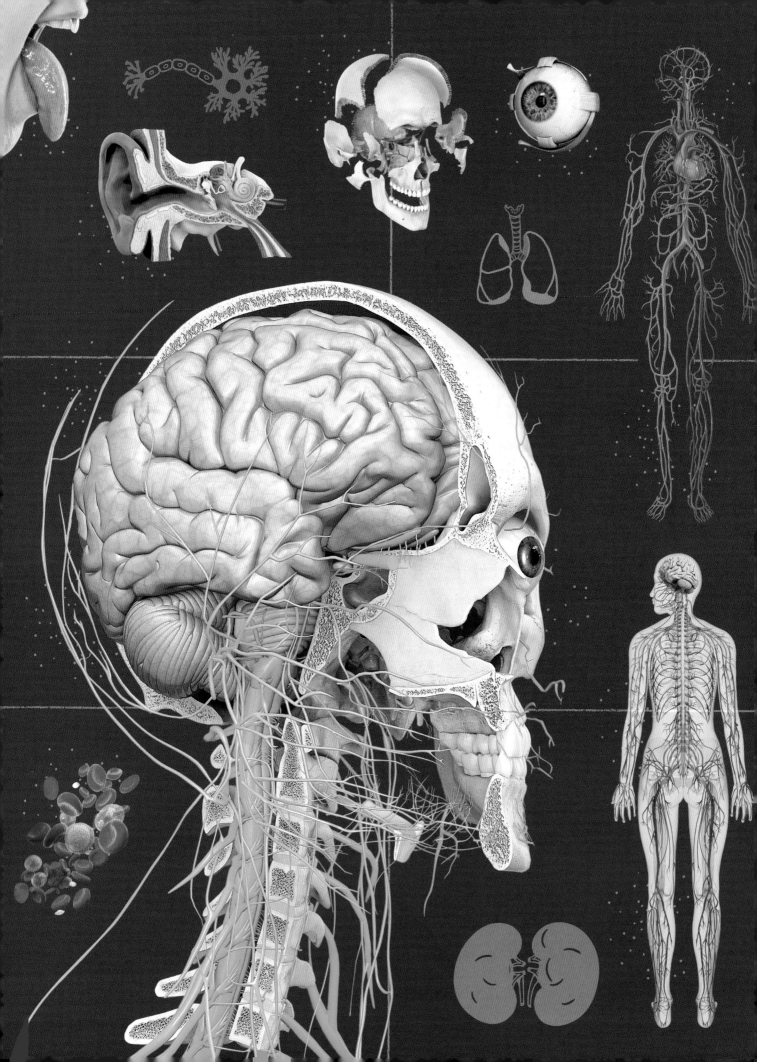

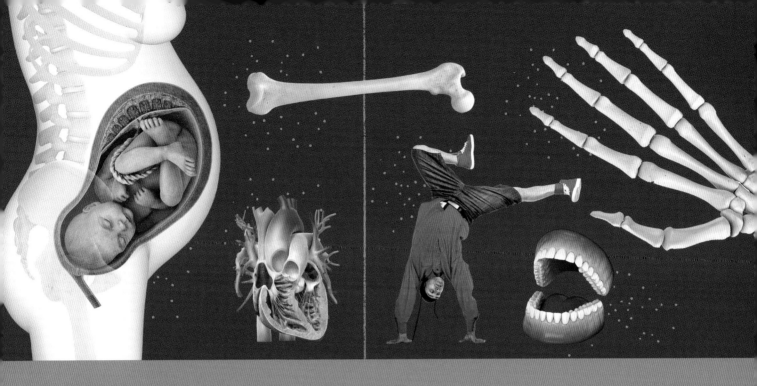

人體

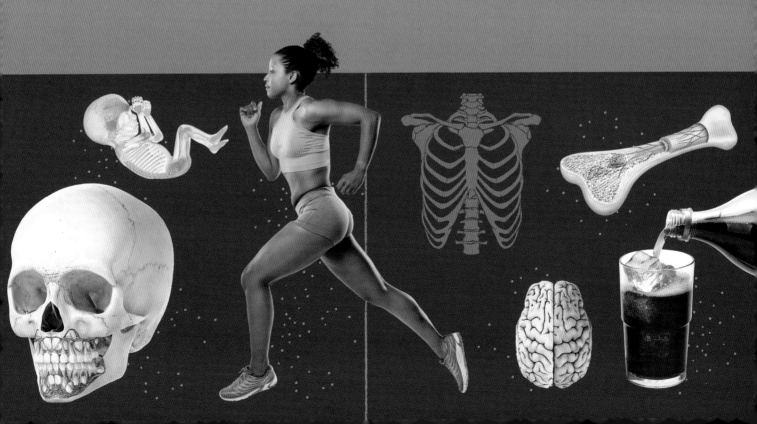

人體基礎知識

人體由數百個部分組成，它們相互協作，形成了一個令人驚嘆的複雜結構，保持着我們的生命和健康。雖然我們現在對人體的了解比以往任何時候都多，但是人體的許多方面仍然是個謎。

琺瑯質是牙齒的最外層，是人體的最堅硬的組織！

構建人體

與所有生物一樣，人體也是由數十萬億個微小的細胞構成的。在你的身體中，很多細胞聚集在一起構成組織，多種類型的組織構成一個器官，多個器官共同協作，構成一個系統，執行重要的功能。

細 胞
細胞是生命的最小單位。每個細胞都有特定的功能。圖中這種細胞位於腸道的內壁。

組 織
相同類型的細胞聚集在一起構成組織。例如，腸道內壁被一種產生消化酶的組織覆蓋。

器 官
各種類型的組織相互結合構成器官，例如小腸。

系 統
各個器官協同工作，構成一個執行特定功能的系統，例如消化系統。

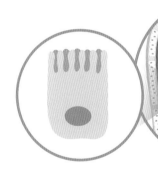

你體內的細菌細胞數量與你身體細胞數量一樣多！

大部分是水

剛出生時，你身體的水分含量幾乎達到四分之三。隨着年齡增長，你的身體構成發生了變化，水分含量逐漸減少。例如，老年人體內水分含量較少，這是因為他們失去了水分豐富的肌肉組織。

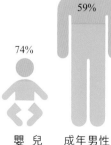
74%
59%

50%

47%

嬰 兒　　成年男性　　　　成年女性　　　　老年女性

神經系統

大腦和神經控制着你對周圍環境的反應以及你的呼吸等自動功能。

大腦處理來自全身神經的信息，它的工作方式類似於電腦。

呼吸系統

呼吸道和肺部將氧氣帶入體內，並且將二氧化碳排出體外。

左肺比右肺小，以便給心臟留出空間。

循環系統

心臟通過血管將血液輸送到全身，為身體的細胞提供氧氣。

消化系統

消化系統分解食物，將其中的能量和營養物質釋放出來。

生殖系統

男性和女性的生殖系統不同，但都是用於繁殖人類的後代。

這是男性生殖器官。

人體的系統

右圖展示了人體的一些主要系統。雖然每個系統都有特定的功能，但是各個系統緊密合作，共同維持着你的生命。

肌肉系統

你的每一個動作都是由與骨骼相連的肌肉產生的。你的身體還有其他類型的肌肉，例如，使心臟跳動的肌肉和將食物沿着腸道向下推動的肌肉。

淋巴系統和免疫系統

淋巴系統與免疫系統共同工作，保護身體免受感染和疾病的侵害。

淋巴管將一種被稱為淋巴的液體從身體組織輸送到血液中。

骨骼系統

骨骼是身體的支撐結構，它們保護內部器官，並且使身體能夠正常運動。

神秘的特徵

隨着人類的進化，人體中的一些結構特徵失去了原來的功能。這些特徵被稱為退化特徵，相應的器官呈小型化或未發育的狀態。

第三顆磨牙也被稱為智慧齒。

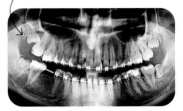

智慧齒

第三顆磨牙在我們祖先的粗糙飲食中起着重要的作用，但是隨着人類的進化，頜骨縮小了，這幾顆牙齒不僅無用而且可能會引起併發症，通常會被拔除。

皺襞有助於排出眼淚。

第三眼瞼

人類不再擁有第三眼瞼來保護眼睛，它變成了一個小皺襞，但是許多其他動物仍然有第三眼瞼。

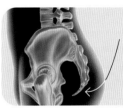

尾骨位於脊柱的下端。

尾　骨

許多科學家認為尾骨（尾椎骨）是我們祖先的尾巴的殘留物，現在僅僅起到幫助支撐體重的作用。

人體含有微量的黃金！

超級細胞

人體由數十萬億個微小的細胞構成，肉眼無法看見它們。細胞共同構成了身體的各種組織。每種類型的細胞都有專門的工作。

人體大約有 37 萬億個細胞！

細胞類型

人體大約有 200 種不同類型的細胞，它們有各自的功能。下面是一些主要類型的細胞的顯微圖像。

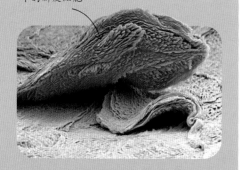

死皮細胞會脫落，露出底下的新皮細胞。

人體每小時約有 2 億個死皮細胞脫落！

細胞內部

細胞核是細胞的控制中心，含有攜帶使細胞工作的指令的 DNA。大多數人類細胞具有相同的基本結構。

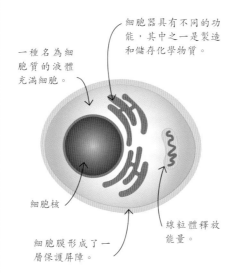

細胞器具有不同的功能，其中之一是製造和儲存化學物質。

一種名為細胞質的液體充滿細胞。

細胞核

細胞膜形成了一層保護屏障。

線粒體釋放能量。

肌肉細胞
肌肉細胞也被稱為肌細胞，它們能夠通過收縮產生力量和運動。

骨細胞
這種細胞負責骨骼的生長、修復和重塑。

紅血球
主要負責攜帶氧氣到身體各個組織，並且幫助移除二氧化碳。

皮細胞
皮細胞構建了覆蓋身體的強大屏障，對保護身體起着至關重要的作用。

毛髮的外層是由重疊的死細胞構成的。

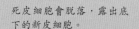

是死的還是活的？

你頭部和身體上的所有毛髮都是死的。它們由角蛋白構成。角蛋白也是構成指甲和皮膚的主要蛋白質。當毛髮從皮膚表面露出來時，毛髮細胞就死了。活着的毛髮細胞僅存在於毛髮的根部，那裏的血管使毛髮細胞存活。

神經細胞
神經細胞是構成神經系統的基本單位，負責傳遞和處理神經信號。

脂肪細胞
這種細胞儲存身體脂肪，是能量和熱量的一種重要來源。

當母細胞分裂時，第二個細胞就形成了。

被複製的細胞中的 DNA 與母細胞中的 DNA 完全相同。

細胞膜分裂開。

腎母細胞

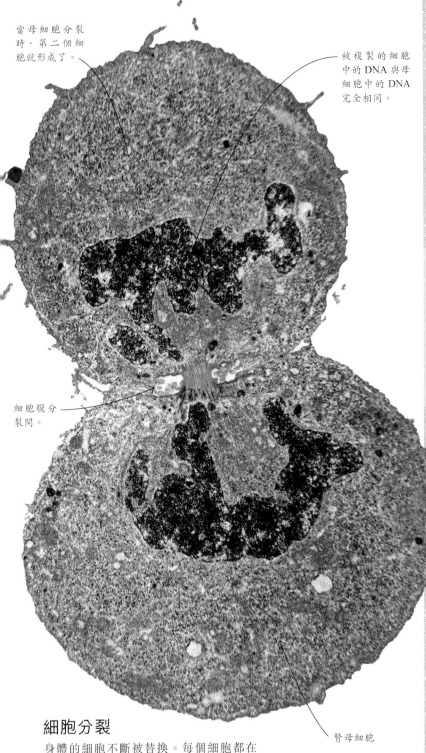

細胞分裂

身體的細胞不斷被替換。每個細胞都在複製細胞核中的 DNA 後，分裂成兩個，來製作自身的精確複製品。上面的顯微圖像顯示了一個腎細胞正在分裂。

最長的人體細胞是神經細胞，其中一些神經細胞長達 1 米！

許多神經細胞具有長尾，用於傳遞信息。

幹細胞

被稱為幹細胞的神奇細胞是人體的原材料。幹細胞具有獨特的能力，它們能變成任何其他類型的細胞。這張高倍放大的圖像顯示了成年人軟骨組織（粉紅色）上的骨髓幹細胞（棕色）。

在動物界中，最大的細胞是鴕鳥蛋，它的長度達到 15 厘米！

最大和最小的細胞

下面的顯微圖像顯示了一根針尖上的女性卵細胞。它是最大的人類細胞，剛剛能被肉眼看見。卵細胞的體積幾乎是男性精子細胞的 1 萬倍。精子細胞是人體最小的細胞，與大多數細胞一樣，只有在顯微鏡下才能被觀察到。

女性卵細胞

針尖

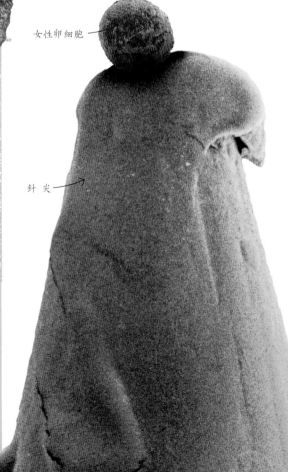

骨骼

你的骨架重量佔體重近 15%。它為你的身體提供支撐，幫助你形成體形，使你不像布娃娃一樣軟弱無力。骨架還起着保護重要器官的作用，骨架的結構也使你能夠活動。

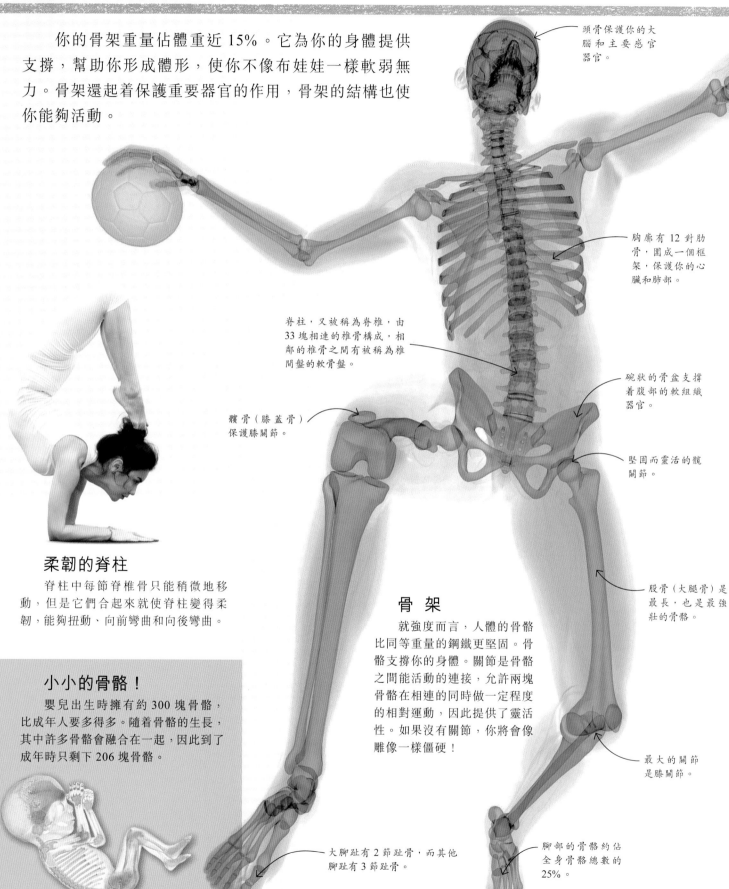

頭骨保護你的大腦和主要感官器官。

胸廓有 12 對肋骨，圍成一個框架，保護你的心臟和肺部。

脊柱，又被稱為脊椎，由 33 塊相連的椎骨構成，相鄰的椎骨之間有被稱為椎間盤的軟骨盤。

碗狀的骨盆支撐着腹部的軟組織器官。

髕骨（膝蓋骨）保護膝關節。

堅固而靈活的髖關節。

股骨（大腿骨）最長，也是最強壯的骨骼。

最大的關節是膝關節。

大腳趾有 2 節趾骨，而其他腳趾有 3 節趾骨。

腳部的骨骼約佔全身骨骼總數的 25%。

柔韌的脊柱

脊柱中每節脊椎骨只能稍微地移動，但是它們合起來就使脊柱變得柔韌，能夠扭動、向前彎曲和向後彎曲。

骨架

就強度而言，人體的骨骼比同等重量的鋼鐵更堅固。骨骼支撐你的身體。關節是骨骼之間能活動的連接，允許兩塊骨骼在相連的同時做一定程度的相對運動，因此提供了靈活性。如果沒有關節，你將會像雕像一樣僵硬！

小小的骨骼！

嬰兒出生時擁有約 300 塊骨骼，比成年人要多得多。隨着骨骼的生長，其中許多骨骼會融合在一起，因此到了成年時只剩下 206 塊骨骼。

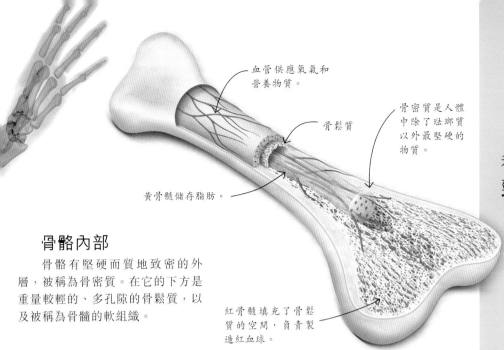

血管供應氧氣和營養物質。

骨鬆質

骨密質是人體中除了琺瑯質以外最堅硬的物質。

黃骨髓儲存脂肪。

骨骼內部

骨骼有堅硬而質地致密的外層，被稱為骨密質。在它的下方是重量較輕的、多孔隙的骨鬆質，以及被稱為骨髓的軟組織。

紅骨髓填充了骨鬆質的空間，負責製造紅血球。

7塊頸椎骨

人類和長頸鹿都擁有相同數目的頸椎骨！

7塊頸椎骨

你的身高在早晨比睡前稍微高一點，這是因為你睡覺時，脊柱會伸展！

堅固的頭骨

頭骨由 22 塊骨骼構成。唯一能夠活動的是下頜骨，其餘的骨骼通過縫合連接在一起，形成了一個保護性的堅固結構。

8塊骨骼形成了圓頂狀的顱骨。

顳骨是人體密度最高的骨骼。

14塊面部骨骼

強有力的咬肌控制下頜骨的移動。

手指的骨骼（指骨）共有14塊。

手掌的骨骼（掌骨）共有5塊。

手腕由8塊腕骨構成。

獨特的手

人類的手有多個關節，拇指能觸摸到其他手指的指尖，因此能夠牢牢地抓握，還能做出許多精確細緻的動作。沒有其他任何哺乳動物有如此靈活而且多功能的手。

修復骨折

骨骼是由活體組織構成的，它們能生長，能自我更新，並且能修復骨折和骨裂。

最初幾個小時
骨折後，血塊會在骨折周圍形成，以封閉傷口。

幾天後
新骨纖維開始在骨折斷面處形成。

幾星期後
骨鬆質替代纖維，血管也重新生長。

幾個月後
骨密質替代骨鬆質，骨折癒合。

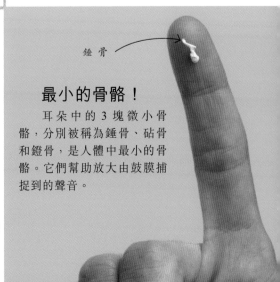

錘骨

最小的骨骼！

耳朵中的 3 塊微小骨骼，分別被稱為錘骨、砧骨和鐙骨，是人體中最小的骨骼。它們幫助放大由鼓膜捕捉到的聲音。

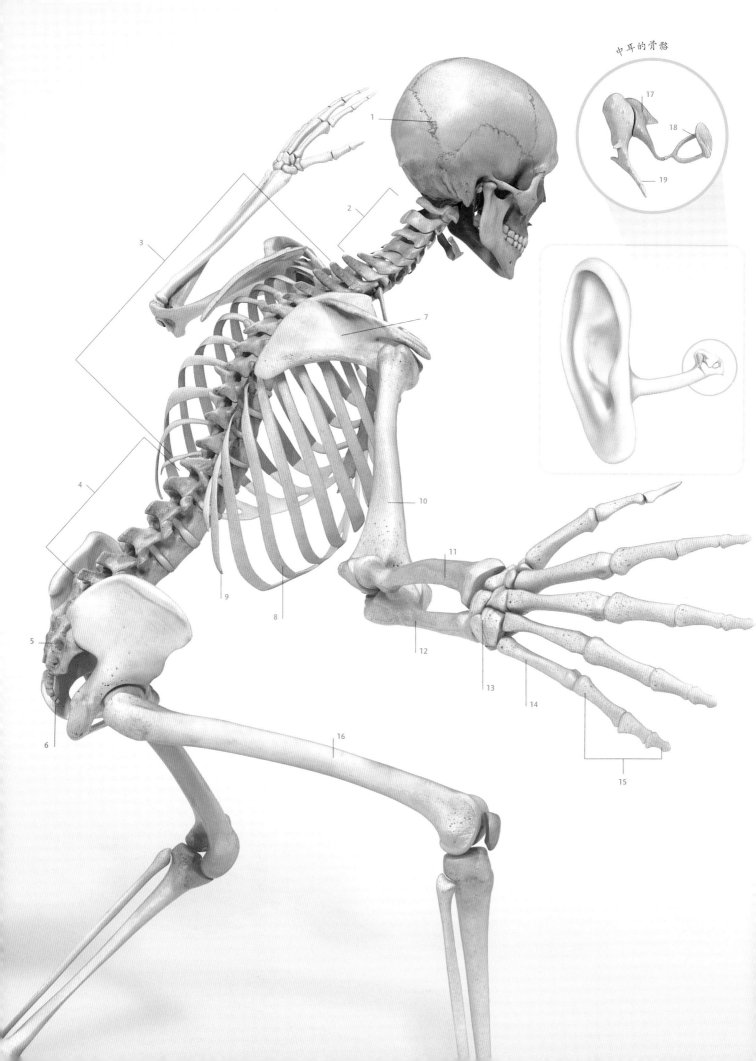

中耳的骨骼

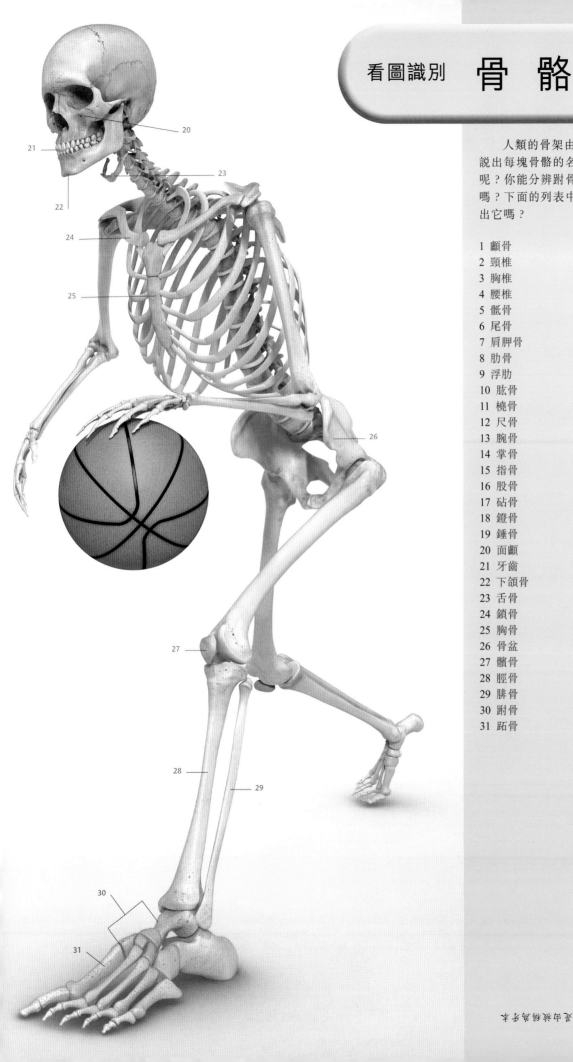

　　人類的骨架由 206 塊骨骼構成。醫生能
說出每塊骨骼的名稱，但是你能認出多少塊
呢？你能分辨跗骨和腕骨，還有脛骨和腓骨
嗎？下面的列表中有一塊不是骨骼，你能找
出它嗎？

1　顱骨
2　頸椎
3　胸椎
4　腰椎
5　骶骨
6　尾骨
7　肩胛骨
8　肋骨
9　浮肋
10　肱骨
11　橈骨
12　尺骨
13　腕骨
14　掌骨
15　指骨
16　股骨
17　砧骨
18　鐙骨
19　錘骨
20　面顱
21　牙齒
22　下頜骨
23　舌骨
24　鎖骨
25　胸骨
26　骨盆
27　髕骨
28　脛骨
29　腓骨
30　跗骨
31　跖骨

　牙齒不是骨骼。另外足內與建構成牙本
質的珐瑯質的物質構成的。

肌肉的力量

你的超級強壯的身體中有 600 多塊肌肉,它們與你的骨骼相連,佔據你體重的 40%,參與你的每一個動作。肌肉也讓你能夠說話、推動食物通過消化系統,並且將重要的血液輸送到身體各處。

熱圖上顯示為紅色的區域是最熱的區域。

單車是涼的,在紅外成的熱圖中以藍色顯示。

身體的熱量

當你的肌肉進行劇烈運動時,例如騎單車,就會產生熱量。這張紅外圖像中的紅色區域顯示了釋放大量熱量的身體部位。

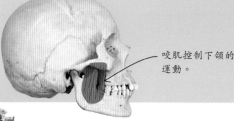

舌肌幫助你說話、進食和咽下食物。

強韌的舌頭

你的舌頭有 8 塊肌肉,其中 4 塊將舌頭連接到頭部和頸部,另外 4 塊使你的舌頭具有靈活性,能伸展、能說話,能在口腔中移動。

就相對其尺寸來說,最有力量的肌肉是咬肌(咀嚼肌),它能夠產生 90 公斤的力!

咬肌控制下頜的運動。

肌肉如何工作

肌肉只能拉動骨骼,而不能將骨骼推回原位。肌肉通常成對排列,能分別沿着兩個相反的方向移動骨骼。例如,你上臂的兩塊肌肉共同協作,使你的手臂彎曲和伸展。

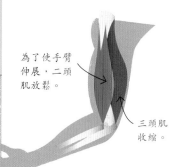

為了使手臂伸展,二頭肌放鬆。

三頭肌收縮。

肌肉內部

肌肉類似於電纜,由數百根擠在一起的被稱為肌纖維的細長單元構成。每根肌纖維均由肌原纖維(可放鬆和收縮的細絲)構成。血管提供的氧氣和能量使肌肉能夠運動。

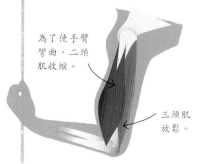

為了使手臂彎曲,二頭肌收縮。

三頭肌放鬆。

肌纖維(紅色)和結締組織(白色)的顯微圖。

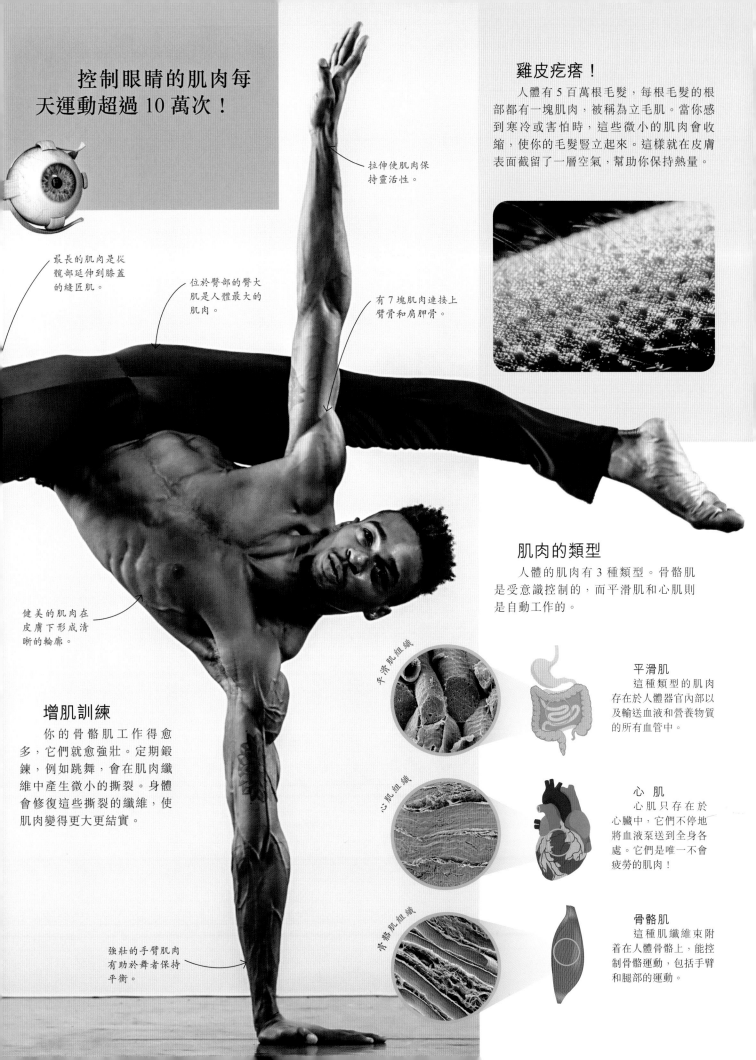

控制眼睛的肌肉每天運動超過 10 萬次！

拉伸使肌肉保持靈活性。

最長的肌肉是從髖部延伸到膝蓋的縫匠肌。

位於臀部的臀大肌是人體最大的肌肉。

有 7 塊肌肉連接上臂骨和肩胛骨。

健美的肌肉在皮膚下形成清晰的輪廓。

增肌訓練

你的骨骼肌工作得愈多，它們就愈強壯。定期鍛鍊，例如跳舞，會在肌肉纖維中產生微小的撕裂。身體會修復這些撕裂的纖維，使肌肉變得更大更結實。

強壯的手臂肌肉有助於舞者保持平衡。

雞皮疙瘩！

人體有 5 百萬根毛髮，每根毛髮的根部都有一塊肌肉，被稱為立毛肌。當你感到寒冷或害怕時，這些微小的肌肉會收縮，使你的毛髮豎立起來。這樣就在皮膚表面截留了一層空氣，幫助你保持熱量。

肌肉的類型

人體的肌肉有 3 種類型。骨骼肌是受意識控制的，而平滑肌和心肌則是自動工作的。

平滑肌組織

心肌組織

骨骼肌組織

平滑肌

這種類型的肌肉存在於人體器官內部以及輸送血液和營養物質的所有血管中。

心 肌

心肌只存在於心臟中，它們不停地將血液泵送到全身各處。它們是唯一不會疲勞的肌肉！

骨骼肌

這種肌纖維束附着在人體骨骼上，能控制骨骼運動，包括手臂和腿部的運動。

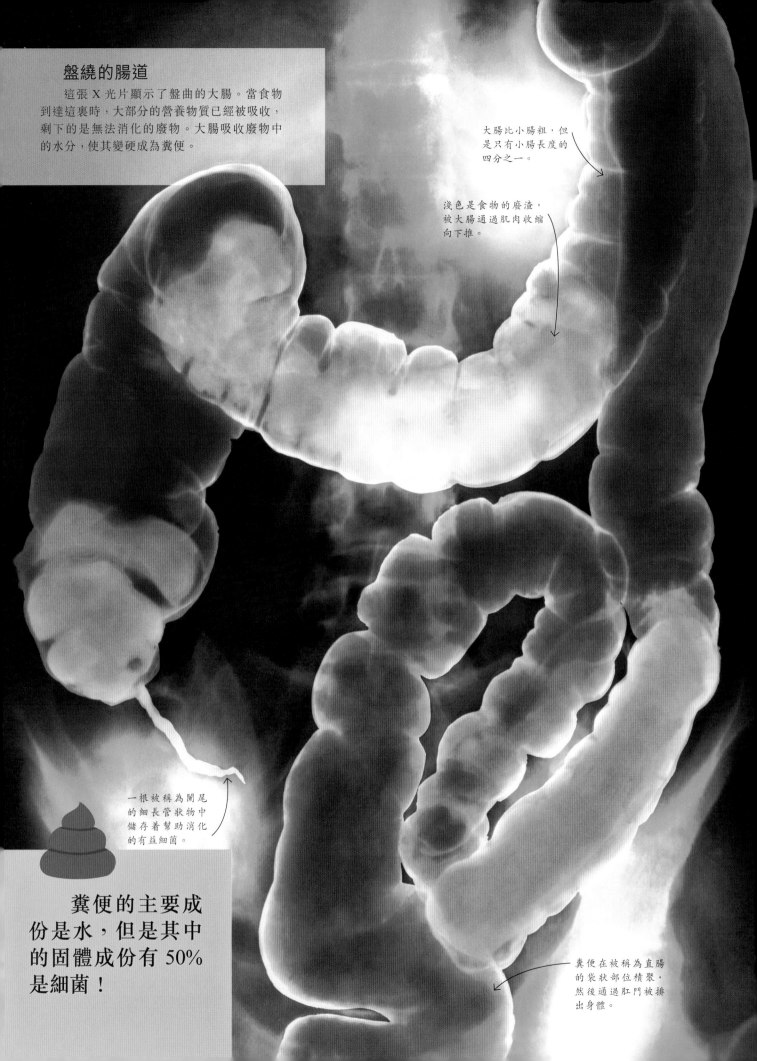

盤繞的腸道

這張 X 光片顯示了盤曲的大腸。當食物到達這裏時，大部分的營養物質已經被吸收，剩下的是無法消化的廢物。大腸吸收廢物中的水分，使其變硬成為糞便。

大腸比小腸粗，但是只有小腸長度的四分之一。

淺色是食物的廢渣，被大腸通過肌肉收縮向下推。

一根被稱為闌尾的細長管狀物中儲存着幫助消化的有益細菌。

糞便的主要成份是水，但是其中的固體成份有 50% 是細菌！

糞便在被稱為直腸的袋狀部位積聚，然後通過肛門被排出身體。

食物處理器官

在人的一生中，消化系統要處理吃下的數萬頓飯。每頓飯都要經過大約 9 米長的消化器官，在此過程中被轉化為營養物質和能量。

你每天產生多達 1.5 升唾液！

一天分泌的唾液量足以裝滿一隻大瓶子。

肌肉在食物後方收縮，推動食物前進。

在口腔中，食物通過咀嚼被分解成較小的碎塊。

唾液使食物變軟，方便咽下。

食道

蠕動

喉嚨和腸道中的肌肉有節奏地收縮和鬆馳，推動食物前進。這被稱為蠕動。

胃酸攻擊

肌肉構成的胃將食物攪拌，使它們與消化液混合，來消化食物。消化液含有強酸性物質，能殺滅有害細菌。

厚厚的胃壁有 3 層肌肉。

每天產生 4 升胃液。

厚厚的黏液層能防止胃被自身消化！

消化系統

食物需要大約 24-72 小時的時間才能通過消化系統。在這個過程中，食物被分解，重要的營養物質和水被吸收，剩下的廢物作為糞便被排出體外。

肝臟釋放膽汁，也就是一種能夠分解脂肪的液體。

胃將食物消化為一種叫做食糜的粥狀液體。

小腸吸收營養物質。

大腸

肛門

平均而言，全世界每人每年吃掉約 675 公斤食物！

我們為甚麼打嗝？

當你喝汽水後，空氣被困在食道中。身體對此的反應是通過打嗝來將這些多餘的空氣從嘴裏排出。每天打嗝多達 30 次是正常現象！

堅固的牙齒

牙齒通過咀嚼將食物咬碎，進而開始消化過程。口腔中的腺體產生的唾液有助於軟化食物。

尖銳的虎牙有助於咬住和撕裂食物。

前磨牙和磨牙被用來研磨和咀嚼食物。

門牙用於切割食物。

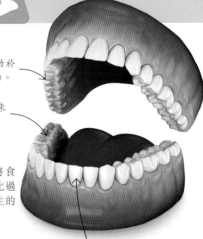

你每天釋放多達 2.2 升氣體！

心臟和血液

你的心臟是一隻強大的泵，使血液在全身不間斷地循環。每天，你的心臟跳動約 10 萬次，將 5 升血液通過異常複雜的血管網絡輸送到你的器官和肌肉。

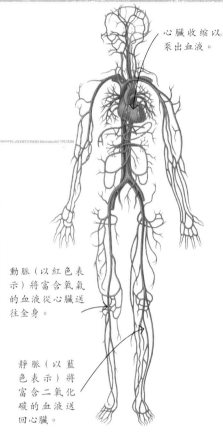

心臟收縮以泵出血液。

動脈（以紅色表示）將富含氧氣的血液從心臟送往全身。

靜脈（以藍色表示）將富含二氧化碳的血液送回心臟。

人體中的血管總長度為 10 萬公里，足夠繞地球兩圈！

血 管

血管有 3 種類型。動脈將血液從心臟輸送到全身各處，靜脈將血液送回心臟，而很細的毛細血管將靜脈和動脈連接在一起。

動脈
這種血管具有厚實的肌肉壁。

靜脈
這種血管具有薄壁。

毛細血管
這種血管是最細的血管。

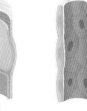

靜脈瓣膜能阻止血液倒流。

血管壁只有一層細胞的厚度。

循環系統

循環系統由心臟和複雜的血管網絡構成。心臟將攜帶氧氣和營養的血液輸送到身體的每個細胞、肌肉和器官。

血液的成份

血漿是像水一樣的液體，佔血液的 55%，紅血球佔 44%，剩下的 1% 是白血球和血小板。

血小板幫助血液凝結，來封閉皮膚上的傷口。

白血球攻擊入侵的細菌。

我們的血液含鐵，因此呈紅色，而八爪魚的血液含銅，因此呈藍色！

紅血球攜帶着從肺部得到的氧氣。

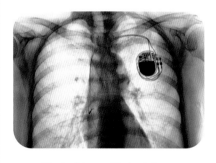

救命的心臟起搏器

起搏器是一種小型電子設備，用來植入胸部以控制心跳。這張 X 光照片顯示起搏器連着一根導線，這根導線通過靜脈血管進入心臟。

主動脈是人
體中最大的
動脈。

右冠狀動
脈向心臟
的右心室
供血。

心臟如何跳動

心臟是一隻雙泵。在每次跳動中，左泵將肺部來的富含氧氣的血液（以紅色表示）送往到全身，右泵則將含二氧化碳的血液（以藍色表示）送往肺部。

1. 心臟舒張，血液流入心房。

左心房

右心房。

2. 心房收縮，將血液推向心室。

左心室

右心室

3. 兩個心室同時收縮，右心室將血液送往肺部，左心室將血液送往全身。

被送往肺部的血液

被送往身體各處的血液

辛勤工作的心臟

心臟是身體中工作最辛勤的肌肉，因此它本身也需要充足的血液供應。這張心臟的圖像顯示了供應心臟肌肉壁的複雜血管網絡。

左冠狀動脈向心臟左側的心肌供血。

右心房

左心房

心臟內部

你的心臟大致與握緊的拳頭大小相當。它有 4 個空腔：上部的 2 個心房和下部的 2 個心室。它們反覆舒張和收縮以產生心跳，並且將血液泵送到全身。

右心室

左心室

在一個人的平均壽命中，心臟跳動多達 30 億次！

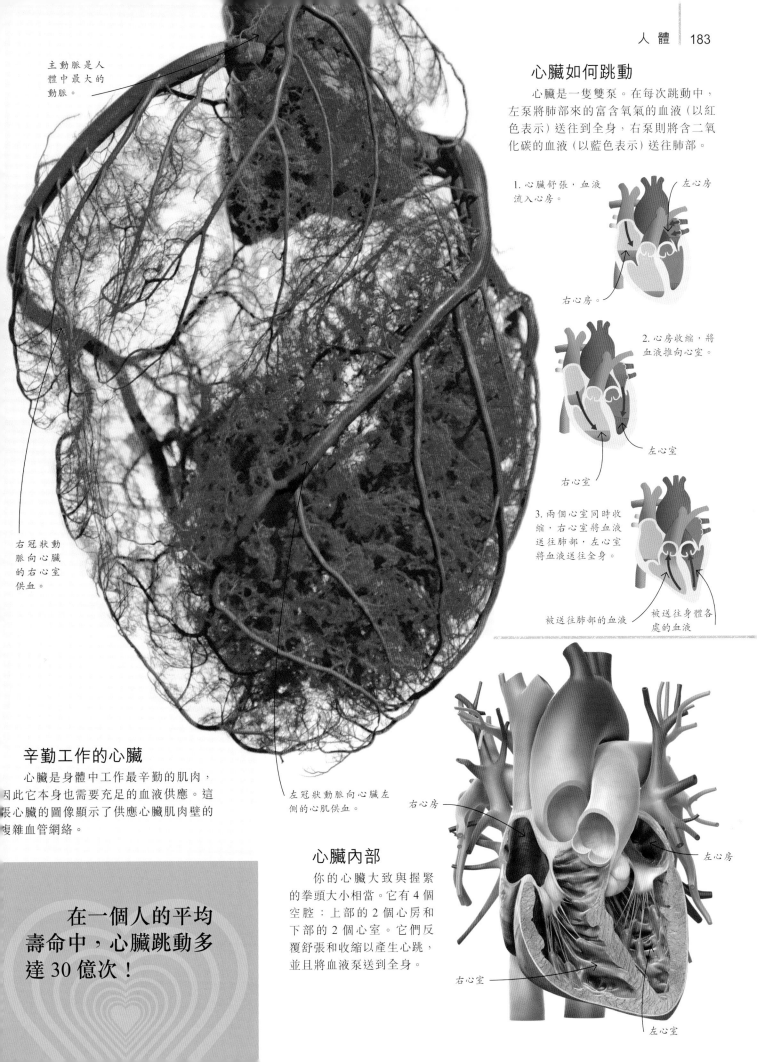

世界之最！
人 體

人體能夠做出令人驚訝的事情。人體能不斷地更新細胞，還能在我們無意識的情況下同時控制許多身體功能。這裏是一些關於人體的有趣事實和數據。

最罕見的眼睛

僅有 2% 的人口擁有綠色的眼睛。綠色是世界上最罕見的眼睛顏色。而約 80% 的人有褐色眼睛，佔絕大多數。

細胞的壽命

人體內的各種細胞具有不同的壽命，取決於它們的功能。皮膚細胞不斷更替，壽命可能只有一天。而其他細胞，例如腦細胞，能維持一生的時間。

70 多年
腦細胞

15 年
骨骼肌細胞

10 年
脂肪細胞

6-9 個月
肝細胞

3-5 天
腸上皮細胞

1-3 天
白血球

眨眼
你在一生中也許會眨眼 4.16 億次。

平均而言，你會花費 26 年的時間睡覺，大約是你的一生的三分之一！

上廁所
你將花費總計整整一年的時間坐在馬桶上。

走路
你將邁出大約 1.46 億步。

呼吸
你將吸入大約 2.5 億升空氣。

泵血
你的心臟將會向身體泵送大約 2 億升血液。

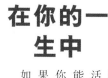

在你的一生中

如果你能活到 80 歲，你大約會開始 29220 次新的一天。在這段時間裏，你的身體一直在工作，承受着令人難以置信的負荷。

創紀錄生長

有些人精心照料和關注自己的頭髮和指甲，讓它們長到了令人矚目的長度。以下是一些創世界紀錄的人。

最長的指甲

美國的戴安娜·岩士唐擁有世界上最長的指甲，長度達到 1.38 米。

最長的頭髮

2004 年，中國的謝秋萍的頭髮長度達到了 5.62 米，幾乎與成年長頸鹿的身高相當。

最長的鬍子

美國的保羅·斯洛薩的鬍子長度達到了 63.5 厘米。

最長的睫毛

中國的尤建霞的睫毛長度達到了 20 厘米，延伸到了她的下巴。

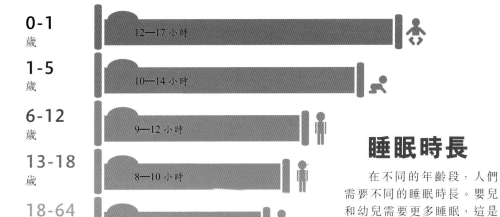

年齡	睡眠時長
0-1 歲	12—17 小時
1-5 歲	10—14 小時
6-12 歲	9—12 小時
13-18 歲	8—10 小時
18-64 歲	7—9 小時
65+ 歲	7—8 小時

睡眠時長

在不同的年齡段，人們需要不同的睡眠時長。嬰兒和幼兒需要更多睡眠，這是因為睡眠對於他們的生長和發育至關重要。左側的圖表顯示了我們隨着年齡的增長所需要的不同睡眠量。

最長的壽命

法國的讓娜·路易絲·卡爾芒保持着有史以來最長壽命的世界紀錄。她於 1997 年去世時，年齡為 122 歲零 164 天。

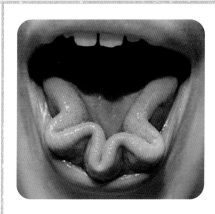

磷
其他
鈣
氮
氫 10%
碳 18.5%
氧 65%

人體有十分之一是宇宙中最豐富的元素：氫。

碳是脂肪、DNA 和肌肉組織的主要組成部分。

氧佔據人體的三分之二，並且主要存在於人體內的水分中。

能夠捲舌的人

我們大多數人，約 83%，都能捲起舌頭的兩邊。然而只有 14% 的人可以將他們的舌頭控製成摺疊狀，而上圖這種三葉草形狀是最罕見的舌頭控制能力之一。

人體內的元素

人體主要由 6 種元素構成，這些元素以不同的方式組合形成了成千上萬種化合物。上圖示顯示了構成我們身體的元素比例。

流 汗

身體根據我們鍛鍊的強度以及天氣有多熱來排出不同量的汗水。在炎熱的天氣裏進行大量鍛鍊的人一天能排出多達 12 升汗水！

控制呼吸

呼吸是自動進行的,但是當你進行鍛鍊時,大腦會意識到你需要更多氧氣,因此使你更努力、更快地呼吸。你也能有意識地控制自己的呼吸。游泳運動員會訓練自己有規律地呼吸,以使肌肉能夠得到穩定的氧氣供應。

游泳運動員在水下呼氣,產生一串氣泡,然後抬起頭來在水面上吸入空氣。

強健的腹肌能協助膈肌和肋間肌,使游泳運動員得到良好的呼吸控制能力。

支氣管將空氣輸送到肺部。

氣管

通往肺部的路徑

空氣通過氣管進入肺部。這根管道像一棵倒置的樹一樣展開,它有兩個大分支,被稱為支氣管,以及很多小分支,被稱為細支氣管。在細支氣管的末端是被稱為肺泡的微小氣囊。

細支氣管將空氣輸送到肺泡。

吸 氣

你胸腔中的兩葉海綿狀肺使你每天能呼吸大約 22000 次。每次呼吸時肺部都會進行重要的氣體交換。吸入空氣中的氧氣通過肺部進入你的血液。同時,你體內細胞產生的廢棄二氧化碳被血液攜帶到肺部,然後被呼出體外。

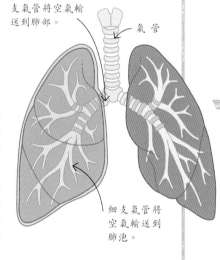

有些自由潛水者通過學習如何更長時間地屏住呼吸,能在沒有氧氣罐的情況下潛入水下 100 多米!

黏液

黏液是一種黏稠的液體，能捕捉吸入的灰塵和細菌，並且幫助身體抵抗感染。你的鼻子、喉嚨和肺部每天會分泌多達 1.5 升黏液。

肌肉需要持續的氧氣供應，以保持在比賽期間高強度的工作狀態。

肺的表面積大約是皮膚表面積的 30 倍！

氣體交換

在肺部進行氣體交換是通過被稱為毛細血管的微小血管進行的，這些毛細血管環繞着大約 4.8 億個充滿空氣的囊泡，被稱為肺泡。

肺 部

細支氣管

肺 泡

氧氣的路徑

二氧化碳的路徑

含二氧化碳的血液到達毛細血管。

血液中的二氧化碳進入肺泡。

每個肺泡都被毛細血管包圍。

帶着氧氣的血液流走。

肺泡中的氧氣進入血液。

吸氣和呼氣

膈肌是位於肺部下方的一層肌肉組織。當你吸氣時，膈肌收縮變平，胸腔內的容積增大，使得你的肺能夠充滿空氣。而在呼氣時，膈肌鬆馳回到原位，將空氣排出肺部。

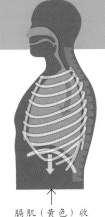

膈肌（黃色）收縮變平，肋間肌抬升肋骨，胸腔容積增大，將空氣吸入肺部。

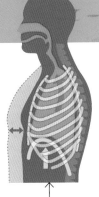

膈肌上升，肋骨恢復原位，胸腔容積減小，排出空氣。

有的肺泡比沙粒還要小！

山上的空氣

在高海拔地區，空氣中的氧氣含量較低，因此大部分人會感到呼吸會比較困難。而像尼泊爾的夏爾巴人這樣的山區居民能夠應對稀薄的空氣，這是因為他們的身體利用氧氣的效率比較高。

肺活量

肺部可以通過訓練來容納比平常更多的空氣。吹奏管樂器（例如小號）的人通常具有比較強大的肺功能和比較好的呼吸控制能力。

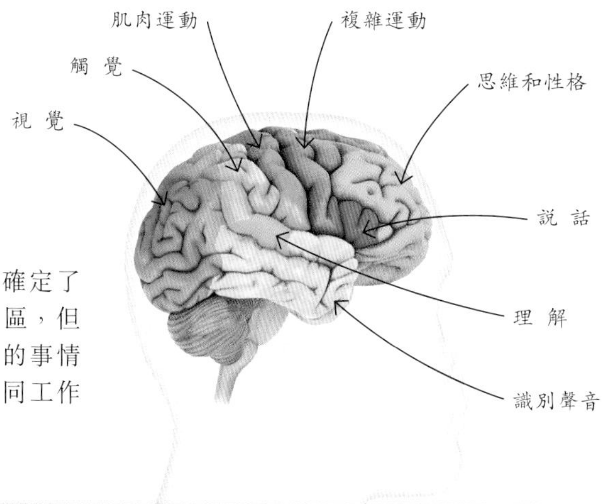

人腦圖

肌肉運動
複雜運動
觸覺
思維和性格
視覺
說話
理解
識別聲音

腦部掃描已經確定了負責各種活動的腦區，但即使我們做最簡單的事情也需要許多腦區共同工作才能完成。

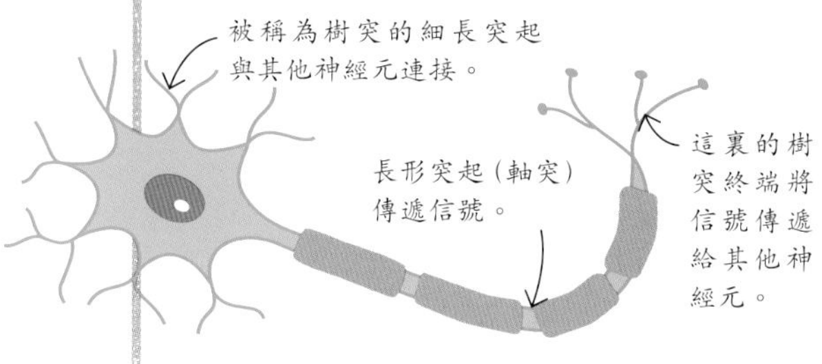

被稱為樹突的細長突起與其他神經元連接。

長形突起（軸突）傳遞信號。

這裏的樹突終端將信號傳遞給其他神經元。

發送信號

神經系統是由神經元這種神經細胞的網絡構成的。神經元像信使一樣將信息以電信號的形式傳遞。僅大腦就含有860億個神經元。

有些神經信號的傳遞速度能達至一輛一級方程式賽車的速度！

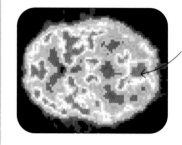

大腦的活躍區域以紅色顯示。

忙碌的大腦

腦部掃描揭示了大腦哪些部分最為活躍。上圖顯示，在睡眠中的快速眼動期，大腦處於活躍狀態，開始做夢，其忙碌程度與清醒時一樣。

控制中心

你的大腦是身體最複雜的器官，它控制着你的行動、生理過程、思維、感情和記憶！它與脊髓和神經一起構成了你的神經系統。

大腦主要由脂肪構成，非常柔軟，有彈性，就像果凍一樣！

大腦是神經系統中最大的器官。

反射動作

並非所有的動作都是由大腦控制的。如果你觸摸到尖銳的物體，你的手會在不到半秒鐘的時間內自動移開，比信號被傳遞到大腦還要快。這被稱為反射動作，由脊髓直接控制。

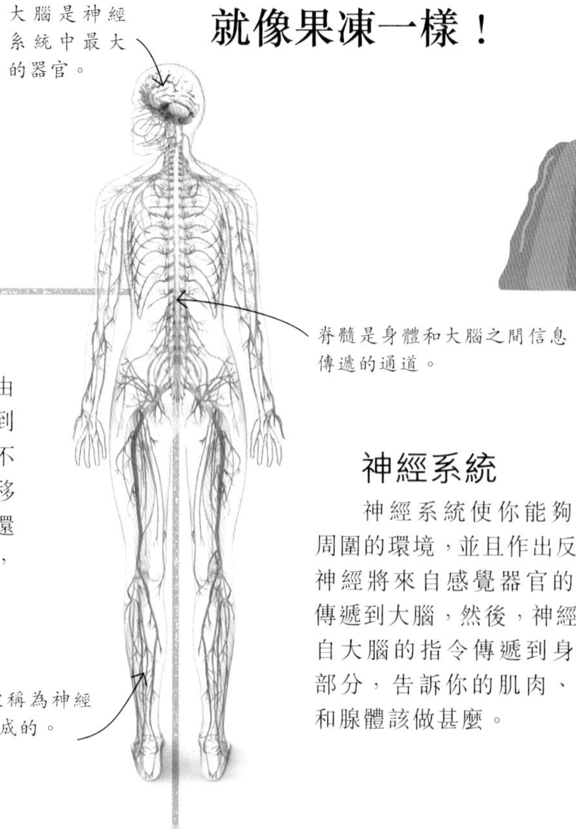

脊髓是身體和大腦之間信息傳遞的通道。

神經系統

神經系統使你能夠感知周圍的環境，並且作出反應。神經將來自感覺器官的信號傳遞到大腦，然後，神經將來自大腦的指令傳遞到身體各部分，告訴你的肌肉、器官和腺體該做甚麼。

神經是由很多被稱為神經元的神經細胞構成的。

顱骨內部

大腦的重量約為 1.3 公斤，是身體的最大的器官之一，佔據了顱骨內的大部分空間。它直接與顱骨內的神經網絡連接，幫助你品嘗食物、聞氣味、聽聲音，以及控制面部表情。。

在顱骨和大腦之間填充着一層薄薄的保護性液體。

裂溝增加了皮層的表面積。皮層展開後，它的大小相當於一塊小桌布。

大腦的外層被稱為大腦皮層，有很多皺摺，是思維活躍的地方。

面部神經控制着幫助你微笑和皺眉的肌肉。

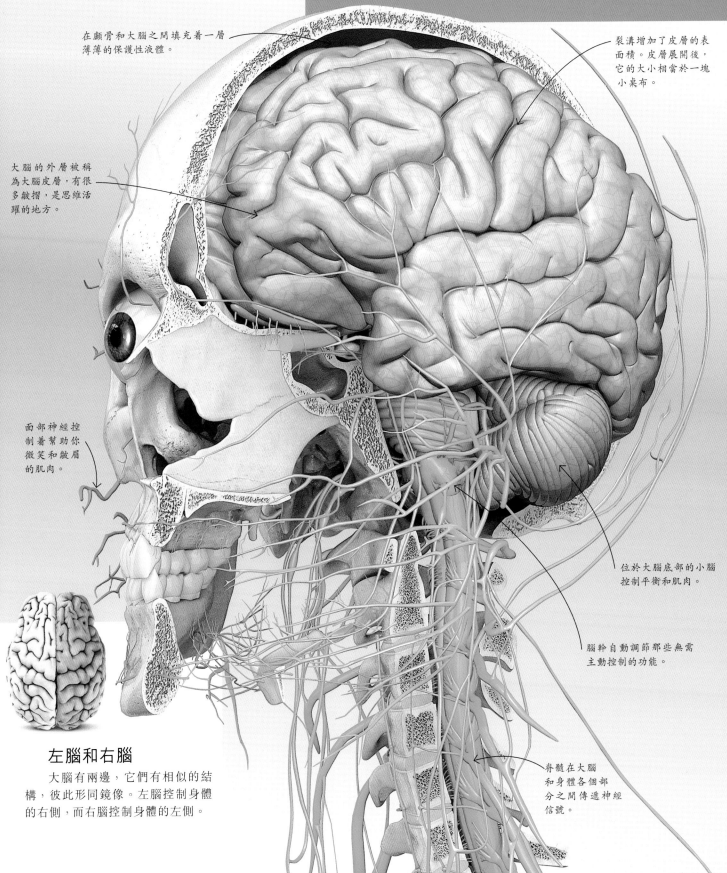

位於大腦底部的小腦控制平衡和肌肉。

腦幹自動調節那些無需主動控制的功能。

左腦和右腦

大腦有兩邊，它們有相似的結構，彼此形同鏡像。左腦控制身體的右側，而右腦控制身體的左側。

脊髓在大腦和身體各個部分之間傳遞神經信號。

德國伯恩卡斯特爾－維特利希醫院的約翰·澤勒醫生是神經科的負責人。他認為神經學是他能夠想像到的最有趣的醫學領域。

神經科醫生

問：大腦會感到疼痛嗎？

答：大腦本身不會感到疼痛，即使你用牙籤戳它，它也不會感到疼痛，但是它會通過特殊的疼痛通路收集來自身體其他部位的疼痛信號，然後給身體傳達指令。當你感到頭痛時，疼痛的並不是大腦本身，而是頭部的其他組織，例如血管或大腦周圍的軟組織。

問：記憶是由甚麼構成的？

答：我們的大腦中有着難以計數的、相互連接的神經細胞。當我們想要記住某件事情時，與此相關的連接會特別緊密地連接。大腦隨後會產生蛋白質，作為一種「思維膠水」來加強這些連接。

問：思維是從哪裏來的？

答：即使是最聰明的腦科學家也不知道！我們大腦中有圖像和念頭，但是我們仍然不知道這些圖像和念頭是如何形成合理的、合邏輯的思維的。

問：我能改變我的大腦嗎？

答：是的！如果你經常使用你的大腦，它就會變得更強大。無論是閱讀、玩遊戲、繪畫，還是演奏音樂，所有這些活動對大腦都是有益的。

問：當我睡覺時，我的大腦在做甚麼？

答：它繼續工作。在夢境和其他睡眠階段，它整理一天的經歷，並且為第二天提供新的處理能力。但是睡眠時間必須足夠長才能完成這些工作。

問：較大的大腦比較小的大腦更聰明，這是真的嗎？

答：明確的答案是：不是！大小並不重要。每個大腦中的細胞數量是相同的，聰明程度來自於鍛鍊大腦。

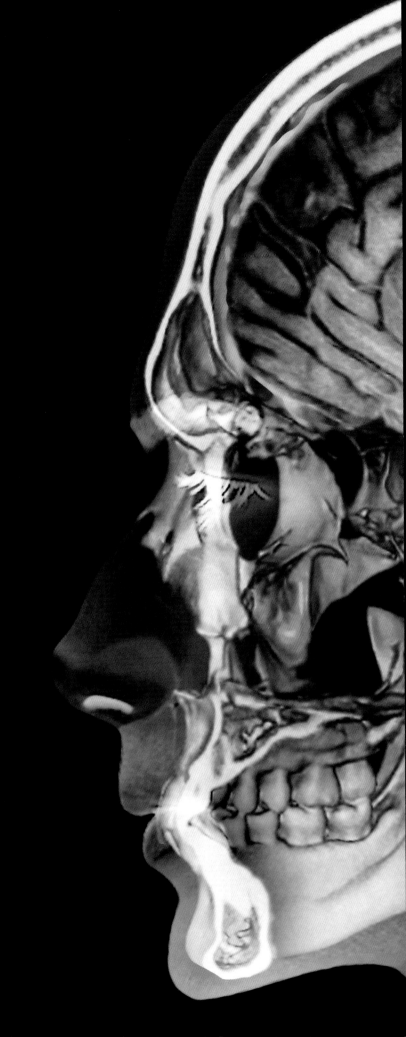

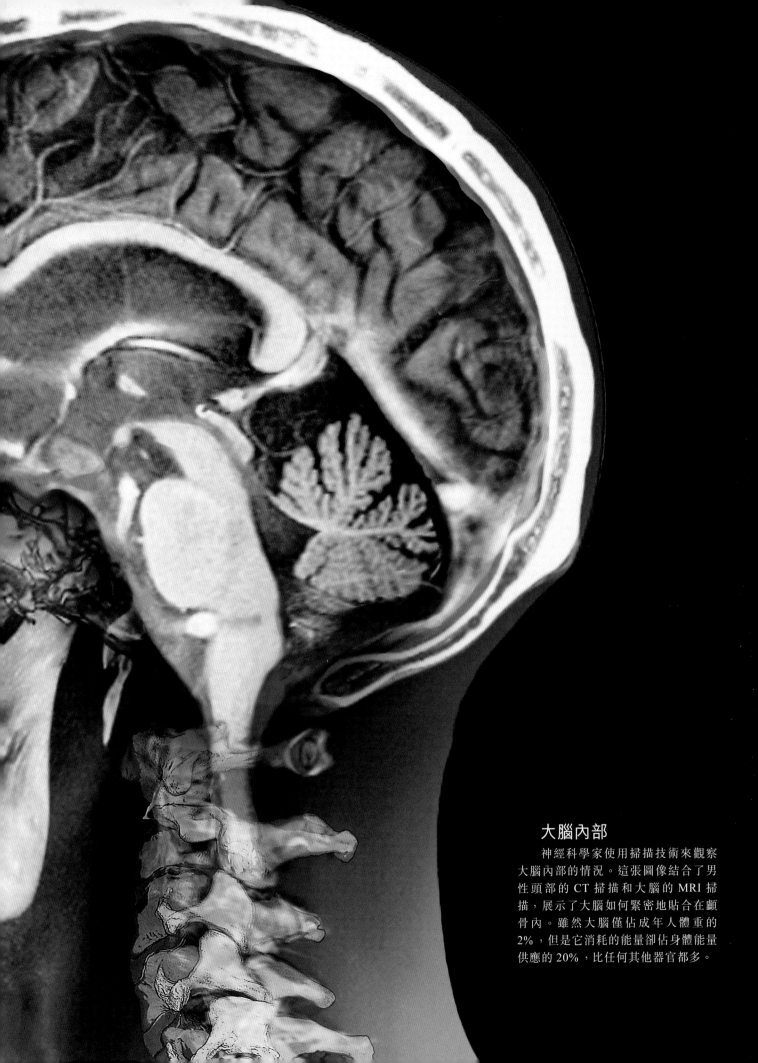

大腦內部

神經科學家使用掃描技術來觀察大腦內部的情況。這張圖像結合了男性頭部的 CT 掃描和大腦的 MRI 掃描，展示了大腦如何緊密地貼合在顱骨內。雖然大腦僅佔成年人體重的 2%，但是它消耗的能量卻佔身體能量供應的 20%，比任何其他器官都多。

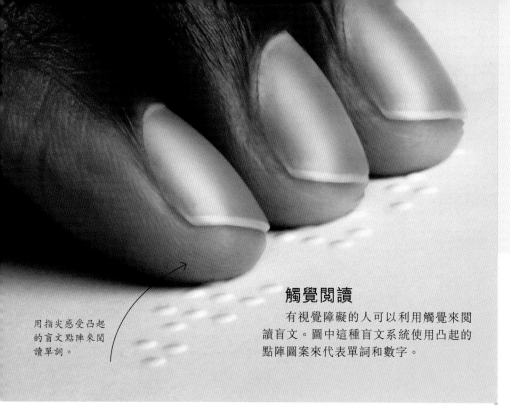

成年人的舌頭上平均有 2000 到 4000 個味蕾！

觸覺閱讀

有視覺障礙的人可以利用觸覺來閱讀盲文。圖中這種盲文系統使用凸起的點陣圖案來代表單詞和數字。

用指尖感受凸起的盲文點陣來閱讀單詞。

五 感

每個感官在幫助你理解周圍的環境並與之互動方面都發揮着特殊的作用。

觸 覺

皮膚的感覺神經末梢能對疼痛、壓力、觸摸和溫度作出反應。

視 覺

你的雙眼共同工作，接收可見光信號以創建三維圖像。

味 覺

味蕾能夠識別鹹、甜、酸、苦和鮮的味道。

聽 覺

耳朵能聽到聲音，也就是通過空氣傳播的振動波。

嗅 覺

鼻子能感知氣味，包括香水味和惡臭味。

超級感官

你的感官向大腦傳達外部世界的信息。大腦處理這些信息，使你能夠體驗周圍的環境。如果沒有感官，生活將會變得非常單調乏味！

人眼能看見至少 100 萬種顏色！

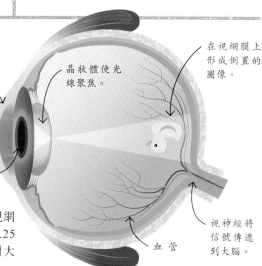

光線從物體上反射，進入眼睛。

光線在到達眼睛前部的透明角膜時發生折射。

晶狀體使光線聚焦。

在視網膜上形成一個倒置的圖像。

瞳孔

血管

視神經將信號傳遞到大腦。

人 眼

光線通過瞳孔進入眼睛，在眼球後方的視網膜上形成一個倒置的圖像。視網膜上大約有 1.25 億個光敏細胞，它們的信號被視神經傳遞到大腦，被大腦處理後，形成正立的圖像。

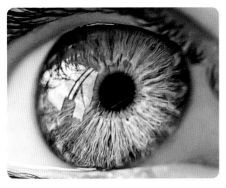

獨特的虹膜

虹膜是使你的瞳孔變大或變小的有色肌肉環。它的圖案非常複雜，任何兩個虹膜都不完全相同。即使是同卵雙胞胎的虹膜圖案也是不同的。

舞者不需要看到自己的腳就能夠將腳移到正確的位置。

第六感

你的肌肉和關節中的感受器不斷地向大腦報告身體各個部位的位置。這種意識被稱為本體感覺。這就是為甚麼有些人不看着自己的手臂和腿的動作也能跳舞。

外耳將聲波向鼓膜引導。

當聲波撞擊鼓膜時，鼓膜會產生振動。

聽小骨（錘骨、砧骨和鐙骨）放大振動。

聽神經將信號傳遞到大腦。

耳道

錘骨將振動傳遞到耳蝸。

耳蝸中的液體產生波紋，使感覺細胞發生彎曲，從而觸發神經信號。

我們如何聽到聲音

進入耳朵的聲音通過 3 塊骨骼（聽小骨）被放大（變得更響）。這些振動被傳遞到充滿液體的耳蝸，從而觸發神經信號，並且被傳遞到大腦。

有些人具有聯覺。他們不僅僅聽到音樂，還能聞到音樂的味道，感覺音樂的觸碰，或看到音樂的顏色！

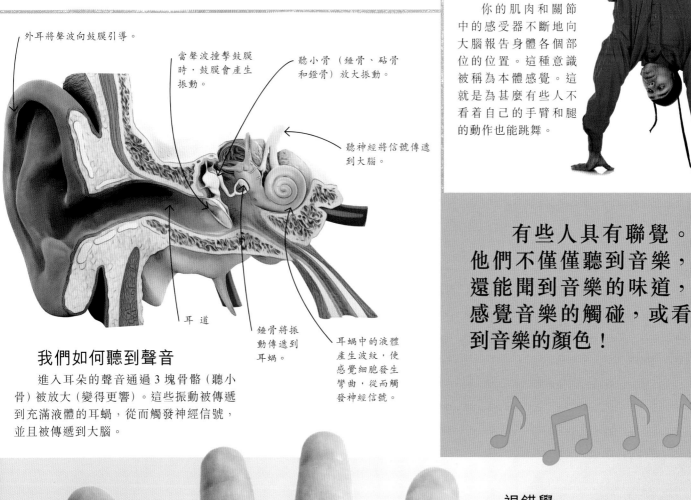

視錯覺

你的大腦需要快速工作。如果它在理解眼睛所看到的事物有困難，它就會猜測並且自行填補空白。這就是視錯覺的原理，它讓大腦看見並不存在的事物。

當從某個角度觀察時，這隻手上的陰影會欺騙大腦，讓它以為它看見了一個深深的洞。

大象是動物界中懷孕期最長的動物，可長達 22 個月！

精子的鞭毛狀尾巴幫助它以每分鐘 5 毫米的速度游動。

卵子錦標賽

當精子穿透卵子的外膜，其細胞核與卵子的細胞核融合後，這個卵子就受精了。正如右側的顯微圖像所示，許多精子競相爭取使卵子受精，但是只有一個精子能夠成功。

當一個精子進入卵子後，卵子內會發生化學變化，來阻止其他精子進入。

每天全球有超過 35 萬個嬰兒誕生！

從細胞到嬰兒

受精卵細胞包含了來自父母雙方的遺傳物質，也就是製造一個新人類個體的指令。它在起初的發育過程中被稱為胚胎。從懷孕第 9 周開始直到出生，它被稱為胎兒。

精子的頭部攜帶着遺傳物質。

第一次分裂形成兩個細胞。

這個細胞團很像紅莓。

外層細胞扎根在子宮內膜中。

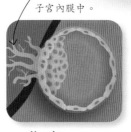

卵黃囊提供營養。

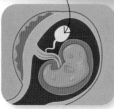

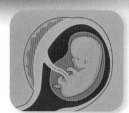

分裂
受精卵不斷地分裂，每次分裂都形成新的細胞。

細胞團
卵細胞繼續分裂，逐漸形成了一個類似紅莓的細胞團。

着床
經過 1 周，細胞團變成一個中空的球狀體，附着在子宮上。

胚胎
到了第 5 周，胚胎的大腦、心臟和脊髓開始發育。

胎兒
到了第 8 周，手臂和腿已經發育完全，頭部變得圓潤。

厚厚的保護性
外包層

人類繁殖

每個人的生命始於兩個微小的生殖細胞：一個女性卵細胞和一個男性精子細胞，它們在受精過程中融合在一起，成為受精卵。在隨後的 9 個月的時間內，受精卵分裂並且生長，最終發育成一個完整的人類個體。

雙胞胎

卵子受精後不久，大約有 250 分之一的可能性會分裂成兩個受精卵，形成同卵雙胞胎，也就是兩個具有相同基因因而長得很像的嬰兒。而異卵雙胞胎是指母體內有兩個卵子分別被兩個精子受精。

不停歇的精子！

從青春期開始，精子在男性生殖器官，即睪丸中產生。精子的壽命很短暫，所以睪丸不斷地製造精子，每秒鐘製造 1500 個，每天超過 1 億個！相比之下，女性生殖器官，即卵巢，在女性出生後就不再製造新的卵子了。

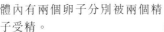

子宮內

超聲波掃描利用聲波製作圖像。醫生用超聲波掃描來檢查子宮內的胎兒的健康狀況和器官狀況。有些掃描圖像顯示了胎兒似乎在揮手或豎起大拇指！

一個女嬰在出生時，她的卵巢中就已經有超過 1 百萬個卵子了！

生命支持系統

在懷孕期間，胎兒在母親的子宮內發育大約 40 個星期。在這個期間，子宮內會形成一個叫做胎盤的器官，還有一根管狀的臍帶連接着胎盤和胎兒。母親的血液通過胎盤給胎兒提供營養和氧氣，並且清除廢物。

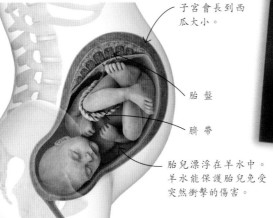

子宮會長到西瓜大小。

胎 盤

臍 帶

胎兒漂浮在羊水中。羊水能保護胎兒免受突然衝擊的傷害。

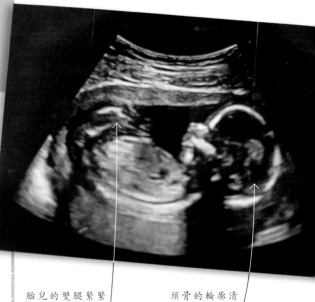

胎兒的雙腿緊緊地盤在一起。

頭骨的輪廓清晰可見。

大腦的發育

嬰兒出生時已擁有所需的幾乎所有神經元（腦細胞）。在兒童生命的早期，大腦仍然在快速發育，這是因為兒童正在學習新的技能，而學習過程促使神經元之間建立連接。到了青春期初期，大腦已經長到了成人的大小，但是它仍然會在接下來的很多年裏繼續發展。

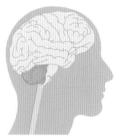

出生時
大腦的大小約為成年人的四分之一。

青春期
在11歲到14歲之間，大腦達到了成人的大小，但是它仍然在不斷變化。

骨組織會隨着時間的推移進行再生，每隔 10 年就會給你一副新的骨骼！

水中的嬰兒

嬰兒具有自動的水下反射能力。當他們被浸入水中時，他們本能地屏住呼吸，並且擺動手臂，就像在游泳一樣。隨着我們年齡的增長，我們會逐漸失去這些反射能力。

生 長

在我們的一生中，我們的身體經歷巨大的變化。開始時我們是很小而且無助的嬰兒，然後在整個童年和青春期不斷成長，成為成年人。到了晚年，隨着身體的老化，我們繼續逐漸變化。

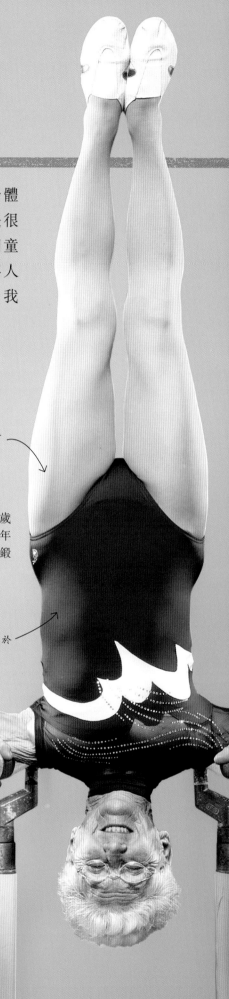

倒立時能保持雙腿伸直需要大量的練習！

保持活力

2012 年，德國的約翰娜·誇斯以 86 歲的年齡成為世界上最年長的體操選手。年老時，人的肌肉和骨骼會變弱，但是堅持鍛鍊有助於減緩這個過程。

平行槓練習有助於建立和保持上肢的力量。

強壯的軀幹肌肉有助於保持平衡和穩定性。

從出生到滿週歲，嬰兒的身高大約增長 25 厘米！

骨骼的生成

骨骼剛生成時，是由軟骨構成的。在之後的骨化過程中，軟骨逐漸轉變為硬骨。這些 X 光片展示了 3 歲兒童與成年人手骨之間的差異。

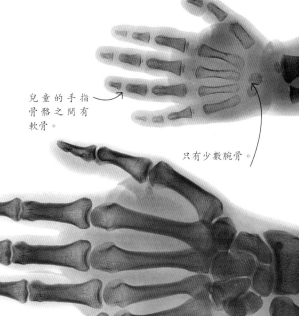

兒童的手指骨骼之間有軟骨。

只有少數腕骨。

小乳齒

嬰兒出生時有 20 顆小乳齒，這些乳齒在生命的早期逐漸從牙齦中長出來。隨着年齡的增長，乳齒逐漸被 32 顆恆齒替代。

這張圖片展示了一名7歲孩子的乳齒。

恆齒隱藏在乳齒下面的領骨中。

成年人的手在關節處只有薄薄的一層軟骨。

腕骨已經全部形成。

保持健康

多樣化的飲食和定期鍛鍊可以讓你保持身體健康。大多數醫生建議攝入各種類型的食物，尤其是水果和蔬菜。鍛鍊有助於保持心臟、肌肉和骨骼的健康，甚至能改善你的情緒。

白　髮

當人們變老時，他們的頭髮似乎會變成白色。實際上這不是變色，而是失去了色素。隨着年齡的增長，使頭髮有顏色的色素細胞會死亡並且不再生成。隨着色素水平的下降，頭髮會變成灰色、銀白色或白色。

一名兒童的大腦每秒鐘會產生超過 100 萬個新的神經連接！

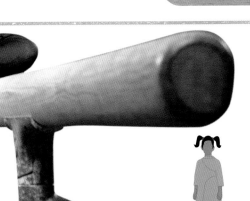

青少年在一年中能長高8厘米。

隨着年齡的增長，我們的關節和脊柱會發生變化，因而變矮。

生命的階段

在生命的每個階段，我們身體的形狀、大小和力量都在變化。在晚年，隨着細胞的老化，身體開始衰老。

童　年
嬰兒成長的速度很快，但是從 2 歲開始，速度趨於穩定。

青春期
在青春期，生長發育突然加快，性特徵也在這個時期成熟。

成　年
在成年早期，也就是我們完全成長的時候，骨骼最為堅固。

中老年
皮膚會變薄，而且彈性減弱，出現皺紋。

老　年
隨着年齡的增長，肌肉和骨骼會變得衰弱，關節的靈活性也會減小。

艾倫·威廉姆斯是一位英國的撐竿跳高運動員，曾參加過包括英聯邦運動會在內的國際比賽。他現在是一名田徑教練，指導下一代運動員。

田徑教練

問：你是如何開始參與田徑運動的？

答：有一天，我很驚喜地得知我將要代表學校參加撐竿跳高比賽。那天，另一位撐竿跳選手意外缺席，我不戰而勝。從此我對這項運動產生了興趣。4 年後，經過大量的努力，我成為了一名英國的國際級選手。

問：田徑教練的工作是甚麼？

答：教練的作用是幫助年輕的運動員成長，提高身體指標、技術能力和心理質素，幫助他們在關鍵的時刻，尤其是在比賽中，有效地發揮身體潛力和技術能力。

問：除了訓練之外，最重要的是甚麼？

答：除了身體和技術以外，強大的心理質素是應對競技運動中必然會遇到的挫折和失望的關鍵。對於任何運動員來說，營養當然是重要的，而休息和睡眠也是至關重要的。訓練帶來的身體效益並非發生在訓練過程中，而是發生在運動員進食、休息和恢復的過程中。

問：是否需要具備特定的體型才能成為撐竿跳運動員？

答：撐竿跳運動員的體型可以有很多不同的類型：高、矮、肌肉發達、苗條等等。我不會基於體型而打擊或阻礙任何人參與這項運動。畢竟，如果根據身體重量和翅膀大小以及強度來推測，有可能會認為蜜蜂是無法飛行的，但幸運的是，從未有人告訴過蜜蜂它們不能飛！

問：為甚麼撐竿跳運動員不使用非常長的撐竿來幫助他們跳得更高呢？

答：這是一個很好的問題，我經常被問到。其實關鍵不在於撐竿的長度，而在於運動員能夠握住撐竿的高度。如果撐竿太長，他們將無法在起跳後使撐竿達到豎直的位置，這樣也就無法越過橫杆落到安全墊上。

對抗細菌

你的身體每天都面臨來自細菌和病毒等病原體的威脅。幸運的是，你體內的防禦系統會追蹤並且消滅它們，維持你的健康。

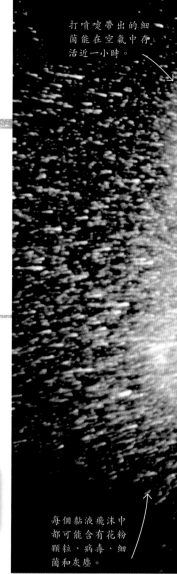

打噴嚏帶出的細菌能在空氣中存活近一小時。

每個黏液飛沫中都可能含有花粉顆粒、病毒、細菌和灰塵。

大約有 200 種病毒能引起普通感冒！

飢餓的獵手

有一種特殊的白血球，被稱為巨噬細胞，是你的防禦團隊中的關鍵角色。它們會追捕任何有害物質，例如細菌、受損組織和病變細胞，然後將它們消化掉。

圖中的巨噬細胞（白色）正在捕捉結核菌（綠色）。

巨噬細胞會吞噬細菌，並且用一種叫做酶的化學物質將它們消化掉。

出色的屏障

你的身體有多重自然屏障的保護，使你免受細菌入侵和致病。

皮膚
皮膚處於身體防禦的第一線。皮膚是一層堅韌而且防水的屏障。

胃酸
你的胃中有強酸，能殺死食物和飲料中的細菌。

眼淚
眼睛裏的淚水是鹹的，有助於殺滅細菌和清除污垢。

鼻涕
鼻腔中黏稠的黏液層能捕捉進入鼻孔的細菌。

唾液
口腔內產生的唾液能衝走細菌和保持牙齒清潔。

耳垢
黏稠的耳垢能困住灰塵和污垢，保持耳內清潔，從而保護了耳朵。

神奇的疫苗！

疫苗是一種藥物，它在你遭遇某種疾病之前就先行針對性地訓練你的身體，使你有能力對抗這種疾病。在 2020 年全球新型冠狀病毒肺炎大流行期間，疫苗的運用在第一年就拯救約 2000 萬人的生命！

抗體（粉紅色）附着在冠狀病毒顆粒上，阻止它進入人體細胞。

噴嚏會將空氣、唾液和黏液從你的鼻子和嘴巴中噴射出來。

一次噴嚏能產生多達 4 萬個微小的唾液飛沫。

阿嚏！

噴嚏是對鼻腔內花粉、灰塵或病毒感染引起的瘙癢刺激的自動反應。這幅典型噴嚏的圖像顯示了液體以將近每小時 160 公里的速度被噴射出來。

產生抗體

有些白血球會產生被稱為抗體的蛋白質，這些抗體能使病原體失去活性，或者能標記病原體以便將它們消滅。如果這種病原體再次入侵，帶有抗體的細胞就會認出並且消滅它們。人體能產生數十億種抗體，每種抗體都針對特定類型的病原體。

抗體是Y形蛋白質，能黏附在病原體上。

痂的形成過程

當血管被割傷後，血細胞會立即開始修復傷口。白血球會攻擊進入傷口的細菌，而其他細胞會封閉傷口。這些行動共同造成了痂的形成。

白血球抵抗細菌。

血栓子止血。

纖維蛋白困住血細胞。

血凝塊的表面變硬，形成痂。

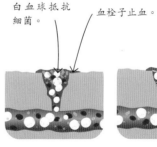

血栓子
有凝血功能的血小板聚集，形成止血栓子，堵塞傷口。

血塊
纖維蛋白將紅血球綁在一起形成血凝塊。

結痂
血凝塊變成硬殼痂，創口在其下癒合。

新型冠狀病毒肺炎

新型冠狀病毒肺炎是呼吸道疾病，由冠狀病毒引起。這種病毒是一種通過與感染者密切接觸而傳播的病毒，能進入人體細胞內，並且能複製自身。

每平方厘米大小的皮膚上生活着 10 億個細菌！

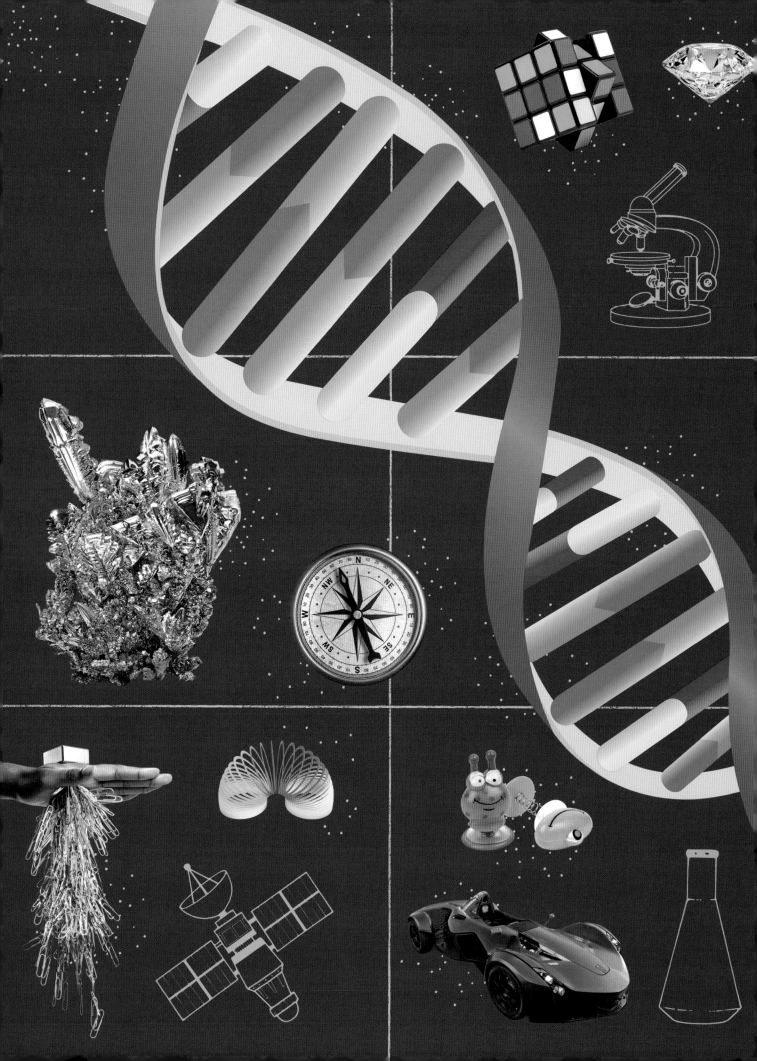

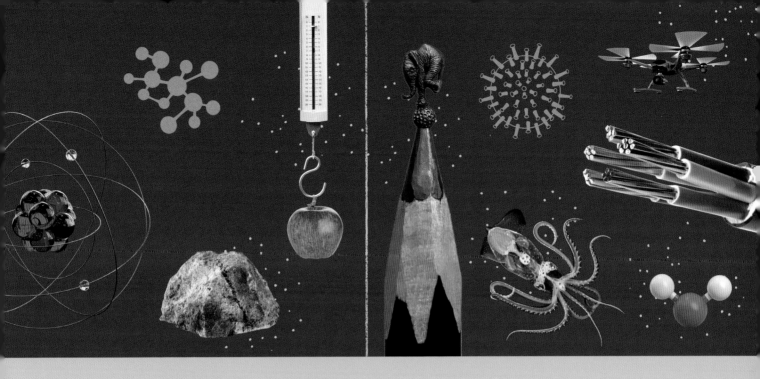

科學

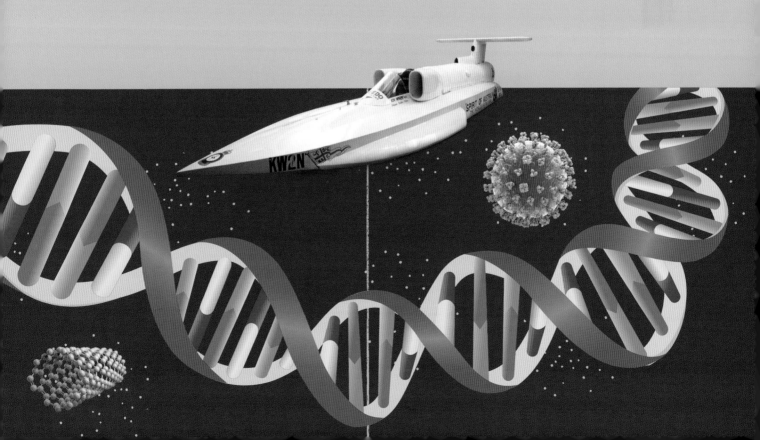

甚麼是科學？

科學的核心是提出問題，檢驗想法，然後形成結論。科學家研究一切事物的運作方式，包括我們身體的內部，以及我們周圍的世界。

科學的領域

科學涵蓋了數百個不同的領域，其中的主要領域包括材料、物質、生命、能量和力學。科學家專注於非常具體的研究，例如微生物學中的微小生物，以及天文學中的龐大的天體。

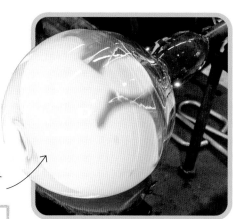

熔融的玻璃能被吹成各種形狀的器皿。

材 料
材料科學家研究各種材料的性質，並且開發新材料。

水被加熱後，它的狀態會發生變化。

物 質
化學家研究原子如何構成不同的物質，以及物質之間如何發生化學反應。

公民科學

有些科學項目是非常簡單的，例如觀察當地環境的變化，因此每個人都可以參與其中。圖中的這些志願者正在澳洲悉尼尋找微塑膠，以便了解塑膠污染的範圍和程度。

線圈上的電荷不斷積累，電壓逐漸升高，高到能擊穿空氣的絕緣性，將電以閃電的形式射出。

電以閃電的形式從線圈中射出。

世界上有超過 880 萬名科學家正在進行研究工作！

閃電發生器

在德國沃爾夫斯堡的費諾科學中心，一位勇敢的演示者展示了一項研究高壓電的實驗，凸顯了特斯拉線圈的強大威力。高壓電在演示者的服裝上流過，但是演示者沒有受到電流的傷害，這是因為這套特殊服裝是由良導體製成的，並且接地，這意味着電流有一條流向地面的通路，因此不會進入他的身體。特斯拉線圈是由塞爾維亞裔美國科學家尼古拉·特斯拉於1891 年發明的。

對撞機

大型強子對撞機於 2008 年啟用，用來使亞原子粒子相互高速碰撞，以供科學家測試他們的粒子物理學理論。這座對撞機位於一條周長為 27 公里的環形隧道內。

科學方法

科學家從一個假設開始，也就是從一個還沒有被驗證的理論開始，然後用各種方式進行驗證，包括科學實驗和電腦模型。最後，其他科學家會審查他們的驗證結果是否成立。

水蚤是微生物，它們的體內攜帶着卵。

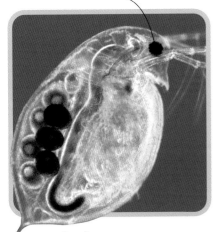

生 命

生命科學家研究使生物生存和繁衍的複雜的生命系統。

煙花會釋放很多光能。

能 量

物理學家研究能量的各種傳遞方式，包括熱能和光能，以及運動物體的動能。

有許多力作用在旋轉的摩天輪上。

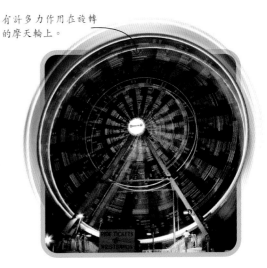

力 學

人、行星以及各種物體之間的推力或拉力是物理學家研究的另一個重要領域。

演示者身穿類似於中世紀騎士盔甲的外套。

物質的狀態

我們周圍的一切都是由物質構成的，而物質是由人眼無法看見的微小粒子構成的。物質通常有 3 種狀態：固態、液態和氣態。

等離子態！

宇宙中大部分的物質都處於第 4 種物質狀態：等離子態。恆星就是由處於這種帶電的、類似氣體狀態的物質構成的。在地球上，你可以在像上圖這樣的彩色等離子球中看見等離子態。

冰層之下

這座覆蓋着一層冰的燈塔位於美國明尼蘇達州的德盧斯市。德盧斯市是一個位於蘇必利爾湖畔的港口。

深度冰凍

在暴風雨中，寒冷的天氣將降落在這座燈塔上的雨水凍結。由於凍結的速度比較快，有些滴下來的雨水被凍結成了尖銳的冰捲鬚。

物態變化

物質通常以 3 種不同的狀態存在。如果物質被加熱或冷卻，就會在不同的狀態之間轉化。將水加熱會使它蒸發成氣態，將水蒸汽冷卻會使它凝結成液態，繼續冷卻會使它凍結成固態。

沉積是指氣態物質不經過液態而直接轉變為固態的現象。

昇華是指固態物質不經過液態而直接轉變為氣態的現象。

固態

昇華

沉積

氣態

凝華

凝固

蒸發

冷凝

液態

隨着時間的推移，一層層的冰在冰凌表面不斷疊加。

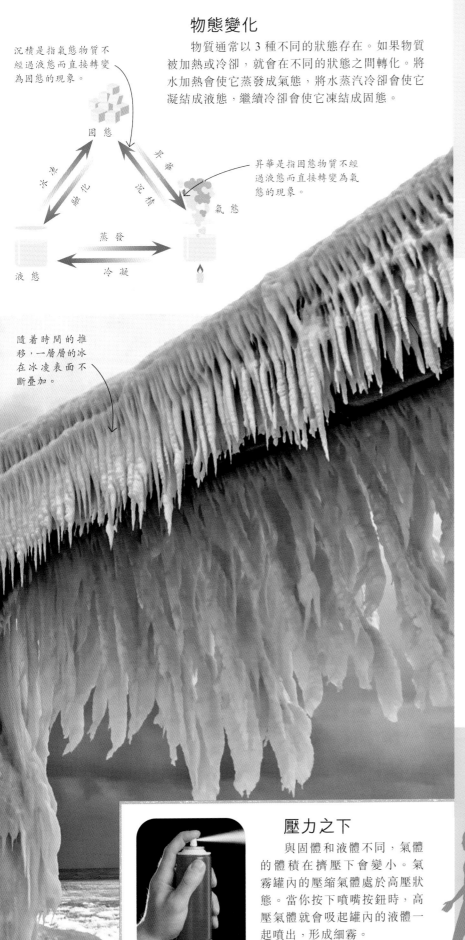

壓力之下

與固體和液體不同，氣體的體積在擠壓下會變小。氣霧罐內的壓縮氣體處於高壓狀態。當你按下噴嘴按鈕時，高壓氣體就會吸起罐內的液體一起噴出，形成細霧。

超棒的「鬼口水」！

你用手擠壓過「鬼口水」嗎？有沒有發現它在被擠壓時會變得更加液態化？這是因為它是一種非牛頓流體。在被擠壓時，有些種類的非牛頓流體會變得更加液態化，也有些種類的非牛頓流體會變得更加固態化。

固 體
固體中的分子之間通過被稱為「鍵」的相互作用力以固定的方式排列在一起。

液 體
液體中分子之間的相互作用力比固體中的弱。分子之間能相互滑動，因此液體能流動和變形。

氣 體
氣體中的分子之間的相互作用力更弱，沒有形成鍵合，因此氣體能夠自由流動和擴散。

分子運動

地球上的大部分物質都是由粒子（原子或分子）構成的。雖然物質中的粒子在 3 種物質狀態中都是相同的，但是它們的行為不同：氣體和液體中的粒子比固體中的粒子活動範圍大。

奶黃是一種非牛頓流體，它在受壓下會變得更加固態化。因此，如果有足夠多的奶黃，你就可以在它上面行走！

原子結構

儘管原子很小，但是原子是由更小的粒子構成的。原子的核心，也就是原子核，是由質子和中子構成的。繞着原子核高速運動的是電子。每種元素（見 210-211 頁）的核心都有不同數目的質子。右圖是一個碳原子，它有 6 個質子。

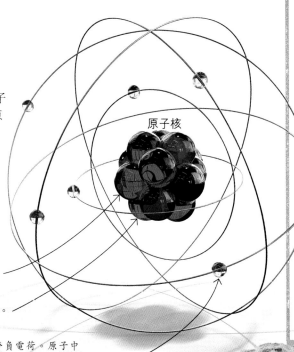

原子核

質子帶正電荷。

中子不帶電荷。

電子帶負電荷。原子中的質子數和電子數相同，因此整個結構是電中性的。

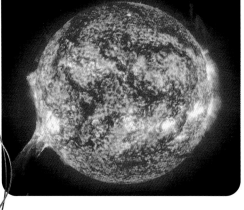

恆星內的碰撞

太陽的能量來源於核聚變。太陽核心中的氫原子核互相碰撞，形成新的氦元素，同時產生光和熱。太陽每秒鐘將 5.44 億噸氫轉化為氦。

原子能

宇宙中的一切，從微小的昆蟲到巨大的星系，都是由原子構成的。這些微小的粒子是我們整個世界的構建單元。

古代的原子概念！

原子的概念可以追溯到古希臘時代。古希臘人提出了一種理論，認為一切物體都能被分割成不可再分割的微粒。古希臘哲學家德謨克利特在公元前約 430 年將這種微粒命名為 atoms（原子），源自希臘語 atomos（不可分割的）。

解鎖原子

強力使得原子核內的粒子保持在一起。分裂原子核，即所謂的核裂變，會釋放出巨大的能量。核電站利用這種核反應來發電。

一根大頭針上能容納大約一千萬個氫原子！

大頭針

構成分子

多個原子可以結合在一起形成更大的結構，被稱為分子。例如，水分子是由 2 個氫原子和 1 個氧原子構成的。

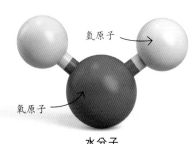

氫原子

氧原子

水分子

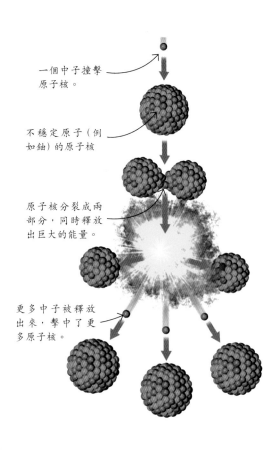

一個中子撞擊原子核。

不穩定原子（例如鈾）的原子核

原子核分裂成兩部分，同時釋放出巨大的能量。

更多中子被釋放出來，擊中了更多原子核。

全球有 400 多座利用
原子能發電的核電站！

爆炸產生的煙霧形成了
一個蘑菇狀雲團。

滾滾的濃煙下面是
碎片和廢墟。

核爆炸
　　原子核分裂釋放出的巨大能量可被用於
毀滅性目的。在第二次世界大戰期間，科學
家團隊製造了利用這種能量的原子彈，並且
在世界各地的試驗場地進行了測試，產生了
如圖中在哈薩克斯坦發生的大爆炸。

化學元素

這個玻璃球中裝有無色氣體氫。

1 H 氫 Hydrogen	

化學元素是同一種原子的總稱。1869 年，俄國化學家德米特里·門捷列夫將元素排列成一張表，被稱為元素週期表。

元素週期表

週期表中有 118 種元素，按照它們的原子序數橫向排列，並且按照化學性質的相似性，例如它們與其他元素反應的容易程度，縱向排列。

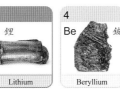

3 Li 鋰 Lithium
4 Be 鈹 Beryllium

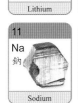

11 Na 鈉 Sodium
12 Mg 鎂 Magnesium

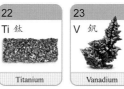

19 K 鉀 Potassium
20 Ca 鈣 Calcium
21 Sc 鈧 Scandium
22 Ti 鈦 Titanium
23 V 釩 Vanadium
24 Cr 鉻 Chromium
25 Mn 錳 Manganese
26 Fe 鐵 Iron

37 Rb 銣 Rubidium
38 Sr 鍶 Strontium
39 Y 釔 Yttrium
40 Zr 鋯 Zirconium
41 Nb 鈮 Niobium
42 Mo 鉬 Molybdenum
43 Tc 鎝 Technetium
44 Ru 釕 Ruthenium

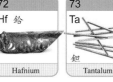

55 Cs 銫 Caesium
56 Ba 鋇 Barium
57-71 La-Lu 鑭系 Lanthanides
72 Hf 鉿 Hafnium
73 Ta 鉭 Tantalum
74 W 鎢 Tungsten
75 Re 錸 Rhenium
76 Os 鋨 Osmium

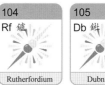

87 Fr 鍅 Francium
88 Ra 鐳 Radium
89-103 Ac-Lr 錒系 Actinides
104 Rf 鑪 Rutherfordium
105 Db 𨧀 Dubnium
106 Sg 𨭎 Seaborgium
107 Bh 𨨏 Bohrium
108 Hs 𨭆 Hassium

鐳是從鈾礦石中提取的礦物質。

57 La 鑭 Lanthanum
58 Ce 鈰 Cerium
59 Pr 鐠 Praseodymium
60 Nd 釹 Neodymium
61 Pm 鉕 Promethium

89 Ac 錒 Actinium
90 Th 釷 Thorium
91 Pa 鏷 Protactinium
92 U 鈾 Uranium
93 Np 錼 Neptunium

鑭系元素和錒系元素在週期表中緊挨着鹼土金屬，但是因為這兩個系列有多種元素，所以被單獨排列在週期表下方。

鈾被用於生產核燃料和核武器。

自然銅

元素通常不會以純淨形式自然存在，但有些純銅是自然存在的。銅是最早為人類所利用的金屬。早期人類用銅製造工具和裝飾品。

原子序數

每種元素都具有獨特的原子結構，也就是具有不同數量的質子、中子和電子。科學家根據原子核中的質子數量（即原子序數）對元素進行排序。

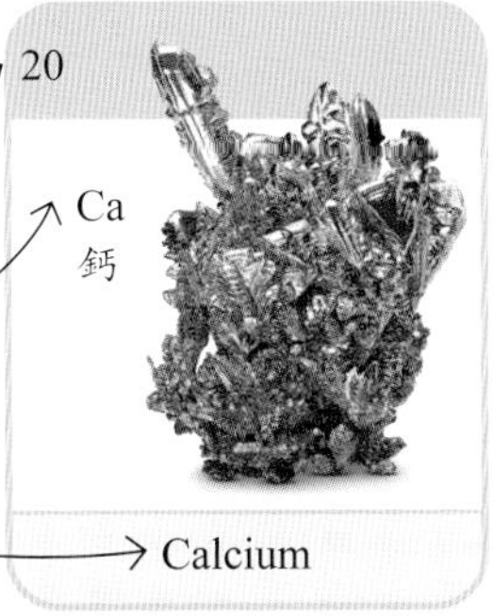
20
Ca
鈣
Calcium

原子序數（質子的數量）

每種元素都有獨特的雙字母符號。

元素的英文名稱通常源自拉丁語。

人工元素

大多數元素可以從地球上的自然材料中提取。但有些元素只存在於太空中，或者在地球上的數量非常稀少以至於無法分離出來。科學家已經在實驗室中用粒子對撞的人工方法生成了這些元素。

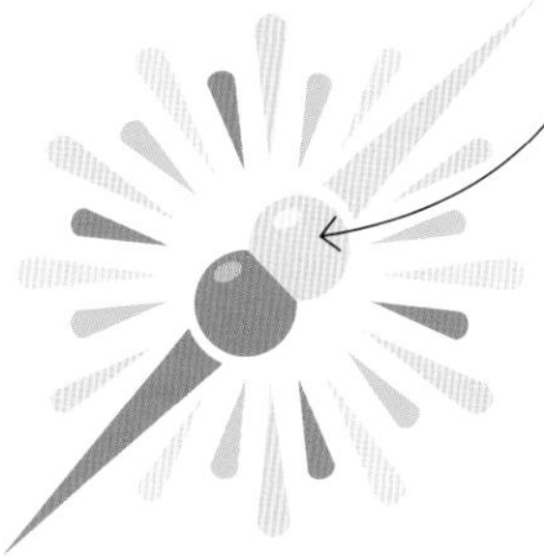

這個符號表明該元素是人工元素。

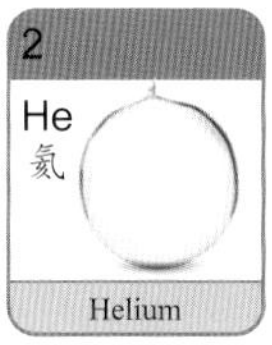
2 He 氦 Helium

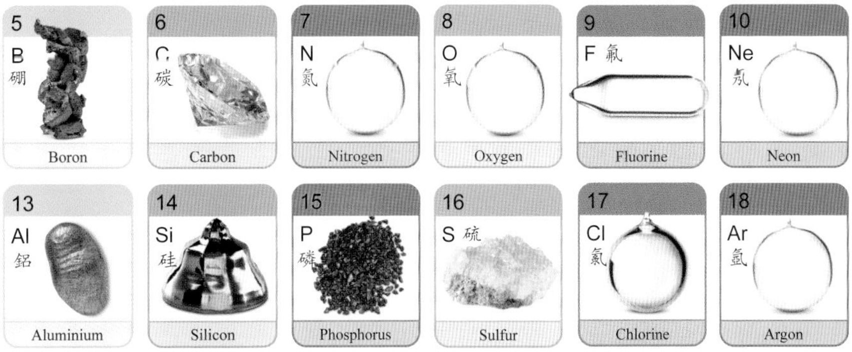
5 B 硼 Boron
6 C 碳 Carbon
7 N 氮 Nitrogen
8 O 氧 Oxygen
9 F 氟 Fluorine
10 Ne 氖 Neon
13 Al 鋁 Aluminium
14 Si 硅 Silicon
15 P 磷 Phosphorus
16 S 硫 Sulfur
17 Cl 氯 Chlorine
18 Ar 氬 Argon

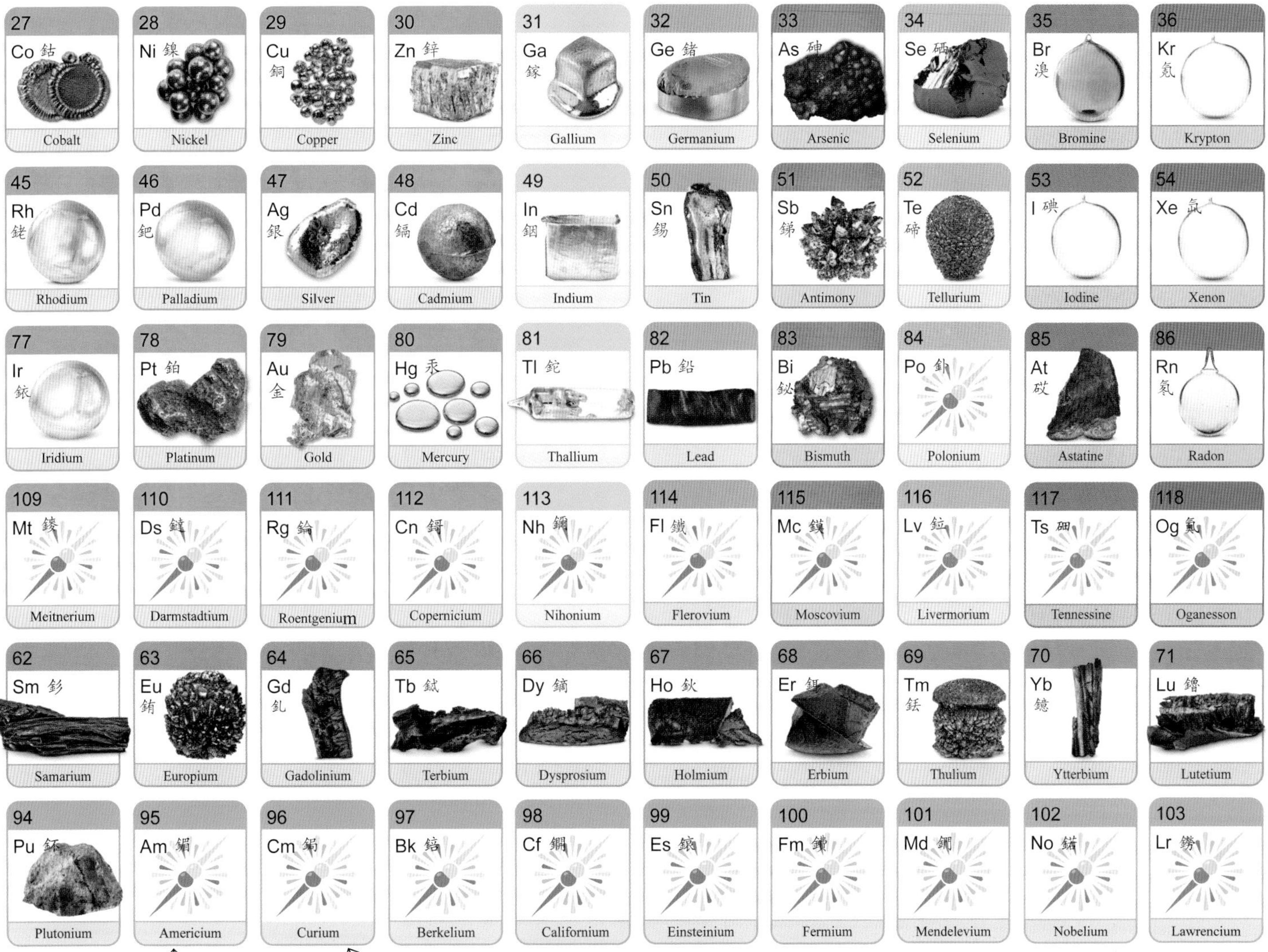
27 Co 鈷 Cobalt
28 Ni 鎳 Nickel
29 Cu 銅 Copper
30 Zn 鋅 Zinc
31 Ga 鎵 Gallium
32 Ge 鍺 Germanium
33 As 砷 Arsenic
34 Se 硒 Selenium
35 Br 溴 Bromine
36 Kr 氪 Krypton
45 Rh 銠 Rhodium
46 Pd 鈀 Palladium
47 Ag 銀 Silver
48 Cd 鎘 Cadmium
49 In 銦 Indium
50 Sn 錫 Tin
51 Sb 銻 Antimony
52 Te 碲 Tellurium
53 I 碘 Iodine
54 Xe 氙 Xenon
77 Ir 銥 Iridium
78 Pt 鉑 Platinum
79 Au 金 Gold
80 Hg 汞 Mercury
81 Tl 鉈 Thallium
82 Pb 鉛 Lead
83 Bi 鉍 Bismuth
84 Po 釙 Polonium
85 At 砹 Astatine
86 Rn 氡 Radon
109 Mt 䥑 Meitnerium
110 Ds 鐽 Darmstadtium
111 Rg 錀 Roentgenium
112 Cn 鎶 Copernicium
113 Nh 鉨 Nihonium
114 Fl 鈇 Flerovium
115 Mc 鏌 Moscovium
116 Lv 鉝 Livermorium
117 Ts Tennessine
118 Og 鿫 Oganesson
62 Sm 釤 Samarium
63 Eu 銪 Europium
64 Gd 釓 Gadolinium
65 Tb 鋱 Terbium
66 Dy 鏑 Dysprosium
67 Ho 鈥 Holmium
68 Er 鉺 Erbium
69 Tm 銩 Thulium
70 Yb 鐿 Ytterbium
71 Lu 鑥 Lutetium
94 Pu 鈈 Plutonium
95 Am 鋂 Americium
96 Cm 鋦 Curium
97 Bk 鉳 Berkelium
98 Cf 鐦 Californium
99 Es 鑀 Einsteinium
100 Fm 鐨 Fermium
101 Md 鍆 Mendelevium
102 No 鍩 Nobelium
103 Lr 鐒 Lawrencium

這種元素的英文名稱是以美國命名的，這是因為它最初是在美國的實驗室中被生成的。

鋦元素的英文名稱是以科學家皮埃爾和瑪麗·居里夫婦的姓氏命名的。

有 15 種元素是以著名的科學家的名字命名的！

1 H

2 Fe

3 As

4 CuSn

5 Cu

6 Au

7 Cl

8 Ni

9 Mg

10 Ag

11 Br

12 K

13 I

14 Tl

15 Eu

16 Bi

看圖識別　化學元素

1 氫
2 鐵
3 砷
4 青銅
5 銅
6 金
7 氯
8 鎳

你能識別出多少種化學元素呢？每種化學元素旁邊都有化學符號給你提示。
看看你能否找出其中的異類！

17 U
18 C
19 Ti
20 N
21 Pb
22 Al
23 Li
24 S
25 W
26 He
27 Ca
28 Pt
29 O
30 Co
31 Na
32 Nd
33 Sn
34 Pu
35 Ne
36 Si
37 Zn
38 P
39 Hg

9　鎂	18　碳	27　鈣	36　硅
10　銀	19　鈦	28　鉑	37　鋅
11　溴	20　氮	29　氧	38　磷
12　鉀	21　鉛	30　鈷	39　汞
13　碘	22　鋁	31　鈉	
14　鉈	23　鋰	32　釹	
15　銪	24　硫	33　錫	
16　鉍	25　鎢	34　鈈	
17　鈾	26　氦	35　氖	

蒸餾是(4)奔勃。青銅是易揮化
爭儿筆(銅水銀)的合金。

碳循環

碳在水、空氣、土壤和生物之間進行着永無止境的循環。循環中的有些轉化過程在很短的時間內就能完成,而其他轉化過程,例如有機物的分解,可能需要很多年的時間。

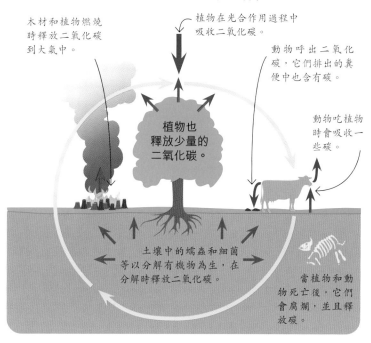

木材和植物燃燒時釋放二氧化碳到大氣中。

植物在光合作用過程中吸收二氧化碳。

動物呼出二氧化碳,它們排出的糞便中也含有碳。

植物也釋放少量的二氧化碳。

動物吃植物時會吸收一些碳。

土壤中的蠕蟲和細菌等以分解有機物為生,在分解時釋放二氧化碳。

當植物和動物死亡後,它們會腐爛,並且釋放碳。

壓縮成煤炭

當植物腐爛時,其中的碳通常會釋放到空氣中。然而在某些情況下,腐爛的植物會沉入水浸的沼澤中,被壓在一起,經歷數百萬年,形成了煤炭,也就是一種富含碳的化石燃料,可以用來為我們的世界提供能源。

植物有機物

樹葉開始腐爛。

泥炭

在沼澤中,死去的植物在壓力下最終形成泥炭。

褐煤(軟煤)

煤炭

進而形成了堅硬的煤炭。

逐漸增加的深度和壓力將碳進一步壓縮。

這種煤炭有光澤,觸摸後手不黑。

最硬的煤炭中的含碳量可以超過 90%。

無煙煤(硬煤)

天文學家發現了一顆遙遠的、由鑽石構成的行星,估計它的鑽石含量可達 100 億億億克拉!

石墨

石墨是由碳原子層層疊加而構成的,層與層之間很容易相對滑動。

筆尖雕刻

石墨是純碳的一種形式,但是它很軟而且呈片狀。這意味着它很容易被雕刻,如圖中這些用鉛筆尖雕刻的、小巧的石墨作品所示。石墨中碳原子的排列方式和結合方式使它能夠導電。

石墨比較軟,因此很容易雕刻。

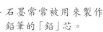

石墨常常被用來製作鉛筆的「鉛」芯。

微型碳管！

科學家們研製出了多種新的純碳材料，例如這種微小的碳納米管。它們非常小，1毫米內能容納成千上萬個碳納米管！它們在醫學和製造強度材料方面具有許多潛在用途。

碳基生命形式

碳化合物存在於所有生物體中，它們構成了植物和動物的糖類、脂肪和蛋白質。動物從食物中獲取身體所需要的碳，而植物則從空氣中吸收二氧化碳。

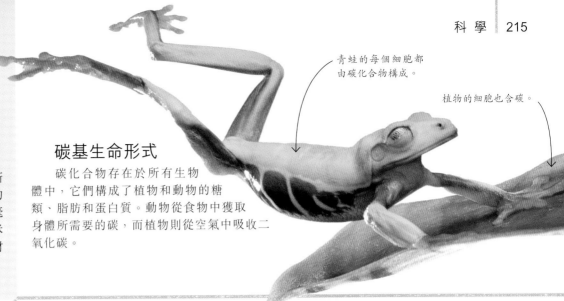

青蛙的每個細胞都由碳化合物構成。

植物的細胞也含碳。

酷炫的碳

碳是用途最廣泛的元素之一。純碳在自然界中以兩種主要形式存在：鑽石和石墨。鑽石是最堅硬的天然物質之一，而石墨則是最軟的天然物質之一。

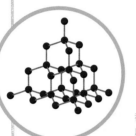

鑽 石

在鑽石內部，每個碳原子都與其他4個碳原子相連，形成了堅固的三維結構。

堅韌的纖維！

碳纖維是由碳構成的長鏈，它們很細，也很輕，但它們的強度是鋼的5倍！當它們編織成網狀並且與樹脂結合後，能形成非常堅固的板材，是製造快速汽車覆蓋件的理想材料。

昂貴的碳

鑽石是地球上最堅硬的天然物質。它們耐久、冰冷、幾乎不會被刮花，並且完全由碳構成。鑽石經過切割和拋光後可以用來製成珍貴的珠寶。鑽石還被用於機械中。

布里格斯汽車公司出產的單座跑車

柔軟的鈉

大多數金屬都很硬，但是鈉卻非常軟，用普通餐刀就能很容易地將鈉切開。鈉屬於鹼金屬，非常容易與其他物質，甚至與水和空氣，發生化學反應。

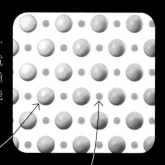

自由電子

純金屬中的原子形成了一個緊密結實的晶格結構，而電子可以在其中自由移動。這種電子的自由運動是導致電流能夠在金屬中流動的原因。

金屬原子

電子可以自由地移動。

奇妙的金屬

元素週期表中有很多金屬元素，佔元素總數的四分之三以上。除了具有光澤和冰冷的觸感外，它們通常還具有很高的硬度和強度。金屬被廣泛地用於製造導線和砝碼等各種日常物品。

架設橋樑

將鐵與碳混合可以煉成鋼。鋼是一種強度很高的合金，非常堅固，因此被大量地用於建造大型承重結構。圖為澳洲的悉尼港灣大橋。

將液態金倒入模具中。冷卻後，它就會被模具鑄造成形。

鋨是密度最大的金屬。
一塊微波爐大小的鋨的重量
與一輛汽車相當！

金屬的性質

金屬有很多種，並非都相同，然而大部分金屬都具有一些共同的重要物理性質。

有光澤
大多數金屬都具有良好的光反射性，也就是說，它們的表面具有光澤，能反射光。

固 體
幾乎所有金屬在室溫下都是固體。汞是唯一的一種在室溫下是液體的金屬。

有延展性
大多數金屬都具有延展性，也就是說，它們可以被錘打成條狀或片狀。

導 電
金屬具有良好的導電性，也就是說，金屬能傳導電流。

導 熱
金屬還具有良好的導熱性，這是因為金屬中的自由電子有助於熱量在金屬中移動。

這塊立方體比美國的白宮還要高。

如果將迄今為止所有已開採的黃金澆鑄在一起，就能形成一塊邊長為 22 米的立方體！

金的熔點為 1062℃。當溫度達到這個熔點時，固態金就開始轉變為液態金。

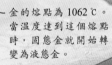

金錠

冷卻後，金又變成固體。

液態金

大多數金屬在室溫下是固體。當被加熱時，它們會變軟，從而可以被加工成不同的形狀。如果進一步加熱，它們將融化。此時可以將它們倒入模具中，鑄成所需要的形狀，例如圖中的金錠。

金屬合金

金屬可以與其他金屬和非金屬元素混合，煉成合金。一些合金比純金屬更堅硬，強度更大，重量更輕，並且不易被磨損。

許多樂器是由黃銅製成的。黃銅是銅和鋅的合金。

混合物

如果多種物質被放在一起，但是它們之間不發生化學反應，就可能會形成混合物。在混合物中，兩種或更多種物質被混合在一起，但它們之間不形成化學鍵，因此可以很容易地再次將它們分離。

墨水會逐漸與水混合，但是通過蒸發就可以使這種混合物中的墨水和水再次分離。

瞬間化學反應！

烹飪甚至只是切食物都可能很快引起化學反應。剛剛切開的蘋果接觸了空氣就開始變成褐色，這是因為它與空氣中的元素發生了化學反應！

化學反應

化學反應在我們周圍到處發生，有的化學反應緩慢無聲，有的化學反應瞬間就完成，伴隨着閃光和巨響。這些過程通過形成和破壞化學鍵將涉及的物質轉變為不同的物質。

化學反應的原理

當化學反應發生時，參與反應的每種物質中的原子重新排列，原來的化學鍵斷裂，新的化學鍵形成。生成物是化學反應產生的新物質。

從化學反應得到的物質叫做生成物。

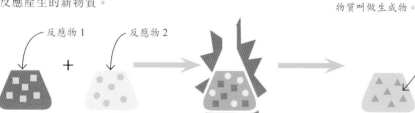

反應物 1　　　反應物 2

反應物
　　參與反應的物質叫做反應物。上圖的化學反應有兩種反應物。

反　應
　　在上圖的化學反應中，分子分解為原子，這些原子重新排列，形成新的分子。

生成物
　　生成物是新物質，可能具有與反應物不同的性質。

氫和碳形成的化合物比任何其他元素都多！

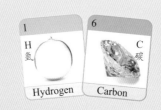

發出明亮的光和熱量。

爆炸

　　當鋁熱劑（鋁粉和氧化鐵的混合物）被點燃時，會發出一聲巨響！這是一個放熱反應的例子。放熱反應是釋放熱量的一類化學反應。鋁熱劑發生反應時產生的溫度可以達到 2000℃ 的高溫。也有一類化學反應會吸收熱量，被稱為吸熱反應。

微小的火花飛向四面八方。

人體內每秒鐘都會發生數十億次化學反應！

產生化合物

　　化合物是由多種元素構成的物質，與形成它們的純元素非常不同。當具有光澤的金屬鈉與氯氣發生反應後，會結合在一起形成白色的鹽，也就是氯化鈉。

鈉　　　　　氯氣　　　鹽（氯化鈉）

熊熊烈火

　　火是一種被稱為燃燒的化學反應的現象。當燃料與空氣中的氧氣發生反應時，會產生大量的熱和光。有的燃燒是快速的化學反應，會迅速蔓延。

鏽蝕反應

　　有些化學反應發生得非常緩慢。例如，鐵與水和空氣中的氧氣之間的反應可能需要幾個星期的時間才能完成，最終金屬表面會形成一層紅褐色的片狀物質。

鏽斑（氧化鐵）是這種反應的生成物。

材料世界

我們周圍到處都有各種材料。你可能不太關注它們，但那是因為它們非常成功。想像一下生活中沒有柔軟暖和的衣服和堅固耐用、防風防水的建築物！

塑膠瓶需要 450 億年才能降解！

聚苯乙烯

聚苯乙烯常用於製造包裝材料。下圖是聚苯乙烯泡沫，含有大量氣泡，因此非常輕。

聚苯乙烯飯盒

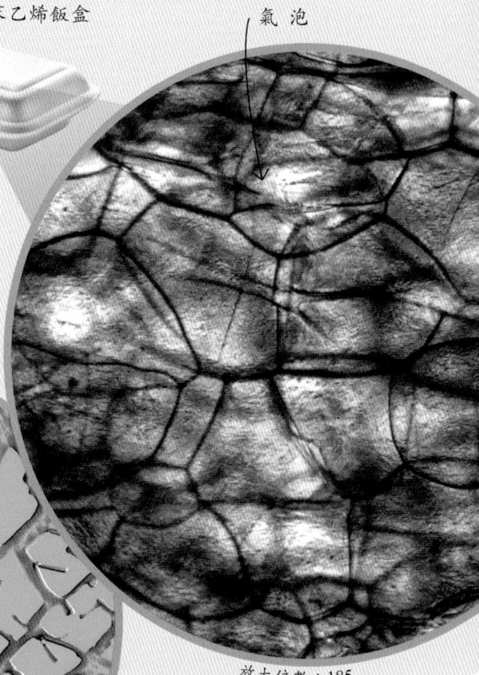

氣泡

凍結的煙

氣凝膠是一種人造材料，具有驚人的特性。它們由硅膠製成，有很多微小的孔洞，超過 95% 的成份是空氣，因此非常輕，並且具有非常好的對電和熱的絕緣性，如下圖所示。

花朵被隔熱。

氣凝膠

火焰　鎳幣

鎳

鎳是一種硬度和可塑性都比較高的金屬，通常被用來與其他金屬混合製成合金。鎳合金粗看起來很平滑，但在顯微鏡下觀察，就會發現它的表面是有裂紋的。

放大倍數：185

木材

在這種天然材料中，纖維形成了有氣孔的結構。木材是一種重量相對較輕的建築材料。

木材

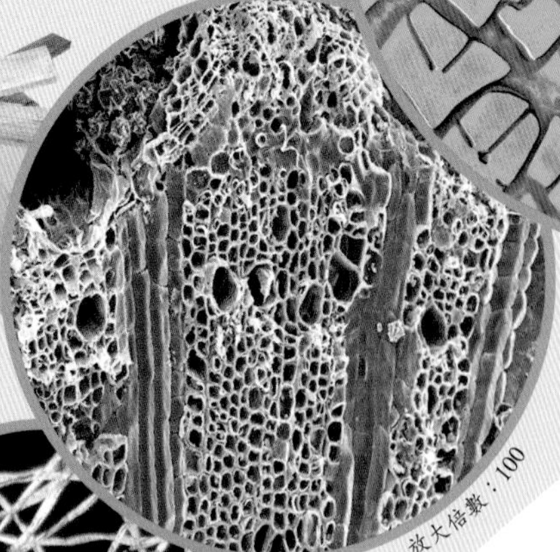

放大倍數：24000

放大倍數：100

棉花

棉花是從植物採集的一種天然材料，由一種叫做纖維素的物質構成。棉花可以被用來織成布料。

棉質 T 恤

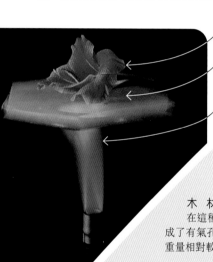

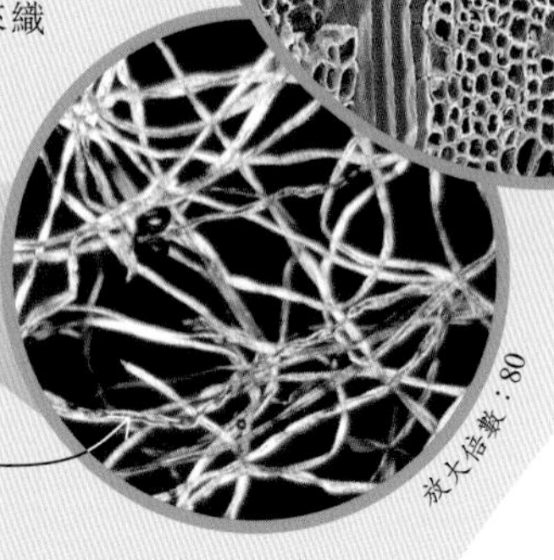

纖維素纖維

放大倍數：80

塑膠鏈

塑膠發明於 20 世紀初。現在有許多類型的塑膠，但是它們的分子結構都是多個單體連接在一起形成的長鏈條，被稱為聚合物。由於不同類型的塑膠是由不同類型的單體構成的，因此有很多不同的性能和用途。

單體

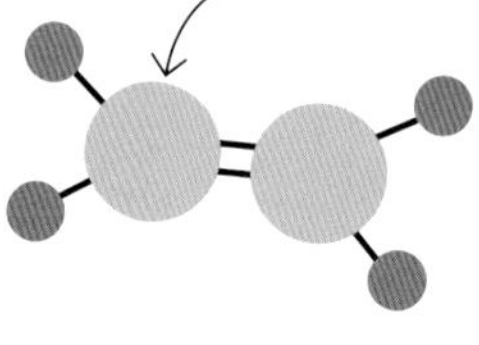

許多單體構成聚合物。

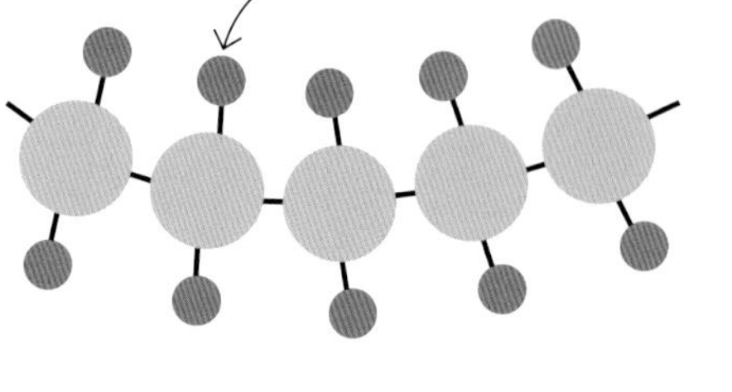

微觀結構

我們根據材料的硬度或柔軟度和彈性或剛性來決定它們的用途。而在顯微鏡下，它們通常看起來非常不同！

尼龍片

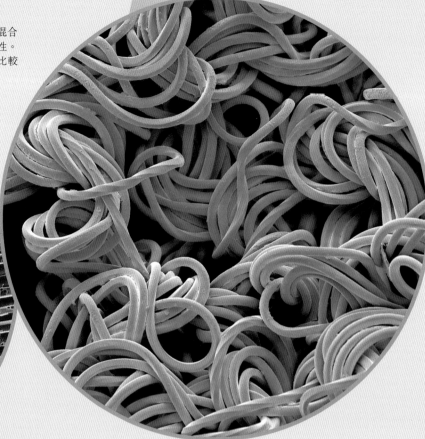

尼龍

尼龍是最早被發明的合成纖維塑膠之一，常被用於製作服裝，也被用於製作堅韌輕便的長纖維，比天然纖維更耐用。

水泥磚塊

混凝土

混凝土由水泥、碎石和沙子混合而成，乾固後具有類似岩石的特性。它可以與聚合物塗層混合，變得比較光滑，就像下面的圖片所示。

放大倍數：400

放大倍數：90

凱夫拉

凱夫拉是一種非常強韌但重量又輕的合成纖維材料，由美國化學家斯蒂芬妮·科沃勒克於 1965 年發明。它可以被用於製造防彈背心等防護用品，供士兵、警察和消防員使用。

凱夫拉背心

微塑膠！

塑膠無處不在。當它們分解成小於 5 毫米的微小顆粒時，就被稱為微塑膠。目前有難以計數的微塑膠漂浮在海洋中，甚至存在於人體中。據估計，一個人每星期攝入約 5 克微塑膠！

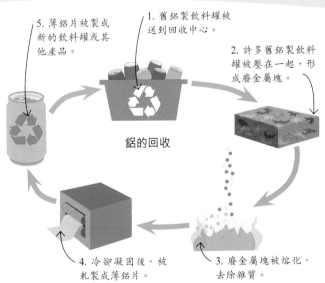

5. 薄鋁片被製成新的飲料罐或其他產品。

1. 舊鋁製飲料罐被送到回收中心。

2. 許多舊鋁製飲料罐被壓在一起，形成廢金屬塊。

鋁的回收

4. 冷卻凝固後，被軋製成薄鋁片。

3. 廢金屬塊被熔化，去除雜質。

材料回收

有許多物品我們用過就扔了，但這樣做很浪費，因為有些材料是可以被回收利用的。例如，鋁製飲料罐可以被回收並再次製成薄鋁片，用於製造新的飲料罐或其他產品。

海藻製成的茶包

可食用的包裝

塑膠包裝保護我們的許多食品和飲料，但是在被丟棄後會產生大量垃圾。為了解決這個問題，有些公司設計了由天然材料製成的、可食用的新包裝。

牛奶
牛奶可以用來製作可食用的、具有彈性的薄膜包裝，看起來就像塑膠一樣。

小麥麩皮
通常被丟棄的小麥外殼可以被製成可食用的外賣容器。

馬鈴薯
乾燥的馬鈴薯皮可以用來製造快餐店裏盛炸薯條的錐形容器。

海藻
海洋藻類可以用來製成輔助包裝的保護性緩衝材料和包裝液體的薄膜。

世界之最！
材 料

人們在現代生活中使用許多材料，有些材料取自大自然，而有些材料則是在工廠和爐子中製造出來的。以下是關於材料世界的一些令人驚訝的事實。

能自行修復的材料

即使耐磨的材料也會在使用過程中破損，而科學家正在研發可以克服這個問題的材料。開創性的新塑膠可以在破裂或被切割後自行修復。只需將破口推擠在一起，它們就能自行黏合修復。

能自行修復的塑膠

腐 爛

許多廢棄的材料最終都會自然地分解，但是有些材料會比較快速地分解（生物降解），而有一些材料則很慢。

紙 張
由樹木製成的紙張可以在 2 至 5 個月內自然分解。

尼 龍
用人工合成纖維尼龍製成的衣物需要 30 至 40 年才能分解。

鋁 罐
金屬需要大約 80 至 100 年才能完全分解。

塑膠袋
薄薄的塑膠袋可能需要 500 年甚至更長時間才能完全分解。

玻璃瓶
堅硬的玻璃可能需要大約 100 萬年才能完全分解。

受自然界的啟發

動物和植物擁有驚人的自然屬性，例如它們的保護性皮膚，以及它們產生的化學物質。人類發明家的許多靈感來源於動物和植物的屬性。

壁虎腳趾
壁虎能爬牆，這是因為它們腳趾上的微小毛髮。科學家據此設計了一種能產生附着力的膠水。

鯊魚的鱗片
鯊魚的重疊鱗片被認為能減少水流阻力，有些高速泳裝就是模仿鯊魚的鱗片而設計的。

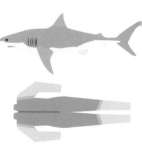

人造物品的重量

2020 年，人類製造的所有物品的總重量首次超過了地球上所有生物的總重量。目前人類每年生產的物品數量每 20 年翻一番。

堅固的材料

自然界中存在許多堅固的材料。有一種叫做帽貝的生物的微小牙齒被認為是最堅固的生物材料之一，比蜘蛛絲強 5 倍！

一隻帽貝準備附着在岩石上。

冰酒店

建築物通常是由木材和混凝土等材料建造的，但是有些偉大的設計師比較有創意。瑞典冰旅館的牆壁是由巨大的冰塊雕刻而成的！每年冬天建造，在春季融化。

材料的年產量

世界上每年生產大量的材料，被運輸到全球各地並且投入使用。其中許多材料是用於建築的材料，塑膠和玻璃也被用來製造大量常見的家居物品。以下是每種材料的年產量。

300 億噸混凝土
用於建造房屋、道路和其他基礎設施。

180 億噸鋼鐵
堅韌耐用的建築材料。

3.54 億噸塑膠
主要用於包裝。

4 億噸紙張
用於製作書籍，還用作包裝材料或絕緣材料。

2340 萬噸玻璃
通常用於住房、包裝以及製作餐具，例如玻璃杯。

草籽
有些植物種子有微小的鈎子，幫助它們附着在物體上。草籽的這個特性啟發人們發明了尼龍搭扣 (維克羅搭扣)。

荷葉
荷葉具有排水性。有些用於雨衣的防水材料使用了相同的原理。

能量的各種形式

能量可以通過不同的方式存儲和傳遞。光、熱和聲音都是能量如何從一個地方傳遞到另一個地方的例子。

動 能
運動的物體具有動能，物體的速度越快，動能就越大。

電 能
被稱為電子的粒子在流動時傳遞能量，也可以作為電荷存儲能量。

光 能
光是一種我們的眼睛能看見的能量傳遞方式。它以波的形式傳遞。

聲 能
聲音是以振動波的形式穿過介質的能量。

熱 能
構成物質的粒子的振動能量被稱為熱量。

化學能
這種能量儲存在分子中的原子和原子之間的化學鍵中。

核 能
原子中心的原子核內儲存着巨大的能量。

勢 能
當一個物體被提升，或被擠壓，或被拉伸，它獲得的能量就是勢能。

人體供電技術！

人體的大部分能量最終會以熱的形式轉移到周圍環境中。而有一種名為熱電發生器的微型可穿戴設備能利用身體的熱量發電。這項技術可以為手錶、健身監測器，甚至心臟起搏器提供能量！

永恆的能量

宇宙中能量的總量是保持不變的，但是它們不斷地轉換成不同的形式，也不斷地從一個物體轉移到另一個物體。能量使一切發生，包括點亮你家的電燈，以及驅使你的肌肉運動。

看見熱量

熱量從不停留，它會移動到較冷的物體，或者散發到周圍環境中。熱像儀能檢測物體釋放的熱量。最熱的區域被顯示為粉紅色和紅色，其次是綠色和藍色，黑色是最冷的區域。

有史以來最響亮的聲音是 1883 年喀拉喀托火山噴發的聲音，在 4800 公里外都能聽到！

被浪費的能量

在能量被使用的過程中，總會有一部分會被浪費掉，這是因為它轉移到了周圍環境中。例如，衝向球瓶的保齡球會將它的一部分動能轉化為聲能，當撞上球瓶時，更多的動能會轉化為聲能而被浪費掉！

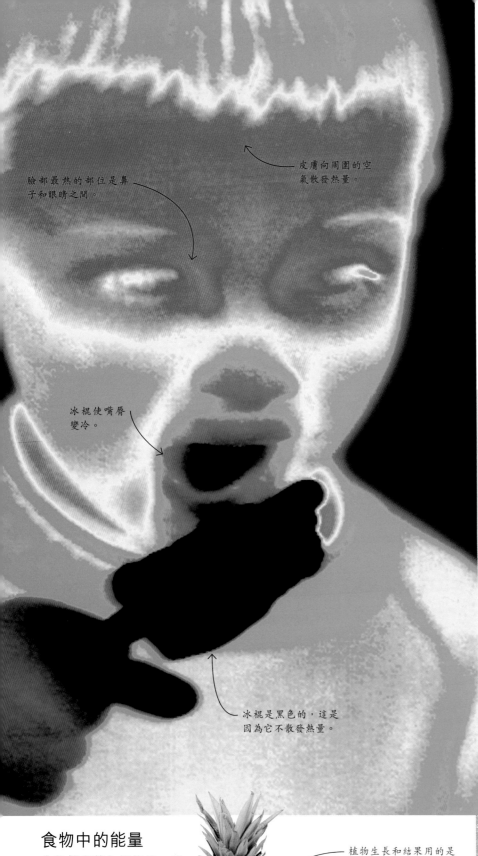

脸部最热的部位是鼻子和眼睛之間。

皮膚向周圍的空氣散發熱量。

冰棍使嘴唇變冷。

冰棍是黑色的，這是因為它不散發熱量。

彈簧的勢能

能量以多種形式儲存，電池中的化學能就是其中的一種。圖中的彈簧玩具將能量儲存為彈性勢能。當吸盤失去了吸附力時，能量就會被釋放，使彈簧玩具彈起來！

勢能轉化為動能。

吸盤

儲存着彈性勢能的彈簧

如果用電池為一個人提供一天所需要的能量，則需要 500 多顆 AA 電池！

能量的轉化

無論發生甚麼事情，事後的能量總和與事前的相等。能量不會消失，只會轉化。下面是一隻球反彈時發生的情況。

1. 一隻處於高處的球具有重力勢能。

2. 重力勢能在球下落時轉化為動能。

3. 當球砸在地面變扁時，它獲得彈性勢能。

4. 彈性勢能的釋放使球彈跳起來，轉化為動能。

食物中的能量

食物儲存着化學能量。消化過程使食物分解，釋放出這些儲存的能量，其中大部分轉化為熱能或動能，使我們的身體能夠運動。

植物生長和結果用的是太陽光的能量。

挪威的電力 90% 以上是
由水力發電產生的！

為我們的世界
提供能源！

我們在生活的各個方面都需要使用能源，包括照明、取暖和出行等等。然而，所有能源都有缺點。化石燃料對環境有害，而可再生能源的利用也有各種困難。

化石燃料

古代生物的遺骸被壓在層層沉積物下，歷經數百萬年，轉化為天然氣和石油。我們目前為了獲取能量而燃燒的許多燃料是用化石燃料製成的，但是化石燃料是不可再生的，並且在燃燒時會釋放出有害的氣體。

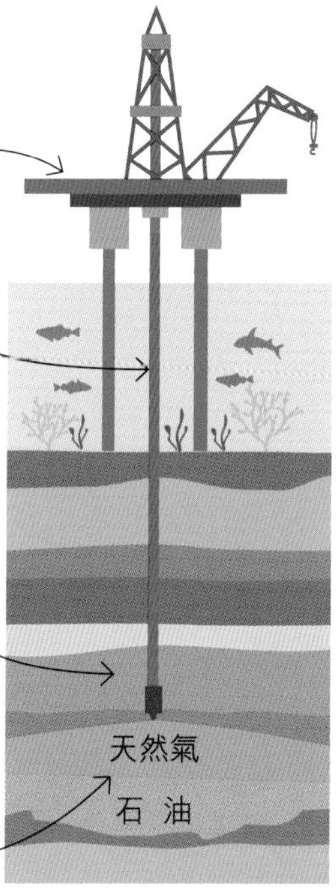

為了從海底的岩石中提取石油和天然氣，人們建造了大型鑽井平台。

一根長長的鑽頭鑽入海床。

很多層岩石和沉積物覆蓋着天然氣和石油。

天然氣

石油

天然氣和石油積聚在岩石內的空間中。

為了減少阻力，駕駛艙很狹小。

這輛汽車的太陽能電池板中，有 232 塊能將太陽光轉化為電能的小太陽能電池。

MTAA SUPER
SOL INVICTUS

WORLD SOLAR CHALLENGE
CHALLENGER CLASS

41

Australian
National
University

mtaa
super

地熱發電

用泵將水送到地下深處，水流過地殼下的天然熱岩時被加熱，產生蒸汽，用來驅動渦輪機，這就是地熱發電。圖為冰島的斯瓦特森基地熱發電站，在地熱發電過程中附帶產生了一個室外熱水池，非常適合人們在寒冷的天氣泡澡！

太陽鏡圈

太陽能電池板不是利用太陽能的唯一方法。還有一種方法是將很多鏡子排列成圓圈狀，用來將太陽的熱量反射到裝着水的中心結構，使水沸騰，變成蒸汽，用來驅動渦輪機。

風力渦輪機

風吹動大型渦輪機的葉片旋轉來發電。風能是一種可再生能源，這是因為它產生於風這種永遠不會枯竭的天然資源。

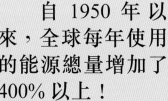

自 1950 年以來，全球每年使用的能源總量增加了 400% 以上！

太陽能速度

這輛太陽能汽車是眾多參加 2019 年澳洲舉行的布里奇斯通世界太陽能挑戰賽的汽車之一。它以每小時 130 公里的速度完全依靠太陽能行駛了 1500 公里。

氣候危機

自從 19 世紀以來，人類大量燃燒化石燃料，將二氧化碳等氣體釋放入大氣層，使地球的氣候變暖，導致冰川融化和極端天氣的發生，例如山火和乾旱（見第 88-89 頁）。

能 源

世界過去在很大程度上依賴化石燃料（煤炭、石油和天然氣）。近年來，可再生和更環保的能源的產量有所增加。

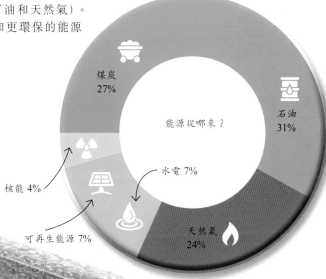

能源從哪來？

煤炭 27%
石油 31%
天然氣 24%
水電 7%
可再生能源 7%
核能 4%

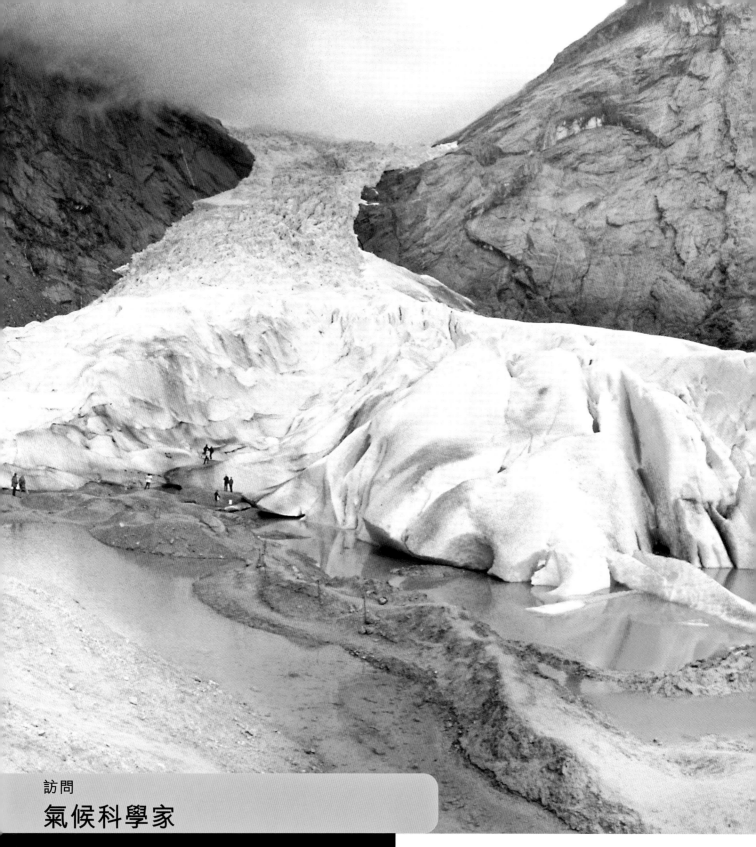

訪問
氣候科學家

山姆・哈迪是一位氣候科學家，他致力於幫助人類和企業適應氣候變化。他曾在英國利茲大學工作，主要研究東南亞地區的熱帶氣旋。

問：我們如何確切地知道氣候正在發生變化？

答：有許多可靠的測量方法表明，自從 1850 年以來，地球表面溫度已上升超過 1℃。這種變暖無法用太陽活動等自然氣候過程來解釋。我們也知道在同一時期，人類活動增加了大氣中溫室氣體的含量。我們可以看到它對環境產生的效應：海洋變暖、海平面上升，以及冰蓋和冰川融化。

問：你對氣候變化影響最擔心的是甚麼？

答：我最擔心的是世界上大片地區，特別是熱帶地

冰川退縮

氣候的變化導致冰川融化。過去幾十年來，流動的冰川快速退縮，正如這裏的挪威布里克斯達爾冰川的 2002 年和 2019 年對比照片顯示的變化。融化的冰川也導致海平面上升，並且對當地的水資源和生態系統產生了影響。

區，將變得無法居住。這可能會迫使數億人離開家園。

問：你是否親眼見過氣候變化帶來的影響？

答：我居住在英國，我們在 2022 年 7 月見證了破紀錄的熱浪。英國部分地區首次達到 40℃。令人擔憂的是，這種極端熱浪在世界各地變得愈來愈頻繁和嚴重。

問：你在氣候方面研究的是哪個領域？

答：我的研究重點是熱帶氣旋的加劇。熱帶氣旋是一種大型風暴系統，會帶來具有極大破壞性的強風和暴雨。科學家認為氣候變化可能會使熱帶氣旋的頻率減少，但是強度增加。我的研究將幫助我們為應對最極端的氣旋做好準備。

問：你認為我們能夠阻止氣候變化嗎？我能提供甚麼幫助？

答：在全球範圍採取行動一定能夠應對氣候變化，但是我們的時間不多了！有一種提供幫助的方法是發出自己的聲音，例如聯繫當選代表。你還可以減少肉類和乳製品的攝入量，並且減少飛行次數！

透明的身體有助於墨魚在水中隱身，避免被捕食它們的動物發現。

生物發光

深海中有許多動物會閃爍或發光，以此來迷惑捕食者、引誘獵物或吸引配偶。這些動物擁有被稱為發光器的器官，通過化學反應產生光。

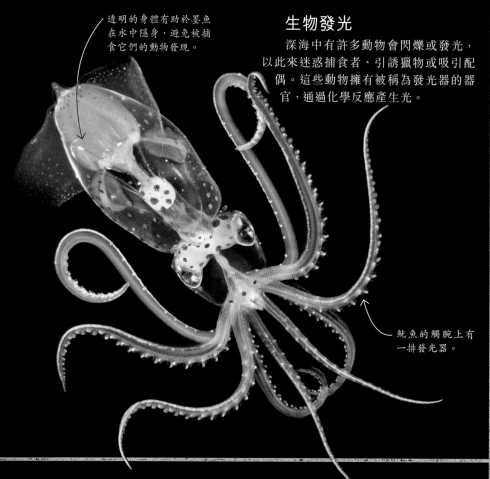

魷魚的觸腕上有一排發光器。

激光切割

激光能產生能量高度集中的細光束。有些激光的強度非常高，能切割鋼鐵。醫生使用低功率激光進行眼科手術和其他精細的手術。

隱藏的顏色

白光實際上是由多種顏色的光構成的。你可以讓白光穿過一塊被稱為稜鏡的玻璃來分離白光中的各種顏色的光線。每種顏色的光線在通過稜鏡時折射的程度不同，因此會形成扇形光譜。

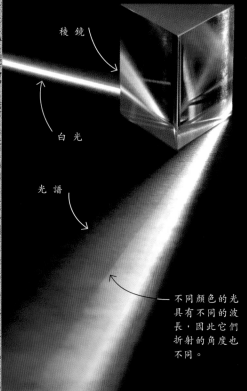

稜 鏡

白 光

光 譜

不同顏色的光具有不同的波長，因此它們折射的角度也不同。

看見光

無論是太陽光還是燈光，它們都是一種電磁輻射，也就是以每秒約 30 萬米的速度以波的形式向外傳播的能量。

如果你能以光速飛行的話，你就可以在 1 秒鐘內繞地球飛行 7.5 圈！

被折斷的鉛筆

水杯中的鉛筆看起來像被折斷了，但實際上這只是一個錯覺。這種現象發生是因為光波在從空氣進入水或玻璃時會減速，導致了光波被折彎，也就是被折射，所以水中的鉛筆部分看起來有位移。稜鏡能分離光線也是因為光被折射。

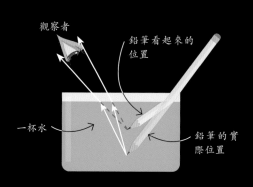

觀察者

鉛筆看起來的位置

一杯水

鉛筆的實際位置

光之秀

即使天空中沒有太陽，這座挪威漁村的天空也是一片光輝燦爛。在閃爍的星空中出現了璀璨的極光，而建築物的照明和路燈則在寧靜的海面上映照出光影，形成了一幅壯麗的景觀。

星光是由恆星核心中的核反應產生的。

極光產生在極地附近。來自太陽的帶電粒子流撞擊大氣中的分子，使它們發光。

電流流通燈絲或燈管中的氣體，使燈絲或氣體發光。

光線被水面反射。

電磁波譜

我們的眼睛能感知可見光，但是我們無法看見其他類型的電磁輻射。每種類型的電磁輻射都有不同的波長。無線電波的波長範圍是幾米到幾公里，而伽馬射線的波長則比一個原子的直徑還要小。

無線電波　　微波　　紅外線　　可見光　　紫外線　　X射線　伽馬射線

許多動物能看見人類看不見的部分光譜。蜜蜂能看見紫外線，而蛇能感覺到紅外線！

令人驚嘆的電

　　沒有甚麼比電這樣的自然力量更能激發人們的興趣了。電通過長長的高架電纜或埋在地下的電纜被傳送到我們的家中，用來驅動各種設備，包括電腦和汽車。

甚麼是電流？

　　電流是名為電子的微小帶電荷粒子的運動。電子是原子的一部分，但是金屬中的一些電子是可以自由移動的。當金屬被連接到電源時，電子就會沿着一個方向流動。

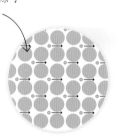

自由電子在帶正電的原子之間流動，形成電流。

電子流
帶負電荷的電子從電源的負極流向正極。

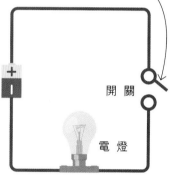

斷開開關會切斷電路，使電流停止流動。

電 池

開 關

電 燈

電 路
電流需要一條連續不中斷的導電環路才能流動。

使人毛髮豎立

　　當物體相互摩擦時，電子就可能會在它們之間轉移，電荷會在物體表面積累起來，被稱為靜電。氣球摩擦頭髮會獲得電子，因此帶負電荷，而頭髮則帶正電荷，兩者相吸使頭髮直立。

一道閃電的溫度大約為 29730℃， 比太陽表面的還要熱！

電子轉移到氣球上，使氣球帶負電荷。

頭髮帶正電荷。

晴天霹靂

閃電是一種強大的電能形式，是由雲中積聚的靜電引起的。一次普通的閃電足以為一隻燈泡供電 6 個月！

高壓電獵手

動物界的捕食者巧妙地利用電來探測它們的下一餐。例如，鯊魚等動物能感知魚類和其他獵物所釋放出的微小電流，並且利用這些信息來追蹤它們。

鯊魚頭部的電感受器

隱藏的獵物

導體與絕緣體

有些材料能夠傳導電流，我們稱之為導體。金屬是最好的導體。自來水也能導電。不能導電的材料則被稱為絕緣體。

為了防止人們受到電流的傷害，導線被塑膠絕緣層包裹。

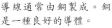

導線通常由銅製成。銅是一種良好的導體。

民用電

從太空看，夜晚的地球最亮的地區是建設完善的城市和其他大型居民區。電燈的使用使我們能夠在天黑後活動。全球有近 20% 的電力被用於城市照明。

全球有 28% 的電力是由可再生能源產生的！

諾貝爾獎

諾貝爾獎是年度獎項，由瑞典化學家阿爾弗雷德·諾貝爾於 1901 年設立，表彰在許多領域中獲得成就的科學家。波蘭科學家瑪麗·居里是第一位兩次獲得諾貝爾獎的人，並且是唯一的一位在兩個不同科學領域獲獎的人！

搞笑諾貝爾獎

搞笑諾貝爾獎獎勵科學的搞笑的一面，授予做出奇怪而搞笑的科學發現的人。獲獎者中有研究香蕉和鞋底之間的摩擦力的研究人員！

改變世界的發明

從最早期的工具到今天的高科技小玩意，人類一直在做出使生活更加便利的發明，其中一些具有里程碑意義的發明不僅對科學，也對社會產生了廣泛的影響，改變了歷史的進程。

1436 印刷術
使思想的傳播變得非常容易。

1590 第一台顯微鏡
使科學家能看見最微小的生命形態。

1831 發電機
為廣泛地使用電力鋪平了道路。

1860 內燃機
這種引擎的許多版本驅動着交通運輸。

1942 核能
原子釋放的能量，用來發電。

1946 電腦
開啟了數碼革命。

世界之最！

大創意

自從最早期的科學家開始研究世界如何運作以來，偉大的思想家和實驗家一直提出大膽的新理論，並且做出令人興奮的發明。以下是一些科學領域中最聰明和最不尋常的創意！

藝術家對國際熱核聚變實驗堆的設想

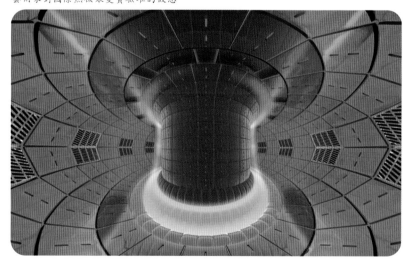

未來的核聚變

科學家們目前正在建造國際熱核聚變實驗堆。這個反應堆將是一個能產生大規模核聚變反應的裝置，它需要非常高的溫度才能產生核聚變反應，核聚變完成後能使溫度達到 1.5 億攝氏度，是太陽核心溫度的 10 倍。恆星釋放的能量就是通過核聚變反應產生的。

聰明的科學家

偶爾會有聰明的思考者提出一種嶄新的看待世界的方式。這些科學的智者提出了獨特的理論，永遠改變了科學！

直到 17 世紀，科學家才意識到地球圍繞着太陽運行！

阿爾伯特‧愛因斯坦
出生於德國的愛因斯坦以著名的方式展示了時間和空間是如何相互關聯的。

艾薩克‧牛頓
這位英國科學家發現是一種力（引力）使物體下落。

查爾斯‧達爾文
英國的自然學家達爾文提出了進化論，解釋了地球上生命的發展過程。

德米特里‧門捷列夫
這位俄羅斯化學家想出了如何將元素排列成週期表的方法。

意想不到的玩具

發明創造並不一定會成功，但不成功的發明也並不一定全盤失敗。有些發明沒有達到預期的設想，但卻成了受歡迎的玩具！

超級水槍
超級水槍是 20 世紀 80 年代美國太空總署噴氣推進實驗室的一位工程師製作的。他研究在制冷系統中如何使用水，結果他的研究成果變成了非常受歡迎的水槍玩具。

橡皮泥
這種柔軟的黏土最初是為了用作壁紙清潔劑而發明的，但是於 1956 年成為了一種顏色鮮豔的玩具。

機靈鬼玩具
這款有彈性的玩具是由一位機械工程師於 1943 年發明的，他想用它來測量船隻的運動，結果它變成了一種受歡迎的兒童玩具。

魔　方
1974 年設計的魔方最初是一隻幾何輔助教學工具，後來成為了一種非常流行的玩具。

彩帶噴罐
這種噴射玩具於 1972 年發明，最初是用於給斷肢打石膏的。

偶然的發現

許多偉大的發現完全是偶然發生的，是科學家在研究不同的東西時偶然發現了它們。這些意外的發現常常為科學界帶來了重大突破。

1895
X 射線
德國物理學家威廉‧倫琴在研究電子時，偶然發現了 X 射線。這一發現對醫學和科學領域產生了深遠的影響。

1928
青霉素
蘇格蘭科學家亞歷山大‧弗萊明忘記洗一隻髒培養皿，結果發現了一種能治療感染的真菌。

1946
微波爐
美國工程師珀西‧斯本塞在操作機器時發現他口袋里的零食被融化了，於是他意識到這種技術可以用於烹飪。

年幼的發明家

英國的兒童塞繆爾‧托馬斯‧霍頓只有 3 歲時就想出了雙頭掃帚的創意。2008 年 5 歲時，他獲得了這項發明的專利，成為了世界上最年輕的發明家之一！

許 多 動 物，
包括鳥類、龍蝦和
狗，都能利用地球
的磁場進行導航！

強大的吸引力

　　大多數磁鐵都含有一種磁性金屬（鐵、鎳或鈷）。含鐵的釹磁鐵具有很強的磁性，即使隔着非磁性材料（你的手），也能吸引金屬萬字夾！

釹磁鐵

磁　場

　　每塊磁鐵周圍都存在着一個磁場。下圖顯示了被一塊磁性材料（鐵和鎳等金屬）的磁性影響的區域，鐵屑的分佈顯示了磁場的形狀。

萬字夾含有鋼，因此被磁鐵吸引。

指南針的指針會轉成順着磁場的方向。

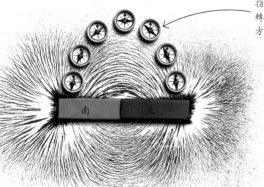

南　北

排斥與吸引

　　每塊磁鐵都有兩個極：北極和南極。當一塊磁鐵靠近另一塊磁鐵時，它們的磁場就會相互作用，導致兩塊磁鐵或者互相吸引，或者互相排斥。

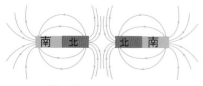

南　北　　北　南

排　斥
如果將兩塊磁鐵的相同的兩極互相靠近，這兩極就會相互排斥。

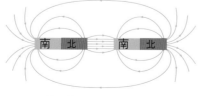

南　北　　南　北

吸　引
如果將兩塊磁鐵的不同的兩極互相靠近，這兩極就會相互吸引。

電磁鐵

將一根導線纏繞在一塊鐵上，導線通電後這塊鐵就會變成一種不同的磁鐵，被稱為電磁鐵。增大電流或者增加導線纏繞的圈數，會使磁性更強，甚至比永磁鐵更強。

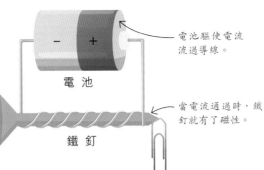

電池驅使電流流過導線。

電池

當電流通過時，鐵釘就有了磁性。

鐵釘

宇宙中具有最強磁性的物體是被稱為磁陀星的密度極高的塌縮恆星！

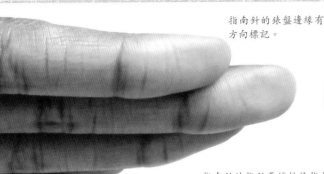

指南針的錶盤邊緣有方向標記。

指南針

地球就是一塊巨大的磁體，擁有自己的磁場。指南針被設計用來指示地球磁北極的位置，幫助我們辨別方向。

指南針的指針兩端始終指向北和南。將針尖與 N（北）標記對齊，就可以幫助你確定其他方向。

指南針的指針含有一根磁針，可以自由轉動。

強大的磁鐵

磁暴和極光！

當太陽的帶電粒子進入地球的磁場時，就會在天空中形成絢麗多彩的奇觀。這種現象在北極被稱為北極光，而在南極則被稱為南極光。

雖然肉眼看不見磁力，但是磁力會對其他物體產生推或拉的作用。即使是最小的磁鐵之間也有非常強大的吸引力，能使它們「啪」的一聲合在一起！

列車的車身底部安裝着大型磁鐵。

磁浮列車

軌道上裝有電磁鐵，它們與列車上的磁鐵相互作用，產生排斥力使列車懸浮，並且產生推進力，使列車向前行駛。

磁浮列車

目前世界上最快的列車是磁浮列車。這種列車採用磁力驅動，也就是利用強大的磁鐵和電磁力來牽引列車行駛，速度可達每小時600公里。

跳台滑雪的世界紀錄為 253.5 米，由奧地利選手斯特凡·克拉夫特保持！

變形力

力不僅僅能移動物體，還能擠壓、弄彎、拉伸和扭曲物體，使物體改變形狀，甚至斷裂。這個球被狗咬在嘴裏，已經發生了變形。

減少摩擦力

當一個物體在另一個物體的表面上移動時，摩擦力會減緩移動的速度。粗糙的表面會產生較大的摩擦力，這就是在平滑的雪地上滑動比在粗糙的碎石上滑動容易的原因！

力的來源

力似乎很神秘。你的肉眼看不見它們，但是你經常看見或感覺到它們產生的效果。實際上，力只是推或拉的作用。它們能使物體移動、改變速度、停止、改變方向和改變形狀。

這支拔河隊的拉力比較大。

平衡或不平衡？

當作用在一個物體上的力平衡時，物體的運動狀態就會保持不變。兩支拔河隊以相等的力向相反的方向拉繩子，他們的力互相抵消，因此作用在繩子上的力是平衡的，所以繩子不動。但是當一方施加較大的力時，就會在這一方的方向上產生淨力，因此繩子會向這一方移動。

當卡車在空中飛躍時，空氣阻力（卡車與空氣之間的摩擦力）會減緩卡車的速度。

卡車引擎的驅動力有一部分用於克服摩擦力和空氣阻力所帶來的減速效應。

輪胎上凸起的花紋增加了輪胎與道路之間的摩擦力，以使輪胎獲得更好的抓地力。

行動中的力

當這輛怪獸卡車衝上坡道，然後飛躍到一排汽車的上空時，多種力在發揮作用。當卡車引擎的推力驅動卡車前進時，車輪利用摩擦力抓緊道路。一旦離地，空氣阻力就會試圖讓卡車慢下來，重力最終將卡車拉回地面，伴隨着哐當一聲巨響！

宇宙中最強的力是將原子核內的粒子結合在一起的力！

第一定律

如果作用在火箭上的各種力平衡（合力為 0），火箭將保持靜止狀態；如果火箭已經在運動中，那它將保持勻速直線運動。

重力向下拉（紅色），而地面以相等的力向上推（藍色），因此力是平衡的。

第二定律

不平衡的力（合力大於 0）會導致火箭加速，加速度取決於力的大小和火箭的質量。

合力

推力

重力

第三定律

對於每個作用力，都有一個大小相等而方向相反的反作用力。當熱氣體被火箭向下噴射出來時，火箭會受到大小相等的向上的推力。

反作用力

作用力

運動定律

三大運動定律描述了物體的運動狀態與作用於其上的力之間的關係。上圖以火箭為例解釋了這些運動定律。

蛇利用腹部的鱗片與地面之間的摩擦力推動自己蜿蜒前進！

看圖識別 汽車

你是汽車迷嗎？調整你的思維模式，試着說出這些不同時代的高速汽車的名稱。小心減速路脊：其中有一輛是異類！

1 雪鐵龍 SM：70 年代時尚法國轎跑車
2 雪佛蘭科邁羅（2010 年）：美國跑車
3 德羅寧 DMC：20 世紀 80 年代的海鷗翼跑車，出現在系列電影《回到未來》中
4 法拉利 F300：1998 年的一級方程式賽車
5 雪佛蘭 Bel Air：1950 年代的美國敞篷車
6 Smart Fortwo：電動雙座極小型車
7 吉普牧馬人：運動型多功能車
8 麗蒂亞克火鳥：60 年代的美國高速轎車
9 平治專利 1 號車：首輛於 1885 年發明的汽車
10 奧斯汀迷你 7 型：60 年代的小型汽車
11 Reliant Robin（1975 年）：英國的三輪掀背轎車
12 現代 i10：2007 年開始生產的小型掀背車
13 肥皂盒德比賽車（1992 年）自製無動力重力賽車
14 福士甲殼蟲（1968 年）：經典小型轎車
15 勞斯萊斯銀魅：1906 年的英國豪華轎車
16 藍旗亞 Aprilia：30-40 年代的家用轎車
17 布加迪威龍超級跑車（2010 年）：超級跑車
18 平治 500K：30 年代的大型敞篷車
19 福特 T 型汽車：1908 年發佈的世界上首輛大規模生產的汽車
20 寶馬 Isetta：50 年代末期的微型汽車
21 邁凱倫 F1（1990 年代）：經典超級跑車
22 特斯拉 Model S：高性能電動轎車
23 豐田 Prius：第一款大規模生產的混合動力汽車
24 標緻 205 GTi：80 年代的掀背轎車
25 捷豹 E-Type：60 年代的英國跑車
26 邁凱倫塞納（2017 年）：超級跑車
27 保時捷 Boxster（1998 年）：雙座敞篷跑車
28 日產 Skyline GTR R34（1990 年代）：轎跑車
29 布加迪 T39（1920 年代）：賽車
30 路虎攬勝運動版：運動型多功能車

蓋謬是（13）肥皂盒德比賽車。這是唯一的一輛沒有引擎的車。理論上雖然它算汽車，但實際上加上就具汽重力滾動。

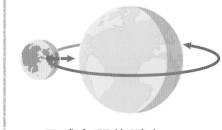

牛頓測力計能測量以
牛頓為單位的力。

稱重量

當我們談論一個物體以公斤為單位的重量時，我們實際上指的是它的質量，也就是物體所含物質的多少。重量是重力，是地球引力作用在物體上的力。重量以牛頓為單位。

星球之間的引力

引力是使太陽系中所有行星圍繞太陽運行的力，也是使月球保持在圍繞我們的軌道上運行的力，這是因為月球和地球相互吸引。

煙霧罐釋放煙霧，用於標記下落過程。

萬有引力

萬有引力是宇宙中最重要的力之一，它使我們的腳能踩在地面上，也使地球圍繞太陽運行。

跳傘者在接近地面時才會打開準備好的降落傘。

引力原理

引力是一種物體之間相互吸引的力。它是雙向的。地球的引力吸引你，你的引力也吸引地球。引力的強弱取決於物體的質量和它們之間的距離。

雙向引力
任何有質量的物體都有引力，都會吸引其他有質量的物體，而其他物體的引力也會吸引這個物體。

越大就越強
物體的質量越大，引力就越強。

越遠就越弱
兩個物體之間的距離越遠，它們之間的引力就越弱。

下落到地面

這些膽大的跳傘者選擇通過世界上最高的定點跳傘（從高建築物上跳下）來感受重力。他們從哈利法塔的頂部跳下，下落了 828 米，才到達地面。

黑 洞

當一顆大質量恆星走到生命的盡頭時，它會在自身引力的作用下崩塌，形成一個黑洞。黑洞的引力非常強大，甚至連光都無法逃脫，任何靠近的物質都會被吸入。

畫家筆下物質被黑洞吸入的情景。

哈利法塔位於阿拉伯聯合首長國的杜拜，是世界上最高的建築物。

2014 年，艾倫·尤斯塔斯從地球上方 41.3 公里的高空一躍而下，創造了高空跳傘的新世界紀錄。

艾倫·尤斯塔斯穿着特殊的保護服。

感受重力

極端的加速度能產生比地球引力（1g）更大的重力，也被稱為 G 力。在過山車上承受的力能達到 3g，也就是身體重量的 3 倍。在飛行器快速變速時，飛行員和太空人可能會承受更大的 G 力，甚至有昏倒的危險。

安裝在頭盔上的攝像機記錄這次創紀錄的下降過程。

雖然重力看起來很強，但在宇宙的幾種基本力中，重力是最弱的一種！

飛行中的力

飛機在飛行過程中受到 4 種力的作用：推力、升力、重力和阻力。重力將飛機向下拉，阻力（空氣阻力）將飛機向後推。引擎產生的推力使飛機能夠克服這些力向前飛行。與此同時，流過翅膀上的氣流對飛機產生升力。

推 力
引擎燃燒燃料，向後噴出熱氣體，從而推動飛機向前飛行。

升 力
當引擎推動飛機向前飛行時，空氣滑過形狀特殊的機翼的上方和下方，從而產生升力。

重 力
升力至少需要與飛機的重量即飛機所受到的重力相等，才能抵消向下拉的重力。

阻 力
當飛機在空氣中前進時，空氣對飛機施加阻力，減慢它的速度。

這架飛機的機翼截面是對稱的，因此能正置飛行，也能倒置飛行。

飛行的奇妙之處

使物體在空中飛行是各種力之間互相較量的結果。大型噴氣機等飛行器必須裝備強大的引擎，才能持續地在高空中飛行。

普通樓燕能連續飛行長達 10 個月而不休息，甚至能在途中一邊飛行一邊睡覺！

產生升力

下面的剖面圖顯示機翼的上部邊緣更為彎曲，而前部向上傾斜，這使得空氣在機翼上方流過時加速，而機翼下方的空氣則流動得比較慢，因此壓力較大，從而產生升力。

空氣在機翼上方流動得比較快，因此壓力比較小。

升 力

空氣在機翼下方流動得比較慢，因此壓力比較大。

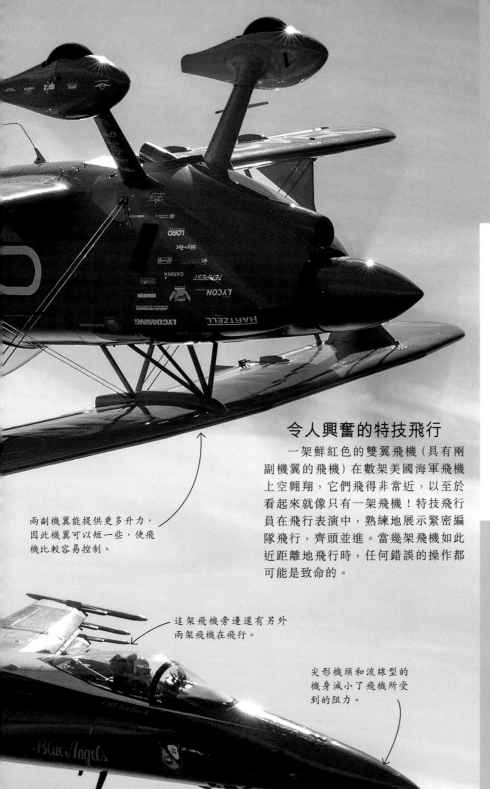

在你坐飛機飛行期間，你距離地面約 12 公里！

高空飛行者

空中每一時刻通常有多達約 1 萬架飛機在飛行。為了避免相撞，它們都在各自特定的航線上飛行。另外，空中防撞系統會告知飛行員是否有其他物體靠近。

最快飛行時速！

在 1976 年，軍用飛機洛克希德 SR-71 黑鳥創造了每小時 3529.6 公里的飛行速度記錄。這是有史以來噴氣動力飛機達到的最快速度，幾乎是聲速的 3 倍！

令人興奮的特技飛行

一架鮮紅色的雙翼飛機（具有兩副機翼的飛機）在數架美國海軍飛機上空翱翔，它們飛得非常近，以至於看起來就像只有一架飛機！特技飛行員在飛行表演中，熟練地展示緊密編隊飛行，齊頭並進。當幾架飛機如此近距離地飛行時，任何錯誤的操作都可能是致命的。

兩副機翼能提供更多升力，因此機翼可以短一些，使飛機比較容易控制。

這架飛機旁邊還有另外兩架飛機在飛行。

尖形機頭和流線型的機身減小了飛機所受到的阻力。

與其他無人機不同，具有旋翼的無人機能懸停在空中。

靈活機動的無人機

無人機是一種不需要人類駕駛員，而被遠程控制的飛行器。它們通常使用旋翼（螺旋槳）來飛行，最初由軍方使用，但是現在也被用於農作物噴灑、物資運送和救援任務。

無人機的攝像機能捕捉地面發生的事件，拍下鳥瞰圖。

旋翼通過向下推動空氣來產生升力。

看圖識別 **飛行器**

　　讓我們來考考你識別飛行器的能力。請判別它們的名稱或型號以及開始飛行的日期。請注意，其中一架飛行器無法離開地面。

人類自古渴望像鳥兒一樣翱翔天際。達文西的飛行裝置 (24) 是最早的飛
行設計概念之一，雖然它當時並未真正實現飛行。

最大的貨櫃船長達 400 米，是一架巨型噴氣式飛機長度的 5 倍！

物體會浮在水面上嗎？

如果物體的密度小於水的密度，物體就會浮在水面上，反之則會沉沒。密度是物體所含物質的量與它的體積的比值。

橡木塞很輕，密度比水小，所以能浮在水面上。

魚的密度大致與水相同。

金屬硬幣的密度比水大，所以會沉下去。

讓你的船浮起來

所有船都能浮在水面上，這是因為它們的密度比水小，包括小小的藤編船和配備着游泳池等設施的巨大游輪。

三體賽艇

像圖中這樣的三體賽艇能以每小時 48 公里的速度破浪前進。它們的三體結構使它們能夠在水上穿行，也有助於船體保持直立。

風可能會使船體傾斜，所以船員必須不畏高！

三體賽艇的主船體位於中央，兩側各有一隻輔助船體。

世界上最快的船名為「澳洲精神號」，它的時速可達每小時 511.11 公里！

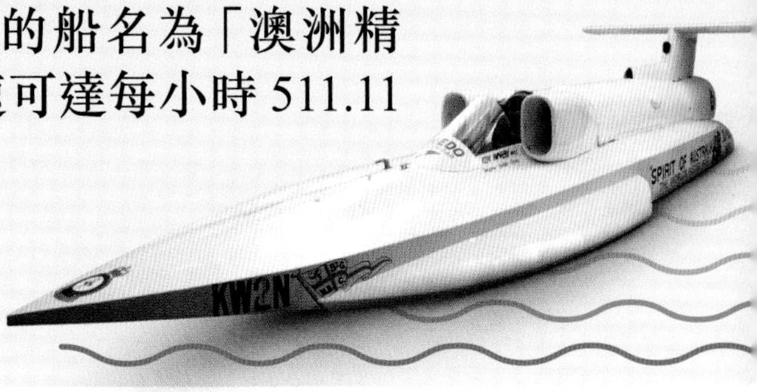

船隻如何浮起來

鋼塊在水中會下沉，但是一隻重量相同的鋼質船則會浮起來。這是因為船體包含了空氣，所以密度比較小。船隻浸在水中的部分會將那一部分的水排開，而水會以一個向上的力，被稱為浮力，將船往上推。浮力等於被排開的水的重量。

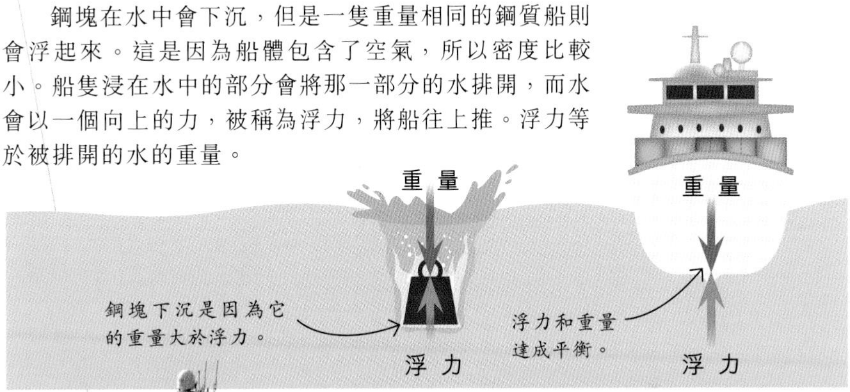

重量

重量

鋼塊下沉是因為它的重量大於浮力。

浮力和重量達成平衡。

浮力

浮力

據估計，海底大約有 300 萬艘沉船！

漁船隊

全球約有 400 萬艘漁船。儘管其中有不少大型船隻，但是 80% 以上的漁船的長度不超過 12 米。

三隻船體都呈細長的流線型，有利於船在水上穿行。

最早的簡單機械是石手斧。人類使用手斧已經有超過 100 萬年的歷史了！

簡單機械

簡單機械有 6 大類，每一類都可以用來改變作用在它們上面的力，使力變大、變小或改變方向。

斜面

斜面也被稱為斜坡，它使向上運送物體變得比較容易，但是物體需要被推行比較遠的距離。

楔形

楔形是一種有兩個斜面的形狀。像斧頭這樣的楔形工具可以用來將物體劈成兩半。

螺旋形

轉動螺旋形工具會產生向下的運動，使尖銳的前端鑽入下面的物體。

槓桿

繞一個支點轉動的桿就是槓桿。我們可以用簡單的槓桿撬起重物。

輪軸

輪子圍繞着中心桿（軸）旋轉。用較大的力使軸旋轉較短的弧長就可以使輪的邊緣轉動較長的弧長。

滑輪

用滑輪可以改變力的方向：將繩子向下拉時，負載就被向上拉起。

挖掘機

有些機械的規模是空前巨大的。世界上最重的陸地機械之一是巴格爾 288 挖掘機。它是一台重達 11800 噸的採礦機，有巨大的長臂，機身能轉動，挖鬥能深入土堤，每天挖土量超過 241000 立方米。

長纜繩使主臂上下移動。

配重防止機身傾倒。

寬履帶支撐機器的重量。

單滑輪

單滑輪能改變力的方向。拉繩子所用的力與負載的重量相等。

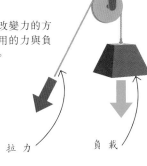

雙滑輪

使用雙滑輪時，拉繩子所用的力是負載的一半，但是拉動繩子的長度加倍。

拉力

負載

拉力

負載

省力

簡單機械可以用來增大或減小所需要的力，使有些工作比較容易。在滑輪系統中增加輪子的數目可以使負載比較容易被拉起來，但是同時必須將繩子拉動更長的距離。

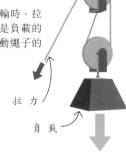

巨大的履帶式運輸車

專為美國太空總署設計的、用於將火箭運輸到發射台的履帶式運輸車是一輛巨大的車，它的長度是一個板球場的兩倍，但是行駛速度只有每小時 1.6 公里。

泥土被傳送帶運走。

這些桶狀凹凸結構用於挖入泥土中。

極限機械

機械是我們創造出來的工具，用於幫助我們完成任務或使任務比較容易完成。簡單機械有 6 種類型，它們可以結合起來組成複雜的機器和設備。

最大的卡車能承載重達 450 噸的貨物，大約相當於 90 頭大象的重量！

壯觀的隧道

　　在我們的腳下，大地被洞穿成了蜂窩狀的隧道。有些隧道用於供水，而有些隧道則供火車和汽車穿越山脈、丘陵，甚至海底。

最長的公路隧道：
萊達爾隧道（挪威）— 24.5 公里

最長的海底隧道：
英法海底隧道（英格蘭—法國）— 37.9 公里

最長、最深的鐵路隧道：
聖哥達基線隧道（瑞士）— 57 公里

最長的供水隧道：特拉華渡槽（美國紐約）—137 公里

　　有 11 座鑽孔機被用於挖掘英法海底隧道，它們的總重量為 12000 噸，比艾菲爾鐵塔還要重。

世界之最！

建造物

　　世界上的新奇跡是壯觀的人造結構。它們有的高聳入雲，有的跨越驚人的距離，將工程和技術推向了新的高度。

令人驚嘆的橋樑

最長的橋樑
中國的丹昆特大橋，長度為 164.8 公里。

最高的橋樑
中國的北盤江第一橋橫跨一條幽深河谷，橋面至江面的垂直高度為 565 米。

最古老的橋樑
土耳其伊茲密爾，橫跨梅萊斯河的單拱橋，建於公元前 850 年，至今仍在使用。

橋塔最高的橋樑
法國的米約大橋（下圖），最高點到底座的垂直距離為 343 米。

米約大橋

最高的建築物

　　世界最高建築的紀錄很少能夠保持很長時間。目前的紀錄保持者是哈利法塔，它自 2010 年以來一直保持着這一頭銜。

　　哈利法塔使用了總長 1 萬公里的鋼筋。塔的外表覆蓋着 26000 塊玻璃面板。

哈利法塔
阿聯酋杜拜，高 828 米

默迪卡 118
馬來西亞吉隆坡，高 679 米

上海中心大廈
中國上海，高 632 米

麥加皇家鐘塔酒店
沙特阿拉伯參加，高 601 米

人工島嶼

　　下面這些壯觀的工程建築通常是在空間有限的地方建造的。這些島嶼是防禦要塞、機場、居民社區或豪華度假勝地。

關西國際機場

1 弗萊福蘭島
荷蘭弗萊福蘭
970 平方公里

2 亞斯島
阿聯酋阿布扎比
25 平方公里

3 關西國際機場
日本大阪
10.7 平方公里

4 香港國際機場
中國香港
9.4 平方公里

5 港灣人工島
日本神戶市中央區
8.3 平方公里

平安金融中心·高 599 米
中國深圳

樂天世界大廈·高 554 米
韓國首爾

最重的建築物

　　吉薩大金字塔是有史以來最重的建築物，估計重達 600 萬噸。最重的現代建築是位於布加勒斯特市的羅馬尼亞議會宮，重約 410 萬噸。

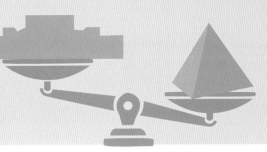

最高的雕像

1 團結雕像
印度古吉拉特邦，182 米，2018 年竣工

2 中原大佛
中國魯山，128 米，2008 年竣工

3 牛久大佛
日本牛久，120 米，2008 年竣工

4 蒙育瓦大佛
緬甸蒙育瓦，116 米，2008 年竣工

5 仙台大觀音
日本仙台
100 米
1991 年竣工

團結雕像　　　中原大佛　　　牛久大佛　　蒙育瓦大佛　　仙台大觀音

最大的城堡

　　波蘭的馬爾堡城堡是世界上佔地面積最大的城堡。它由 13 世紀的條頓騎士團建造，佔地 21 公頃，相當於 26 個足球場的面積。

互聯網內部

互聯網是一個龐大的網絡，將全球各地的電腦連接在一起。如今，數十億台設備連接到互聯網，能夠在幾秒鐘內將信息傳遞到任何一台設備！

互聯網服務供應商
這些公司提供基礎設施，使設備能夠通過電纜、撥號網絡或衛星連接到互聯網。

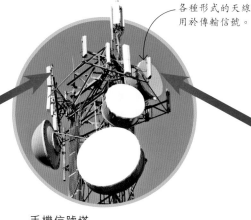

各種形式的天線用於傳輸信號。

手機信號塔
這些塔通常位於高處，它們從移動設備接收信號，並且用無線電波將信號發送給互聯網服務供應商。

智能手機
現代智能手機可以通過 Wi-Fi（移動熱點）或移動基站連接到互聯網。在全球範圍內，使用手機上網的人數已超過使用電腦上網的人數。

這部路由器被插入電纜，由此與互聯網服務供應商連接。

無線路由器
路由器將電腦和其他設備連接到互聯網服務供應商。

一排排服務器佔據了整個房間，甚至整座建築物。

電腦
手提電腦和台式電腦可以通過 Wi-Fi（移動熱點）無線連接到本地路由器，或者有線連接到電纜調制解調器。

互聯網的工作模式

本地設備通過路由器形成一個區域網絡，並且通過路由器與互聯網服務供應商連通，後者將這個區域網絡與世界各地的其他網絡連通，並且發送和接收信息。這樣，世界各地的設備就都互相聯通了。

數據中心
互聯網上的信息被存儲在位於龐大的數據中心、被稱為服務器的電腦中。這些服務器也被稱為「雲」。

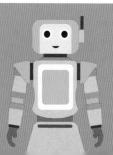

據估計，高達 60% 的互聯網流量是由機器人產生的！也就是說，這些流量是由電腦或其他設備自動產生的，而不是由自然人類輸入而產生的。

最大的城市往往有最多的互聯網連接數。

互聯網連接

互聯網使全球通訊比以往任何時候都更容易。現在有超過 60% 的人口使用互聯網，城市地區的接入更普遍。這張地圖顯示了世界各個城市之間的互聯網連接情況。

衞星信號

儘管大部分互聯網數據都是通過電纜發送的，但是還有一部分是通過圍繞地球運行的衛星發送的。衛星連接對於偏遠地區（無法接入電纜的地區）尤為有用。有些新公司計劃在國家範圍內推出衛星寬帶服務。

圖像被分割成幾個較小的部分，被稱為數據包。

每個數據包通過不同的路由在互聯網上傳輸。

用戶通過互聯網發送圖像。

數據包被重新組合成原始圖像。

信息傳遞

每天都有大量信息通過互聯網發送。連接的設備將文件通過分組交換的方式進行發送，也就是將文件分割成小部分，然後通過最佳可用路由分別發送每小部分，在接收端再合成完整的文件。

萬維網

互聯網將你的設備與其他設備連接，而萬維網則是無數個網絡站點和網頁的集合。萬維網只是使用互聯網的一種方式，我們也用其他方式使用互聯網，例如電子郵件和文件傳輸服務。

在海底

大部分互聯網數據通過光纖電纜在全球範圍內傳輸，其中許多電纜被鋪設在海底，橫跨海洋，因此存在着被船隻甚至鯊魚破壞的風險。

操作員慢慢地將光纖電纜展開，放入海洋中。

97% 的互聯網流量通過 140 萬公里的海底光纖電纜傳輸！

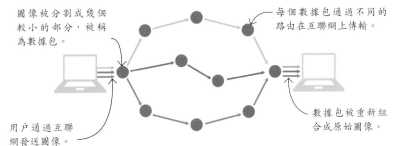

早期發明

早期的機器人之一是 Shakey（沙基），製造於 1966 年。它能利用攝像頭和傳感器在房間中導航，還能將物體推在一起。它的人工智能應用為今天許多機器人鋪平了道路。

電子設備安裝在中心位置。

機器人的構件

為了執行複雜任務，機器人需要傳感器來觀察周圍的環境。這些傳感器收集到的信息可以由機器人內部的電腦進行處理，有時也由人類操作員進行處理。機器人的機械臂或被稱為執行器的部件執行具體動作。下面的拆彈機器人利用收集到的信息來解除爆炸裝置。

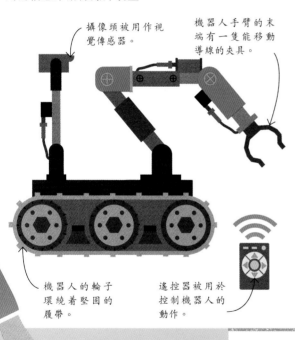

攝像頭被用作視覺傳感器。

機器人手臂的末端有一隻能移動導線的夾具。

機器人的輪子環繞著堅固的履帶。

遙控器被用於控制機器人的動作。

捷克作家卡雷爾·恰佩克在 1921 年的一部機器人殺人的戲劇中創造了「robot（機器人）」一詞。

2021 年，全球的工廠中有 300 萬個工業機器人在運行。

聰明的機器人

在 21 世紀，我們使用機器人來完成許多任務。機器人活躍在工廠、醫院、甚至軍隊中，有些智能機器人能自主做出決定！

智能手術

達芬奇手術系統利用比人類更精確的機械臂進行外科手術，而外科醫生則通過控制台來指揮機械臂和攝像頭的行動。全球範圍內已經有超過 5000 部這樣的系統在醫院工作。

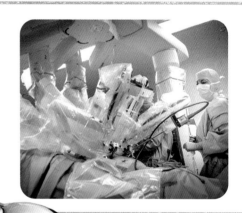

Aibo 能夠感知到自己的身體被觸摸了，並且做出反應。

Aibo 的眼睛內有攝像頭。

人工智能

許多機器人都使用某種形式的人工智能。人工智能是一種電腦程序，能夠像人類一樣根據所發生的事情做出決定，並且從中學習。圖為機器寵物狗 Aibo，它使用人工智能來適應環境，開發與人類主人互動的新方式。

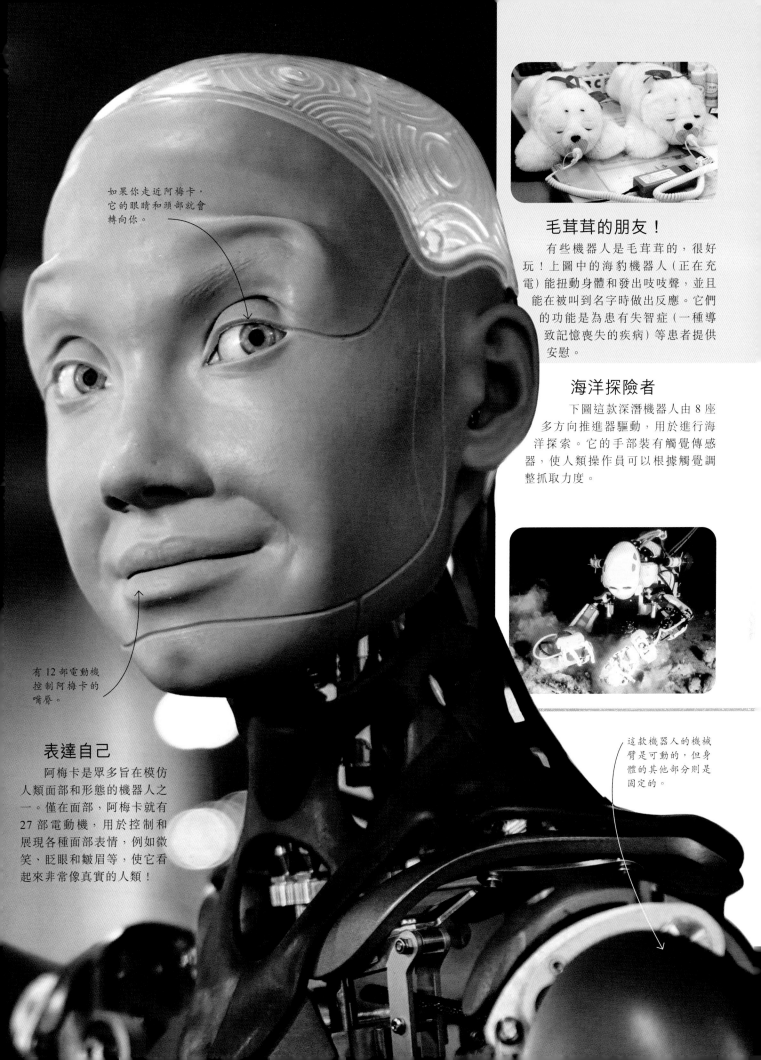

如果你走近阿梅卡，它的眼睛和頭部就會轉向你。

毛茸茸的朋友！

有些機器人是毛茸茸的，很好玩！上圖中的海豹機器人（正在充電）能扭動身體和發出吱吱聲，並且能在被叫到名字時做出反應。它們的功能是為患有失智症（一種導致記憶喪失的疾病）等患者提供安慰。

海洋探險者

下圖這款深潛機器人由 8 座多方向推進器驅動，用於進行海洋探索。它的手部裝有觸覺傳感器，使人類操作員可以根據觸覺調整抓取力度。

有 12 部電動機控制阿梅卡的嘴唇。

這款機器人的機械臂是可動的，但身體的其他部分則是固定的。

表達自己

阿梅卡是眾多旨在模仿人類面部和形態的機器人之一。僅在面部，阿梅卡就有 27 部電動機，用於控制和展現各種面部表情，例如微笑、眨眼和皺眉等，使它看起來非常像真實的人類！

微小的動物

最微小的生命形式並不都是單細胞的，有些是微小的動物。圖中的水生橈足類動物的長度不到 2 毫米，它們與蝦和其他甲殼動物有親緣關係，存在於世界各地的海洋和淡水中。

游泳用的極小的腿

細菌內部

世界上有超過 3 萬種細菌，而每個細菌只是一個簡單的細胞。它們具有不同的形狀，包括球形和螺旋形。

細菌用尾巴推動自己前進。

細菌中心的 DNA 中存儲着所有遺傳信息。

桿狀細菌

被稱為纖毛的毛細結構使細菌能夠附着在物體表面上。

極限生存！

許多微生物能夠在其他生物無法生存的極端條件下存活，例如在海底。被熔岩加熱的高溫沸水從深海熱液噴口中噴出，那裏也缺乏陽光，而有些微生物仍然能在這種環境中生存繁衍。

噴出來的水中含有微生物賴以維生的礦物質。

微生物的羣落在噴口周圍形成。

顯微鏡下

我們周圍有一個肉眼看不見的微生物世界。從微小的類似植物的藻類到細菌羣，無數微生物存在於我們周圍，甚至存在於我們的身體內部。

微小的世界

雖然我們能用顯微鏡清晰地觀察那些小生物，但它們實際上是難以想像地微小。下列是一些微米尺度的生物（1 微米是 1 毫米的千分之一）！

鞭毛幫助藻類在水中游動。

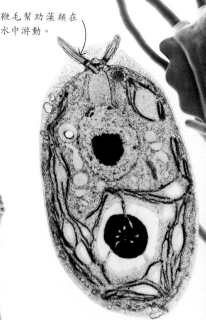

病毒外部的尖刺幫助它們侵入被感染生物的細胞。

圓球狀的孢子

被稱為菌毛的微小毛髮覆蓋了大腸桿菌的外膜。

這種圓潤的小細菌呈球形。

流感病毒

這種微小但可能致命的病毒的直徑只有 0.1 微米，每年冬天都會導致很多人生病。

葡萄球菌

葡萄球菌常見於人體皮膚上。金黃色葡萄球菌能引起感染。

大腸桿菌

人體腸道中常見此類細菌，其中有些菌種對人體有益，而有些則對人體有害。

青黴菌

這種微小的真菌已經成為一種用於治療細菌感染的救命藥物。

微藻

藻類是微小的水生生物。難以計數的藻類在池塘、河流和海洋中漂浮着。

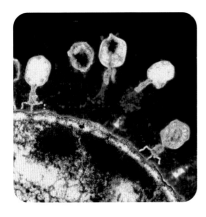

微小的入侵者

大多數科學家將病毒歸類為非生物，這是因為它們無法自行繁殖，必須利用其他生物才能繁殖。它們將自己的 DNA 插入宿主細胞的 DNA 中，從而複製自己的 DNA，來繁殖下一代病毒！

使用顯微鏡

光學顯微鏡利用玻璃透鏡來聚焦光線，使物體通過目鏡被觀察時看起來很大。光學顯微鏡能將物體放大數千倍。利用電子束的新型電子顯微鏡能將物體放大高達 5000 萬倍。

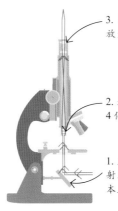

3. 目鏡進一步增加放大倍數。

2. 透鏡將物體放大至 4 倍至 100 倍。

1. 反射鏡將光線反射到玻璃片上的標本上。

光學顯微鏡

地球上的微生物種數比銀河系中的恆星數目還要多！

精子的長尾巴推動身體游動。

用放大鏡觀察，晶體糖並不是完全光滑的。

這種微生物的球狀部分包含了它的 DNA。

賈第蟲

賈第蟲屬於原生動物界，是一種能對人類造成嚴重傷害的微生物。

精子細胞

成年男性每天可以產生超過一億個這種游動細胞。它們是最小的人類細胞，但是比許多微生物要大得多。

晶體糖

許多家用食品，例如糖、鹽和大米，都由微小的顆粒構成。但即使是最小的晶體糖也比大多數微生物要大得多。

雙螺旋結構

如果將 DNA 展開，就會發現它的結構像扭曲的樓梯，被稱為雙螺旋結構。這個結構的兩條邊緣是扭曲的骨架，中間橫向連接着名為鹼基的 4 種不同的化學物質的配對。這些鹼基的不同組合形成了一種編碼，保存了每個人的遺傳信息。

每種鹼基只能與另一種鹼基配對。

DNA 的骨架是由糖和其他化學物質構成的。

活躍的 DNA

有一種長螺旋樓梯狀分子隱藏在我們每個細胞中，被稱為 DNA（脫氧核糖核酸）。DNA 包含了我們個人的所有信息。正是我們之間的 DNA 差異賦予了我們每個人不同的身體和心理特徵。

人類與香蕉約有 40% 的 DNA 是相同的！

聰明的染色體

每個人都從父母那裏繼承了 DNA，這些 DNA 組成了被稱為染色體的結構。每人都有 46 條染色體，其中 23 條來自母親，另外 23 條來自父親。

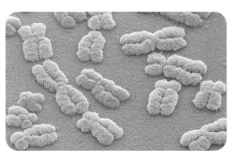

基因是甚麼？

DNA 分子中有許多特定序列，被稱為基因。每個基因都指示身體製造一種蛋白質。蛋白質是一種可以構建身體部分或執行任務的化學物質。這些蛋白質共同構成了你的獨特特徵。

由許多基因產生的許多蛋白質決定了你的某一個特徵，例如你的眼睛顏色。

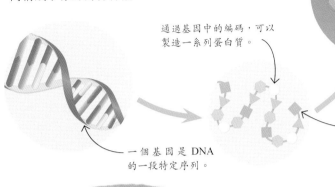

通過基因中的編碼，可以製造一系列蛋白質。

一個基因是 DNA 的一段特定序列。

蛋白質是由氨基酸連接形成的長鏈分子。

基因編輯！

科學家現在有能力編輯 DNA。他們已經在蚊子身上試驗了這項技術。他們給蚊子注入了一個基因，來阻止雌性蚊子（叮咬人類的蚊子）發育到成年期，這樣就不能將疾病，例如瘧疾，傳給人類。

共享 DNA

同卵雙胞胎看起來一模一樣，這是因為他們擁有完全相同的 DNA。然而，你的基因並不是決定你將來會成為甚麼樣的人的唯一因素。環境和生活方式也會產生影響，所以雙胞胎也會有不同之處。他們甚至可能有不同的指紋！

同卵雙胞胎的眼睛顏色、膚色和臉型都是相同的。

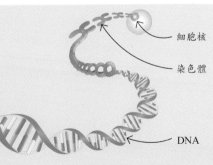

編碼突變

人體不斷複製自己的 DNA，但是在這個過程中可能會發生隨機突變。白化病，也就是皮膚和眼睛色素減少的疾病，就是因為 DNA 突變而引起的。只有當後代從父母那裏各繼承一個能引起白化病的基因副本時，才會患這種疾病。

細胞核

染色體

DNA

如果將一個細胞中的 DNA 完全展開，它的長度可達到大約 2 米！

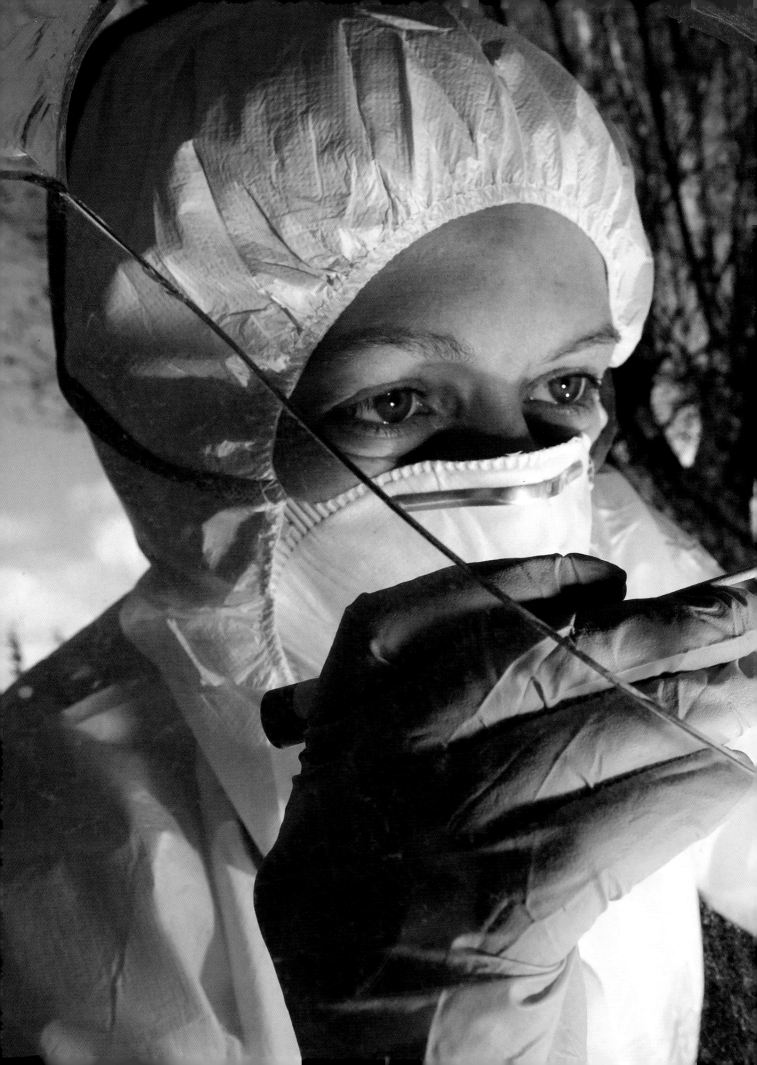

萊莎·尼科爾斯－德魯是英國萊斯特郡的德蒙福特大學的副教授，同時也是一名特許法醫從業者。她既從事教學工作，也參與案件調查。

收集證據

　　犯罪現場調查員仔細地搜索現場，不放過一絲可能提供犯罪信息的證據。為了避免干擾現場，他們都穿戴着手套和防護裝備，將收集到的每件物品都小心地分裝在單獨的容器或袋子中，以防止污染。即使是最小的樣本，例如圖中從破裂的窗戶上採集的血拭子，也可能會很有用。

法醫學家

　　問：你工作中的哪一部分最有趣？

　　答：我喜歡與其他專家合作，也喜歡用科學技術來確定案件的要素：何人、何事、何地、何時、以及如何，從而破解犯罪案件和維護社區安全。

　　問：法醫學有哪些不同的領域？

　　答：法醫學有許多不同的專業領域，包括毒理學（研究藥物和毒物）、技術學（分析電腦和手機）、生態學（檢查土壤和花粉）等等。

　　問：在犯罪現場你能找到甚麼？

　　答：犯罪現場可能存在許多類型的證據，例如鞋印、輪胎痕跡、衣物纖維、玻璃和油漆碎片、文件、以及人體留下的證據，例如頭髮和唾液。所有被發現的證據都會被送往實驗室進行檢查。

　　問：DNA 如何幫助破案？

　　答：DNA 存在於人體的每個細胞中（紅血球除外）。從犯罪現場的生物材料（例如血液）中提取的 DNA 經過檢查後，有助於排除或確定與犯罪案件有關的人。

　　問：你有可以幫助你尋找證據的特殊設備嗎？

　　答：法醫學家現在用紫外線和紅外線查看以前無法看見的證據。紫外線能顯示皮膚掉下來的細胞物質，因此被用來查看誰觸摸過某件物品。紅外光能顯示一個人是否洗掉了手背上的筆跡。這兩種光也可用於確定文件是否是真的，例如護照和貨幣。

歷 史

甚麼是歷史？

世界上迄今為止發生過的一切都構成了歷史。了解歷史能幫助我們理解今天正在發生的事情，也能幫助我們欣賞不同文化背景的故事。

人們創作藝術品的方式以描繪和表達的主題，從洞穴藝術到照片，都讓我們得以窺探當時的世界。

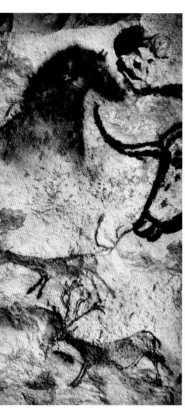

動物

這些法國拉斯科洞穴中的牛和馬壁畫繪製於近2萬年前。藝術家描繪的是野生動物，還是獵物呢？

權力

統治者利用藝術來炫耀他們的財富和權力。烏爾王軍旗是一幅有着4500年歷史的馬賽克鑲嵌藝術品，凸顯了蘇美爾人的軍事實力。

體育運動

這座雕塑是一位7世紀的瑪雅球賽選手。體育題材出現在各個時代的繪畫、浮雕和雕塑中，表明人們一直喜愛體育運動。

宗教

許多宗教的神、聖徒和信仰一直是各個時代的藝術作品中常見的主題。這扇中世紀的彩色玻璃窗構造了一位基督教聖徒。

澳洲原住民的口述歷史可以追溯到6萬年前！

誰的歷史？

在歷史的過程中，各種文化背景的人們都為自己的文化感到自豪，但是忽視了其他知識和傳統。缺乏文字記錄在過去常常被視為缺乏歷史，但是今天我們知道，文物、藝術和代代相傳的故事同樣講述着歷史。

斯基泰人的裝飾精美的金梳。斯基泰是一個沒有已知書寫語言的古代文明。

克利奧帕特拉七世是古埃及的最後一任法老，她與蘋果手機的年代距離比與吉薩金字塔建造的年代距離還要近！

神秘的歷史

有些歷史的謎團仍未被破解。歷史學家發現了 5000 年前印度河流域文明（位於今天的印度和巴基斯坦西北地區）的文字記錄，但至今仍然無法解讀這些文字。歷史學家正在努力嘗試破解它們，但是它們也可能永遠是一個秘密。

約5000年前的印度河印章上的文字

我們如何了解歷史

歷史知識有許多來源。文字資料告訴我們人們如何看待他們所經歷的事件，而考古學挖掘出實體證據。另一個來源是口述歷史，也就是人們口耳相傳的故事。

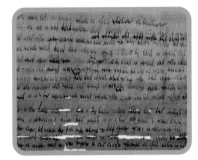

文字記錄

第一手記錄，包括日記、信件和文件，例如這份 2500 年前的結婚證書，告訴我們當時的生活細節。之後的歷史書籍則有對這些原始資料的評估和分析。

日常生活

這幅 18 世紀繪畫描繪了兩位印度少女放風箏的場景，讓我們一睹過去人們的日常生活。

歷史時刻

重大的歷史事件可能會在歌頌參與者的畫作中表現出來，例如這幅描繪 1830 年法國革命的作品。

戰 爭

歷史上一直有描繪戰爭的繪畫。自從 19 世紀 50 年代起，戰爭的恐怖就被攝影記錄下來。這張照片來自第一次世界大戰。

考古學

考古學家在歷史遺址發現的物品告訴我們很多過去人們生活方式的信息。圖中這位考古學家正在一處古希臘貿易中心的遺址（位於今天的保加利亞）挖掘一隻雙耳細頸瓶。

30個方格的棋盤

象牙棋子

娛樂與遊戲

有些事情永遠不會改變。即使在 3300 年前，孩子們也喜歡玩遊戲。年幼的法老圖坦卡蒙的陵墓中陪葬了這張遊戲桌，使他可以在來世玩古埃及的塞尼特棋。

口述歷史

許多文化沒有留下文字記錄，但是口述歷史記錄的文化同樣豐富和充滿細節。阿沃爾·洛金·霍斯是一位美國夏延河的拉科塔族原住民說故事人，他給年輕一代講述自己部落的歷史，使它得以流傳。

可以將食物放
在火上烹飪。

火焰提供光明和
溫暖。

人類的祖先

人類的歷史始於數百萬年前，當時非洲的一
羣類人猿開始直立行走。隨着時間的推移，這羣
類人猿逐漸進化出比較大的大腦，最終進化成我
們這種物種：智人。

最早的藝術

左圖是法國的拉斯科
洞穴的壁畫，大約有 2 萬
年的歷史。而最早的洞
穴繪畫可以追溯到大約
45000 年前。洞穴藝術通
常使用紅色、黃色和棕色
顏料描繪動物。這種藝術
可能是一種講故事的
方式，也可能具
有宗教意義。

生 火

大約 100 萬年前，直立人學會了如何點
燃和控制火焰。這意味着他們可以在惡劣的
氣候條件下保暖，並且嚇跑捕食性動物。烹
飪過的食物比較容易消化，而更富有營養的
食物促進了人類的大腦發育得更大。

製作工具

早期人類已經能夠熟練地製造工具。燧
石手斧是用燧石片製成的，發明於 176 萬年
前。像這樣的工具被人類使用了 150 萬年。
後來，人類將斧頭綁在一根棍子或骨頭上，
這樣就能用更大的力量揮動斧子。

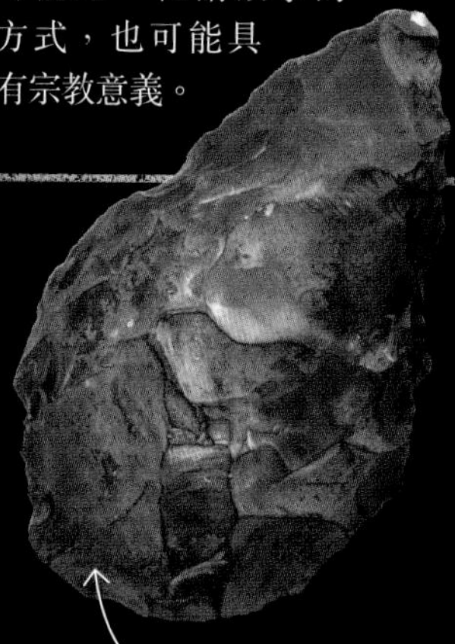

寬大的底部是鈍
的，因此可以安全
地用手握住。

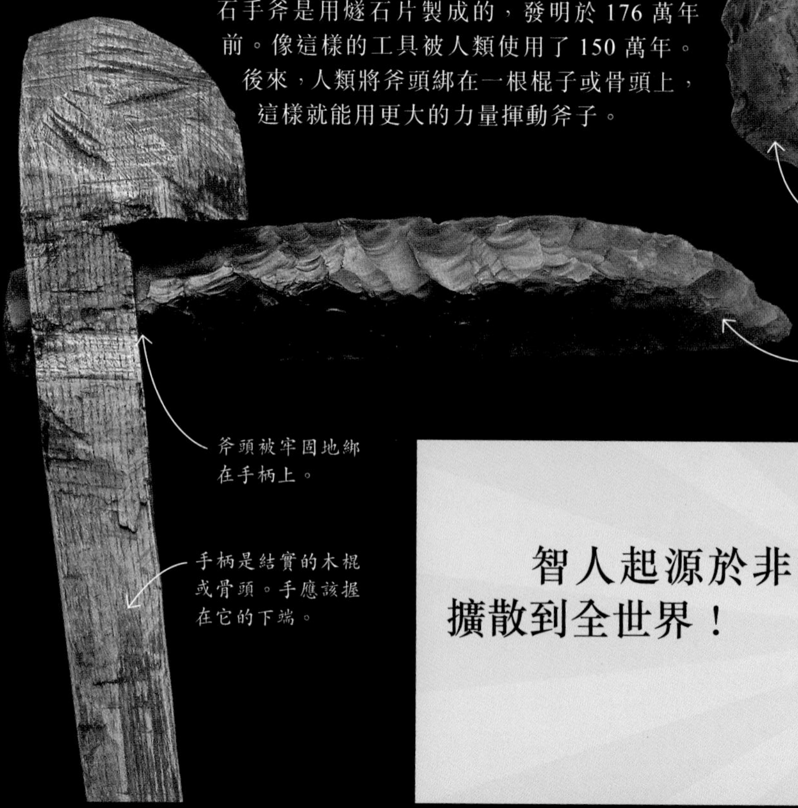

石頭被磨出致
命的尖端。

這座由長毛象
牙雕刻的古老的獅
人像已有 4 萬年的
歷史！

斧頭被牢固地綁
在手柄上。

手柄是結實的木棍
或骨頭。手應該握
在它的下端。

智人起源於非洲，逐漸
擴散到全世界！

像類人猿一樣
的突出的眉骨

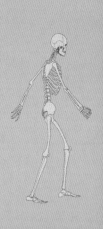

大家族

科學家已經發現了大約 20 種人類
物種，其中一些與我們這種物種同時存
在過，但是他們全都滅絕了。下面是 5
種人類物種，以及他們存在的時期。

**非洲南方古猿，320
萬至 200 萬年前**
非洲南方古猿主要用兩
條腿行走，但是仍保留了樹
棲動物的長臂特徵。他們的
體型比現代人類小很多。

**能人，240 萬至 170
萬年前**
能人是最早開始使用工
具的物種之一。他們適應了
直立行走，但是仍然具有像
類人猿一樣寬大的下頜和濃
密的毛髮。

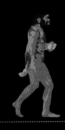

**直立人，190 萬至
11 萬年前**
直立人的體型與現代人
類相似。他們在非洲和亞洲
的廣大區域生活，徒步數公
里去狩獵和採集食物。

**尼安德特人，40
萬至 4 萬年前**
尼安德特人很強壯，
大腦很大，並且適應了寒冷
的氣候。他們與智人共同生
活過。

**智人，30 萬年前至
今**
現代人類大約在 30 萬年
前出現在非洲。他們進化出
了更大的大腦，使他們能夠
進行團隊合作和解決問題。

下頜寬大，有適合咀嚼
生植物的牙齒。

古代的親屬

非洲南方古猿是最早直立行走的
人類物種之一，距今已有 300 萬年的歷史。
上圖是基於在南非發現的骨骼而重建的頭
部，顯示了一張混合了人類和類人猿特徵的
面孔。

狩獵

最早期的人類是食腐動物。隨着工具
改進和發展，他們開始狩獵。約在 50 萬
年前，人類發明了用石頭作茅尖的長矛，
因此能夠獵殺大型動物。他們齊心協力甚
至能夠獵殺最大的動物。

雙眼是用黑色顏料繪製的。

雕像的頂部可能曾經帶着假髮或頭飾。

臉部的雕刻比身體精細。

第一座城鎮

最早期的人類以狩獵和採集食物為生，他們常常從一個地方遷移到另一個地方尋找新的食物來源。之後，大約在 1.2 萬年前，人類開始種植農作物，首次在一個地方長期定居。

雕像沒有手臂，這表明它當初可能穿着衣服。

安加扎勒雕像

安加扎勒地處現代的約旦，是世界上最早的城鎮之一。大約 9000 年前就有人類在這裏定居。考古學家在這處遺址發現了 30 多座大型人物雕像。它們可能被用於宗教儀式，但是沒有人確切地知道。

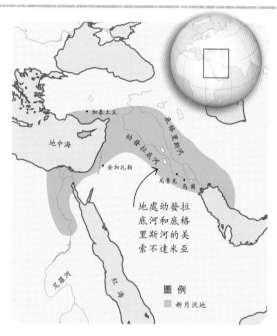

地處幼發拉底河和底格里斯河的美索不達米亞

圖例
■ 新月沃地

肥沃的農田

最早期的農民生活在「新月沃地」，這是一片環繞着 3 條大河的肥沃土地。世界上第一個已知的定居點就建在這一片土地上，被稱為美索不達米亞。

腳比較小，但是腳趾的標記很清晰。

蘆葦被麻線緊緊地捆綁，以保持穩定。

我們能看出來這個象形字是一隻鳥。

簡化後的形狀是飛行中的翅膀。

「鳥」字最終變成一個符號。

最早的文字

文字是為了記錄食物庫存和法律協議而發明的。美索不達米亞的早期文字是象形文字，用來代表實際物體，後來逐漸發展為簡化的符號。

安加扎勒雕像是用石灰泥包裹着捆扎在一起的蘆葦雕刻而成的，它們已經有約 9000 年的歷史！

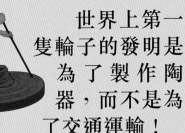

世界上第一隻輪子的發明是為了製作陶器,而不是為了交通運輸!

撥動琴弦來演奏這種樂器,就像演奏豎琴一樣。

琴的前部裝飾着牛頭。

烏爾的牛頭豎琴

王都烏爾

在美索不達米亞南部的蘇美爾土地上,出現了第一批城市,其中的烏爾是首都,也是國王和女王統治的貿易中心。城牆內矗立着右圖中的巨大的階梯金字塔,也被稱為塔廟,用於舉行宗教儀式。

青金石是一種比黃金還珍貴的藍色寶石,被用來製作這頭牛的眼睛和鬍鬚。

頭部由木材雕刻而成,覆蓋着一層金箔。

青銅時代

青銅是銅和錫熔化在一起形成的合金,它比骨頭或石頭更堅硬,而且容易成型。這項技術最早出現在公元前 3500 年左右,為製造更好的工具和武器奠定了基礎。

通過捶打被加熱的青銅形成的鋒利刀刃

王室的牛

在城市中,專業工匠使用來自遙遠土地上的原材料創造出珍品。圖中這枚金牛頭是 4000 多年前埋葬在烏爾附近的王族墳墓中的豎琴上的裝飾品。

擁擠的加泰土丘

加泰土丘位於現代的土耳其,是一座 9000 多年前建造的城鎮,非常獨特。它的房屋之間沒有街道,人們在膠土屋頂上行走。這座城鎮有長達 2000 年的歷史。

屋子沒有前門,門洞開在屋頂上。

建築物緊密地挨在一起。

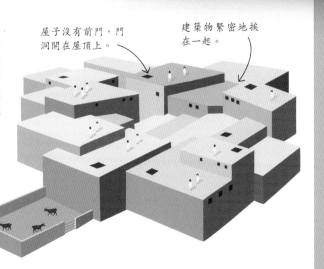

家畜被圍養在旁邊的圍欄中。

大約在 15000 年前,狗成為最早被馴化的動物!

尼羅河兩岸

埃及的大部分地區都是貧瘠荒涼的荒漠，但是尼羅河沿岸卻有適合農耕的肥沃土地，使埃及變得富裕強大，足以征服北方的土地。右側的地圖顯示了埃及王國在最輝煌時期的疆域。

女性統治者

儘管大多數法老都是男性，但是埃及的女性也可以成為攝政王，輔佐她們的孩子，或者與丈夫一起統治國家。圖中的納芙蒂蒂王后與她的丈夫阿肯那頓一起統治。儘管我們尚不清楚她的確切角色，但她顯然是一位有強大權勢的女性，這是因為那個時期的藝術作品描繪了她擊敗埃及的敵人的情景。

尼芙蒂蒂王后雕像的右眼瞳孔是一塊由蜂蠟固定並且塗有黑色顏料的石英，但是左眼的鑲嵌物不見了。

死者的內臟被存放在卡諾匹斯罐中！

瞭望者留意危險。

這名男子正在用長矛捕魚。

包裹起來

富有的埃及人在死後有盛大的葬禮，他們的屍體會被製成木乃伊，包裹起來，然後被裝殮入一套棺材中，為來世生活做準備。

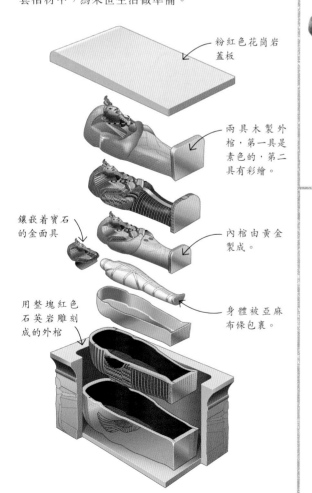

粉紅色花崗岩蓋板

兩具木製外棺，第一具是素色的，第二具有彩繪。

鑲嵌着寶石的金面具

內棺由黃金製成。

用整塊紅色石英岩雕刻成的外棺

身體被亞麻布條包裹。

剛捕到的大魚

神聖的貓

埃及人相信貓會給家裏帶來好運，因此他們給貓戴珠寶，吃美味的食物。當貓死後，它們會被製成木乃伊，而它們的主人們會剃掉眉毛以示哀悼。殺害貓的人都會被判處死刑！

貓木乃伊可能會被放置在家族的墳墓裏或寺廟裏。

尼羅河王國

公元前 3000 年左右，非洲尼羅河沿岸出現了一個名為埃及的偉大文明，它成為世界上有史以來最富有的王國之一。

世界奇跡！

大金字塔由約 200 萬塊石塊構成，每塊石塊重約 2.3 噸。它是法老胡夫的陵墓，由獅身人面像守護着。

生命之河

尼羅河是埃及所有生命的中心。洪水每年都會淹沒河流周圍平原的肥沃土壤。駁船沿河運送貨物和人。左圖中的擁有 4000 年歷史的模型展示了一個貴族家庭在尼羅河上遊玩時的情景。

剛捕獲的水鳥

用於遮擋陽光的遮篷

船尾的長槳被用於操縱駁船。

備用槳

眼鏡蛇象徵着法老的統治。

埃及被法老們統治了 3000 多年！

法老

法老是古埃及至高無上的統治者，被認為是活着的神。只要不是收穫季節，法老就有權調用普通埃及人，其中大多數是農民，來建造像金字塔這樣的宏偉建築。

法老圖坦卡蒙的面具裝飾着黃金和寶石。

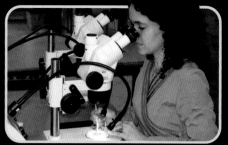

門納特–阿拉・埃爾多里博士是一位專門研究植物的埃及古物學家。她利用自己的專業工具（例如顯微鏡）以及墓葬繪畫來了解祖先們所吃的食物。

埃及古物學家

問：你的工作是甚麼？

答：我研究古代植物。想想看：你正在準備你最喜歡的飯菜，你可能會剔除種子並且把它們扔掉。如果我翻看你的垃圾，發現了這些種子，我就能推斷出你在做甚麼菜。

問：古埃及人最喜愛的食物是甚麼？

答：他們喜歡吃麵包、小扁豆、生菜、青蔥，以及鴨、鵝、豬和魚。他們每天都會喝啤酒，這是因為啤酒是一種濃稠的、有營養的飲料。富人吃的食物也類似，但是會傾向於更昂貴的牛肉和葡萄酒。

問：古埃及人吃甜食嗎？

答：是的！他們喜歡吃甜食。他們用乾無花果和乾棗製作蛋糕般的甜麵包。富人還用蜂蜜製作甜蛋糕和糕點。

問：他們是如何冷藏食物的？

答：我們對此沒有確切的了解。他們可能會使用不同的方法保存食品，包括將食物晾乾、醃制和熏制，而不是用冷藏的方法。他們可能每天準備食物，將需要保存的食物放在房子的陰暗涼爽的角落裏。

問：你有哪些最不尋常的地方找到了新發現？

答：在糞便中！事實上，人類和動物的糞便都含有大量他們吃過的食物的殘渣，因此可以幫助我們了解古代的飲食習慣。

問：為甚麼尋找過去的痕跡很重要？

答：作為一名埃及人和埃及古物學家，了解我的祖先對我很重要，而食物是一個完美的窗口，可以讓我了解他們的生活。我還希望研究從古延續至今的美食史。許多世界各地的傳統食品正在消失，我們有必要將它們記錄下來。

美味的食物

這幅 3400 年前的墓室壁畫展示了古埃及文士和天文學家納赫特和他的妻子陶伊接受穀物、葡萄、魚、鴨和無花果等美味食物供品。古埃及是古代世界中水土最肥沃的地區之一。如今，像這樣的壁畫為門納特–阿拉・埃爾多里博士和其他埃及學家提供了證據，可以被用來構建一幅過去的圖景。

古希臘曾經有 1000 多個城邦，其中包括雅典和斯巴達。

合唱團用唱詞解釋劇情。

神從高處出現，經由升降器降臨到台上。

依着山坡而建的石座位

精彩的戲劇

古希臘戲劇很可能起源於紀念酒神狄俄尼索斯的節日，其中的喜劇嘲笑統治者和眾神，而悲劇則描述悲傷的故事，通常是家庭劇。演員戴着面具扮演各種角色。

赫拉克勒斯準備用石頭擊打這條蛇。

英勇的赫拉克勒斯

古希臘人有許多神話故事，其中最著名的故事之一是赫拉克勒斯的故事。他天生就力大無窮。作為殺害家人的懲罰，他必須完成 12 項任務。赫拉克勒斯的故事啟發了許多藝術作品，包括圖中的這位英雄與蛇搏鬥的 19 世紀雕塑。

崇高的眾神

古希臘文化中有許多神，每位神負責不同的生活領域。人們相信，如果他們向眾神獻祭，就會得到祝福。

宙斯
這位眾神之王的武器是閃電。

雅典娜
這位智慧和戰爭女神保護雅典。

赫爾墨斯
這位神使引導靈魂進入冥界。

古希臘雕像最初是塗了鮮豔顏色的，但是今天已經褪成白色。

輝煌的古希臘

　　2500年前，古希臘人創造了一個獨特、先進、而且有影響力的文明。古希臘不是一個國家，而是數百個自治的城邦，它們都用同一種語言，也信奉同一種宗教。

賀浦力特戰士穿著青銅護脛來保護腿部。

賀浦力特戰士

　　古希臘的城邦之間經常發生戰爭。他們的士兵被稱為賀浦力特戰士。賀浦力特是希臘語「盾牌」的意思。只有最富有的人才能成為賀浦力特戰士，這是因為他們必須自費購買武器和盔甲。

這條蛇是河神阿刻羅俄斯在與赫拉克勒斯戰鬥時的化身。

鋒利的尖牙能刺入人體。

這條蛇竭力掙扎，企圖掙脫赫拉克勒斯的控制。

赫拉克勒斯用鐵鉗般的手牢牢地握住這條蛇。

赤身裸體並不無禮！

　　古希臘人脫掉衣服進行鍛鍊。Gymnasium（體育館）一詞的原意為「裸體鍛鍊」。即使是參加奧林匹克運動會的跑步運動員也完全赤裸地參加比賽。

人民的權力

　　早期的古希臘城邦由國王統治，例如右圖面具塑造的邁錫尼國王阿伽門農。但是在公元前507年，雅典人推翻了他們的統治者，賦予每位自由男子在重要問題上進行投票的權力，並且稱這種方式為民主。Democracy（民主）一詞源自希臘語「demos（人民）」和「kratos（統治）」。

富有的古羅馬人喜歡食用異域動物，例如孔雀、長頸鹿，甚至獅子！

教育

這幅來自龐貝城的壁畫中的女子一手持蠟板，一手持用於在蠟板上做記號的筆。學習讀和寫是最富裕的古羅馬人才能負擔得起的。

古羅馬的崛起

大約 2000 年前，古羅馬人利用紀律嚴明的軍隊和工程技能建設了前所未有最龐大的帝國之一。

野生動物，例如這隻黑豹，來自帝國各地。

強大的頸部能一口咬死敵人。

上身的盔甲保護胸部，但是不保護頸部。

這名角鬥士的武器是長矛。有的角鬥士使用劍。

鮮血灑落在競技場的沙地上，很快被吸乾。

生死戰！

角鬥士是受過訓練的勇士，他們用比賽來為公眾提供娛樂。他們在競技場進行一對一決鬥，或者重演戰鬥場面，甚至與兇猛的動物較量。角鬥士大多數是奴隸，最優秀的角鬥士可以贏得財富和名譽，甚至獲得自由。

大西洋

羅馬城

地中海

圖例
■ 在公元 117 年擴張至最大的羅馬帝國疆域

龐大的帝國

羅馬帝國不斷擴張，它的疆域於公元 117 年達到最大，西起不列顛，東至伊拉克，擁有 7000 萬人口。為了連接帝國的邊遠地區，古羅馬人修建了總長度為 8 萬公里的道路，用於軍隊調動、貿易運輸和信息傳遞。

廁所幽默！

大多數古羅馬家庭沒有廁所，所以人們使用公共廁所。這些廁所沒有隔間，因此成為人們交談和開玩笑的受歡迎的社交場所。但是清潔衛生方面則沒那麼有趣：大家共用一根裹着海綿的木棍。

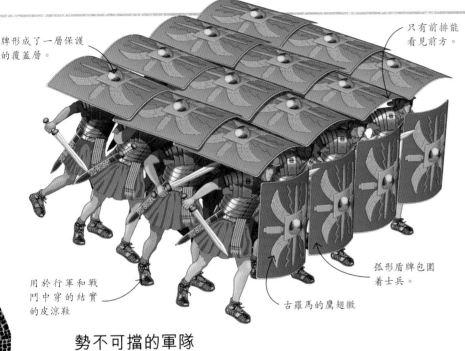

牌形成了一層保護的覆蓋層。

只有前排能看見前方。

用於行軍和戰鬥中穿的結實的皮涼鞋

古羅馬的鷹翅徽

弧形盾牌包圍着士兵。

勢不可擋的軍隊

古羅馬軍隊被分為 30 個軍團，每個軍團有 4800 名士兵，被稱為軍團兵。軍團兵在戰場上使用複雜的隊形，例如圖中的名為烏龜的隊形，來保護自己並且在戰鬥中取得優勢。

奧古斯都被塑造成年輕人。

伸展的手臂表示奧古斯都正在發表演講。

羅馬愛神丘比特緊靠着這位皇帝。

只有神是赤足的。

首位皇帝

在將近 500 年的時間裏，古羅馬一直是一個共和國，但是公元前 49 年內戰爆發後，將軍屋大維自封為皇帝，取名奧古斯都（意為神聖偉大），並且被當作神來崇拜。在接下來的 400 年裏，古羅馬一直被皇帝統治着。

古羅馬人用尿液洗衣服，這是因為尿液中的氨能去除污漬！

令人驚嘆的工程

圖中的加爾橋是一條引水渡槽的其中一段。這條引水渡槽全長約 50 公里，將泉水運送到位於現在法國尼姆市的地區。它建於公元 1 世紀，是眾多經受了 2000 多年時間考驗依然聳立的古羅馬建築之一。

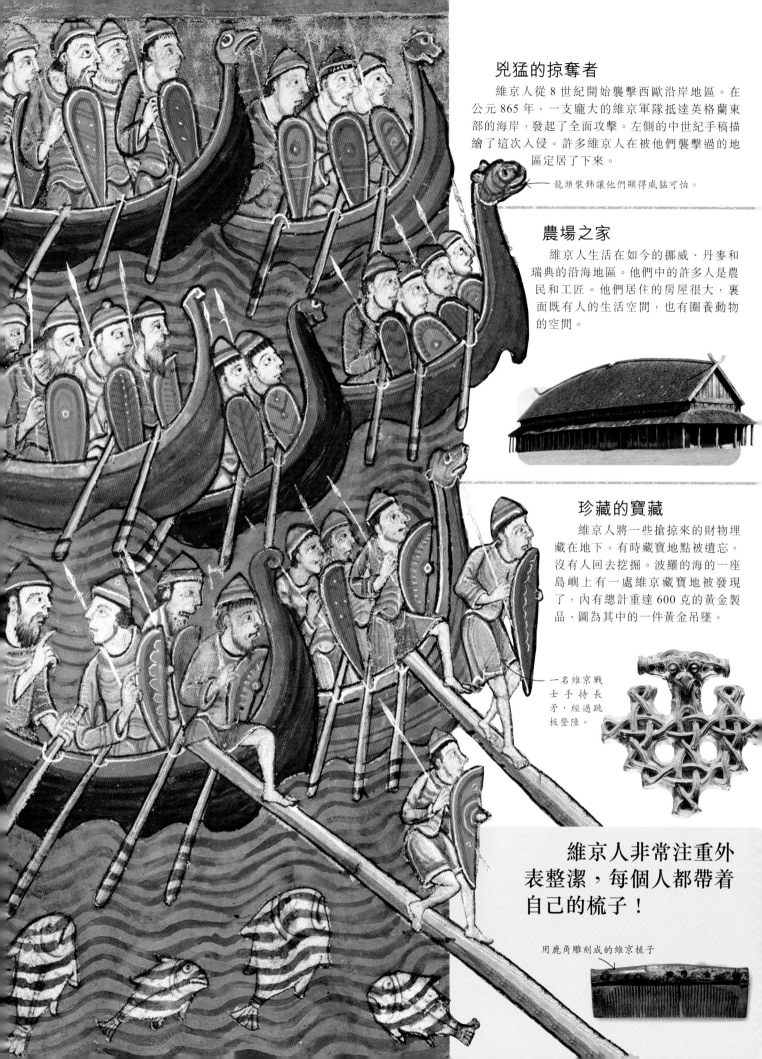

兇猛的掠奪者

維京人從 8 世紀開始襲擊西歐沿岸地區。在公元 865 年，一支龐大的維京軍隊抵達英格蘭東部的海岸，發起了全面攻擊。左側的中世紀手稿描繪了這次入侵。許多維京人在被他們襲擊過的地區定居了下來。

龍頭裝飾讓他們顯得威猛可怕。

農場之家

維京人生活在如今的挪威、丹麥和瑞典的沿海地區。他們中的許多人是農民和工匠。他們居住的房屋很大，裏面既有人的生活空間，也有圈養動物的空間。

珍藏的寶藏

維京人將一些搶掠來的財物埋藏在地下，有時藏寶地點被遺忘，沒有人回去挖掘。波羅的海的一座島嶼上有一處維京藏寶地被發現了，內有總計重達 600 克的黃金製品，圖為其中的一件黃金吊墜。

一名維京戰士手持長矛，經過跳板登陸。

維京人非常注重外表整潔，每個人都帶着自己的梳子！

用鹿角雕刻成的維京梳子

遠航的維京人

刻在木柄上的盧恩語

在 8 世紀至 11 世紀期間，維京人從斯堪的納維亞半島啟航，一路上在許多地方強佔土地，但是也促進了貿易和文化的交流。

藍牙（一種短距離無線通訊技術）就是以維京國王哈拉爾德·藍牙的綽號命名的，左側的藍牙徽標由他的盧恩語名字中的兩個首字母合成。

可靠的武器

有些維京人擁有價值不菲的劍，但是斧頭和長矛則更為常見，這是因為它們所需的鋼材較少。不管是甚麼武器，維京人都視它們為寶貴財產，有些人甚至將自己的盧恩語名字刻在武器的木柄上。

維京世界

維京人從他們的居住地斯堪的納維亞半島出發，向東、向西和向南航行。有些維京人為了獲取土地和財富而進行搶劫和殺戮，而有些維京人則遠航探索新的土地。許多維京人是商人，他們沿着東歐的河流和海洋建立了貿易路線。

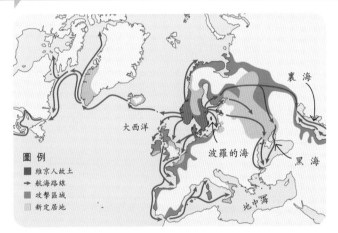

裏海

大西洋

波羅的海

黑海

圖例
- ■ 維京人故土
- → 航海路線
- ■ 攻擊區域
- □ 新定居地

地中海

北歐眾神

維京人信奉許多神，每位神都有獨特的能力和個性。眾神居住在位於巨大的世界樹頂端的阿斯加德，而人類和巨人則居住在較低的地方。

雷神托爾

托爾是一位戰士，也是雷神，他用錘子與巨人和蛇作戰。

頂級交通工具

維京人善於建造船舶。他們有不同類型的船舶，其中最著名的是維京長船。這種快速、細長的船能用划槳驅動，也能用風帆驅動。扁平的船體吃水淺，因此能靠近岸邊，也能在內陸河流中航行。

重疊的木板構成了又堅固又輕巧的船體。

顯示扁平船體形狀的剖面圖

當風力太弱時，可以將帆放下。

舵槳

沒有風時用槳划船。

出海時可以取下龍頭。

主神奧丁

奧丁是有智慧而且強大的主神。他的坐騎是一匹八足馬。

芙蕾雅

芙蕾雅是愛與生育之女神，擁有主宰生與死的力量。

　　它們是小型船還是大型船？有甚麼區別呢？有人説我們能將小型船放在大型船上，但不能將大型船放在小型船上，但是總有例外。潛艇被認為是小型船！這裏有一些世界各地的、過去和現在的海上交通工具。你能説出它們的名稱嗎？你能找出其中的異類嗎？

1　拜占庭戰船（7 世紀）
2　薩凡納號（1818 年跨大西洋的蒸汽帆船）
3　中國明朝帆船（約 1640 年）
4　威尼斯貢杜拉游船（18 世紀）
5　巴達維亞號（1628 年荷蘭東印度公司的船）
6　卡蒂薩克號（1869 年的英國飛剪式帆船）
7　現代貨櫃船
8　阿拉伯道船（始於 14 世紀早期）
9　弗拉姆號（1892 年的挪威極地探險船）
10　聖薩爾瓦多號（1540 年的西班牙大帆船）
11　聖三一號（1769 年的西班牙戰艦）
12　古希臘三列槳座戰船（公元前 5 世紀）
13　埃及帆船（公元前 1500 年）
14　克里族皮船（17 世紀）
15　古羅馬商船（公元 3 世紀）
16　鐵達尼號（1912 年的豪華客輪）
17　韓國龜船（1590 年）
18　美國航空母艦大黃蜂號（1940 年）
19　維京長船（9 世紀）
20　秘魯蘆葦船（13 世紀）
21　海洋交響號（2017 年的游輪）
22　帝國號（1843 年的美國槳輪船）
23　波利尼西亞戰船（公元 5 世紀）
24　葡萄牙卡拉維爾帆船（1590 年代）
25　海盜船（18 世紀）
26　日本伊 400 級潛艇（1944 年）
27　瓶中之船
28　無畏號戰列艦（1906 年的英國戰艦）

中華帝國

公元960年，一位名叫趙匡胤的將軍統一了當時中國的10個州，建立了一個新皇朝：宋朝。宋朝的統治延續了300多年。

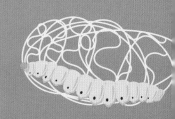

一隻蠶繭能生產長達 900 米的絲線，這是一根連綿不斷的絲線！

大象是一種充滿異國情調的景象。它是皇帝的財富的展示。

建造古塔

宋朝時期興建了許多高聳的古塔。這種細高的多層建築被用於存放神聖的物品或被用作瞭望台。圖中這座 13 層的宋代開元寺塔，又名料敵塔，建成於 1055 年，塔高 84 米，是中國現存最高的古塔。

科舉考試

為了能夠在宋朝官府中獲得職位，人們必須通過科舉考試。成千上萬來自各個社會階層的人參加這種考試，只有少數最聰明的人才能通過。這意味着官府的官員都是全國最聰明的人，而不僅僅是最富有或與權貴關係最緊密的人。

快速連發弩！

如圖所示的中國手持式弩的射程可達 370 米。有些快速連發弩每兩秒鐘就能射出一支弩箭。

華麗的絲綢

　　圖中的婦女正在拉伸和熨燙絲綢。在許多世紀的時間內，只有中國人知道如何用桑蠶的繭製造絲綢。貿易商將這種供不應求的織物從中國一路運往歐洲。

火藥被裝入空心竹管中，製成能爆炸的炮仗！

皮影戲

　　這齣皮影戲展示了中國皇帝帶侍衛出行的華麗場面。皮影戲在宋朝時期變得非常普遍，並且在以後的時期繼續盛行。這出皮影戲來自中國西部的甘肅省，製作於清朝，距離宋朝約 900 年。

皇家侍衛手持名為關刀的長刃武器

技術進步

　　在宋朝，中國的工匠和發明家作出了許多創新，不僅改變了中國，還影響了整個世界。這些發明中，每一項至今仍在被以某種形式使用！

指南針

　　指南針發明於 12 世紀。它的針尖總是指向南方，可以幫助水手導航。

紙幣

　　最早的紙幣被稱為「交子」，最初由商人使用，後來成為官方貨幣。

活字印刷術

　　工匠畢昇（990 年至 1051 年）使用膠泥發明了第一種活字印刷術。

運河水閘

　　公元 983 年，中國開始通過修建水閘來提高和降低水位，使運河得以延伸至多山地區。

火藥

　　火藥被發明於宋朝建立之前，而宋朝首次用火藥製造了爆炸物。

這件有嬰兒塑像的瓷器可以用作枕頭或枕托。

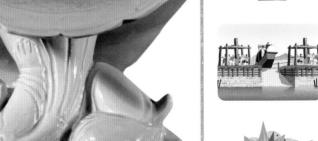

瓷枕

　　中國瓷器花瓶、瓶罐和其他裝飾品由於高質量而備受推崇。瓷器是用被稱為高嶺土的白色黏土、研磨過的含有閃亮的石英和雲母的石料混合物製成的。

中世紀的日本

從 1192 年開始，被稱為幕府將軍的軍事領袖控制了日本。在他們的統治下，一個有序的社會結構和豐富的傳統文化逐漸形成。

特扇的形狀與普通扇子相似，因此能被帶到不允許攜帶武器的地方。

堅硬的金屬骨架可能有鋒利的邊緣。

絲綢帶子和流蘇

特 扇

紙扇可以被用來消暑，精美的絲綢扇也是時尚配飾，但是特扇卻主要被用於戰鬥。特扇是金屬扇，可以被用作格鬥武器，既能防禦，也能進攻。

女武士板額御前以勇敢無畏而聞名。

疊加的時尚

到了這個時期末期，有一種新的服飾開始流行。貴族和武士穿時尚的長袍，男性穿直垂，女性穿小袖，以彰顯他們的高貴地位。

寬鬆的袖口可以被收緊。

精緻的花紋

家族戰爭

在幕府時代之前，強大的家族控制着日本的部分地區，每個家族都有自己的男武士和女武士。幕府將軍能夠限制各家族的權力和他們之間的衝突，但是各家族的男武士和女武士仍然是不可忽視的力量。

粗壯的木曾馬是武士們的首選。

男性的服裝
絲質直垂是專為日本的精英階層設計的長袍，而普通民眾則穿着簡單的棉質長袍。

女性的服裝
女性的服裝可以疊加，外層可以有多種穿着方式。

戰鬥之餘，
將軍們通過插
花來放鬆！

有權勢的幕府將軍

1192 年，家族領袖源賴朝被任命為幕府將軍，由此成為首位全面掌控日本的人，他擁有的權力甚至超過了天皇。從那時開始，幕府將軍統治着日本，直到 1868 年。

佛教護法

佛教起源於公元前 5 世紀的印度，傳入日本後，它以新的形式受到武士家族的歡迎。圖中的日本佛教護法神像雕塑看起來就像一位將軍。

傳統神道精神

日本的傳統宗教被稱為神道（神的道路），信奉萬物都有靈。

這是一隻名為稻荷神神使的神狐雕像，它是最受歡迎的神靈之一。

扮演嫉妒惡魔般若的演員所戴的面具

張開的大嘴能放大演員的聲音。

能劇和面具

能劇在這個時期蓬勃發展。能劇是日本特有的一種戲劇，它將戲劇、詩歌、音樂和舞蹈結合在一起，演員戴着代表角色的面具進行表演，劇目內容主要表現神、魔和人之間的戰鬥，通常是正義戰勝了邪惡。

日本有 18 種武術，
其中一種是全副武裝地
在水下潛泳！

非凡的城堡

儘管幕府將軍有很大的權勢，但是各家族之間還會經常發生衝突，甚至還有些家族對抗幕府。各家族一共建造了大約 5000 多座城堡，用於保衛自己的領地。圖為著名的姬路城城堡。

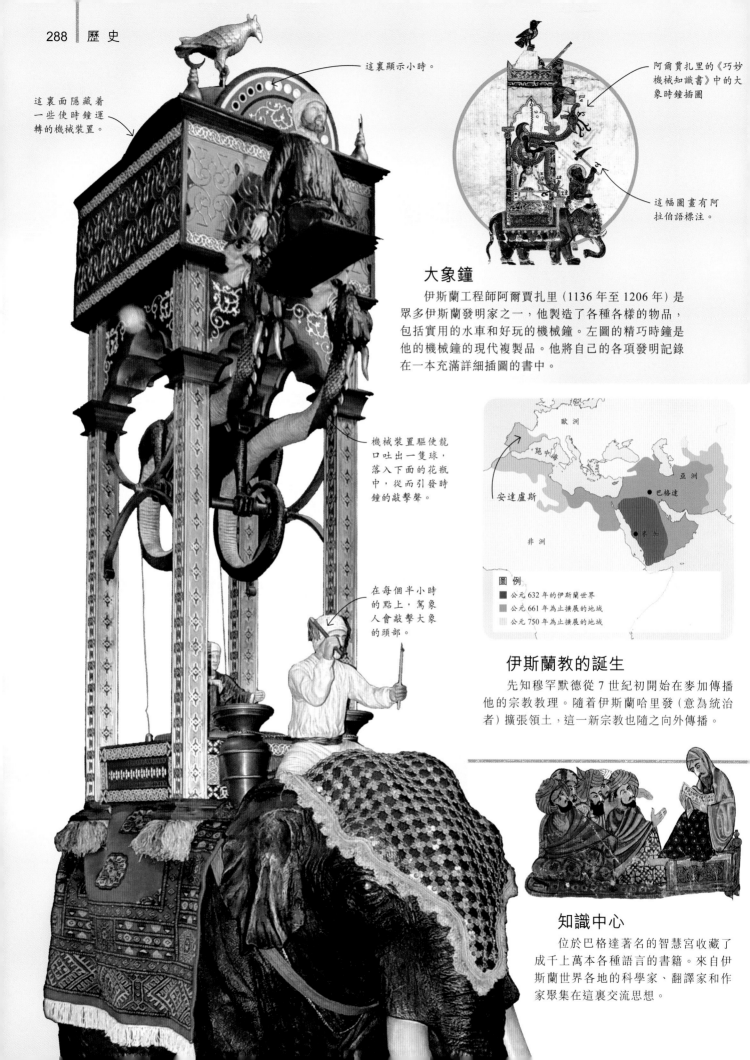

這裏顯示小時。

這裏面隱藏着一些使時鐘運轉的機械裝置。

阿爾賈扎里的《巧妙機械知識書》中的大象時鐘插圖

這幅圖畫有阿拉伯語標注。

大象鐘

伊斯蘭工程師阿爾賈扎里（1136 年至 1206 年）是眾多伊斯蘭發明家之一，他製造了各種各樣的物品，包括實用的水車和好玩的機械鐘。左圖的精巧時鐘是他的機械鐘的現代複製品。他將自己的各項發明記錄在一本充滿詳細插圖的書中。

機械裝置驅使龍口吐出一隻球，落入下面的花瓶中，從而引發時鐘的敲擊聲。

在每個半小時的點上，駕象人會敲擊大象的頭部。

歐洲

地中海

亞洲

安達盧斯

巴格達

非洲

麥加

圖例
- 公元 632 年的伊斯蘭世界
- 公元 661 年為止擴展的地域
- 公元 750 年為止擴展的地域

伊斯蘭教的誕生

先知穆罕默德從 7 世紀初開始在麥加傳播他的宗教教理。隨着伊斯蘭哈里發（意為統治者）擴張領土，這一新宗教也隨之向外傳播。

知識中心

位於巴格達著名的智慧宮收藏了成千上萬本各種語言的書籍。來自伊斯蘭世界各地的科學家、翻譯家和作家聚集在這裏交流思想。

伊斯蘭的黃金時代

法蒂瑪·菲赫利於公元859年在菲斯城創立了世界上最古老的大學。

伊斯蘭教於7世紀在阿拉伯半島創立。隨着教義的傳播，伊斯蘭世界迎來了科學與文化的黃金時代。

多虧了伊斯蘭貿易商，食糖首次抵達北非和歐洲！

用於治療牙床發炎的工具。

醫學先驅

醫生們積極尋找新的治療方法，包括高級外科手術，以及如圖所示的日常牙科治療。

這把烏德琴有成對排列的琴弦。

甜美的音樂

在伊斯蘭黃金時代的大部分時間裏，音樂蓬勃發展。在當時的各種樂器中，烏德琴是最受喜愛的一種。烏德琴的主要製作地是安達盧斯（今天的西班牙）。旅行音樂家將烏德琴帶到鄰近的歐洲王國，它在那裏演變成了魯特琴。

駱駝隊沿着貿易路線運輸貨物。

富有的商人

亞洲、非洲和歐洲之間有繁忙的貿易路線，沿線經過伊斯蘭世界的主要貿易中心。隨着黃金、鹽、香料、食物和紡織品等商品在熙熙攘攘的市場中易手，商人變得愈來愈富有。

科學進步

伊斯蘭教鼓勵學者進行發明和研究。除了繼承古希臘和其他地區的知識外，他們還有取得了巨大的科技進步，並且做出了許多新發現。

天文學

他們開發出被稱為星盤的複雜儀器，用於計算恒星和太陽的視角高度。

化學

煉金術士致力於轉化和溶解金屬。他們記錄了他們的發現，還發明了肥皂！

醫學

他們在大型百科全書中發表了各種疾病和藥用植物的詳細描述。

工程學

為了對付乾旱的氣候，他們發明了許多巧妙的灌溉裝置，以管理水資源。

建築學

伊斯蘭獨特的建築風格和技術，例如精美的瓷磚和馬蹄形拱門，被用於清真寺和宮殿。

古代的奇跡

世界上的一些古老的，反映了當時最高工藝水平的建築被稱為世界奇跡，而最早的七大奇跡名單是古希臘人提出的，有 7 座紀念性建築物，通常被稱為古代世界的七大奇跡。

吉薩金字塔羣

吉薩金字塔羣建於約 4600 年前，是埃及吉薩最古老的金字塔，由約 200 萬塊巨大的石塊構成。

巴比倫空中花園

這座傳說中的花園位於巴比倫城，被建造在多層平台上，有很多來自異國他鄉的奇花異草。

以弗所的阿爾忒彌斯神廟

這座神廟是為了崇拜希臘狩獵女神阿爾忒彌斯而建的，它的規模是雅典巴特農神廟的兩倍。

摩索拉斯陵墓

這座巨大的陵墓位於土耳其，高達 40 米，它的頂部有一座巨大的大理石戰車雕塑。

吉薩金字塔羣是古代世界七大奇跡中唯一仍然屹立的建築！

羅德島太陽神巨像

這座巨大的青銅和鐵製雕像被一場地震晃倒，在地上躺了 800 年之久。

亞歷山大燈塔

位於埃及的亞歷山大燈塔是一座高 100 米的燈塔，直到 14 世紀崩塌前，它一直是航海者的重要航標。

奧林匹亞宙斯巨像

這座巨大的金色和象牙雕像曾經坐落在古希臘奧林匹克運動會的舉辦地奧林匹亞城。

完美的金字塔

金字塔是古代紀念性建築物的建造者常用的形狀。以下是世界不同地區的 5 座金字塔。

1 神塔

位於伊朗的恰高·佔比爾的神塔是一座階梯金字塔，建於公元前 1250 年。

2 左塞爾金字塔

這座階梯金字塔是為公元前 2648 年去世的法老佐塞爾建造的，是埃及的第一座金字塔。

3 努比亞金字塔

蘇丹的努比亞王國於公元前 700 年開始建造他們的金字塔。

4 太陽金字塔

位於墨西哥的這座金字塔是公元 350 年前建造的，阿茲特克人在奪取統治權後為它命名。

5 瑪雅金字塔

位於墨西哥的庫庫爾坎神廟是一座建於公元 11 世紀的階梯金字塔。

王國首都

古代大津巴布韋王國的首都規模龐大，最多的時候居住了 2 萬人，它的巨大的中心建築有着高達 10 米的圍牆，如上圖所示。

最大的寺廟

束埔寨的吳哥窟是 12 世紀建造的寺廟羣，它是世界上最大的廟宇類建築羣，它的圍牆內的面積大約有 227 個足球場那麼大。

不斷更新的最高高度

隨着工程技術的不斷發展，建築物的高度也不斷增加。這些建築物在被建造完成時都曾經是當時世界上最高的建築物，其中金字塔是保持世界最高紀錄時間最長的。

公元前 2500 年
吉薩金字塔羣
位於埃及
高 147 米

公元前 8000 年
耶利哥塔
位於古代耶利哥
高 8.5 米

高處的寺院

寺院通常被建造在崎嶇的高地，以提供寧靜和隱蔽。這裏的 4 座寺院被建造在一些看似難以到達的地方。

湯恩格拉德寺坐落在緬甸的一座火山熔岩塞中，也就是一座已經被侵蝕的古老火山的熔岩核心！

1 塔克桑寺
這座位於不丹的寺廟坐落在懸崖壁上，高出地面 900 米。

2 湯恩格拉德寺
這座位於緬甸的寺廟坐落在距離地面 736 米的高處。你需要爬 777 級台階才能到達那裏。

3 梅特奧拉修道院
這些希臘修道院坐落在沙岩尖峰之上，高出地面 400 米。

4 懸空寺
這座位於中國的寺廟懸掛在峭壁上，高出地面 50 米，它的支撐結構是鑽入岩石中的木梁。

骨骼教堂

捷克的塞德萊茨教堂有一個非常不尋常的附屬教堂，內有由成千上萬根人類骨骼和頭骨製成的各種裝飾。這盞骨頭吊燈是它的中心裝飾。

世界之最！
紀念性建築物

在歷史上和世界各地，人們建造了令人驚嘆的紀念性建築物，以展示他們的力量，或者向統治者表示敬意，或者弘揚一種信仰。這裏是一些最宏偉的、最大的或最引人矚目的紀念性建築物。

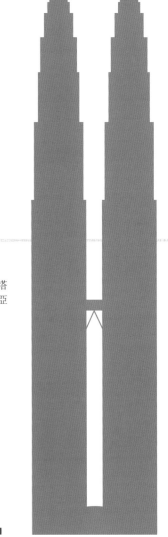

14 世紀
林肯大教堂
位於英國
高 160 米

高聳的尖塔於 1548 年倒塌。

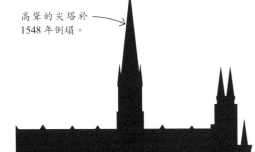

16 世紀
博韋主教堂
位於法國
高 153 米（在林肯大教堂的尖塔倒塌後成為最高的建築物）

19 世紀
艾菲爾鐵塔
位於法國
高 300 米

20 世紀
吉隆坡雙子塔
位於馬來西亞
高 452 米

了不起的
阿茲特克人

刀柄的造型是跪着的鷹戰士。

燧石刀片

阿茲特克人在公元 1400 年至 1521 年期間統治着如今墨西哥的大片區域。他們的鄰國與他們有很多共同的文化，但是經常被迫向他們進貢。

致命的工具

阿茲特克人用黑曜石、燧石等石頭製作非常鋒利的精美刀具，並且用礦石和貝殼在刀柄上鑲嵌圖案。

鱗片是用玉石和綠松石鑲嵌的。

牙齒是用貝殼製成的。

珍貴的雙頭蛇

在阿茲特克人的信仰中，雙頭蛇可以在不同的世界之間穿梭，是強大力量的象徵。圖中的裝飾品很可能曾經被一位重要人物佩戴在胸前。

蛇形裝飾品

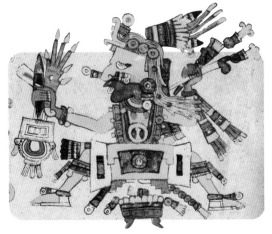

圖畫記錄

阿茲特克人用紙或鹿皮製成的書作記錄。他們的書寫系統是用圖畫來代表詞、詞組、事件或聲音。上圖描繪了一位重要的阿茲特克神：托納卡特庫特利。

被征服的城鎮必須向阿茲特克人進貢各種物品，包括黃金和可可豆！

這些瑪雅球員穿着厚厚的保護墊。

球類運動

許多文化中都曾經有中美洲蹴球。球員用除了手和腳之外的身體部分頂球，將橡膠球保持在空中。球落地就會失分。

美輪美奐的羽毛

鮮豔的鳥羽毛被用來裝飾各種物品，從袋子和頭飾到禮儀披風和盾牌。許多閃亮的羽毛來自顏色鮮豔的咬鵑的長尾。

禮儀頭飾

製作這件頭飾需要用250多根鳥的羽毛。

蒙特祖馬二世是最後的阿茲特克統治者之一，他的宮殿裏有一個野生動物園！

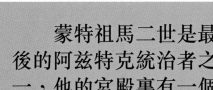

傑出的建築

阿茲特克人是優秀的建築師，他們將首都特諾奇蒂特蘭建造在湖中的人工島上。很多官方建築，例如寺廟、官邸和宮殿，通常建在有階梯的平台上，並且被仔細地用石材鋪砌裝飾。

儀式在寺廟舉行。

居民區

市場賣農產品和商品。

貨物由船舶運入和運出城市。

木棍上面鑲嵌着鋒利的黑曜石片。

精英戰士

阿茲特克人通過戰爭從對手那裏獲取財富，但是不屑於佔領土地。最兇猛的阿茲特克戰士是雄鷹戰士和美洲虎戰士，他們的訓練項目包括俘虜敵方領主，用以交換贖金。

印加帝國

在 15 世紀，印加帝國是世界上最大的帝國之一。它的統治者薩帕‧印卡是一位非常強大的人，他控制着一個組織有序的社會，這個社會擁有廣泛的道路網絡、稅收制度和龐大的軍隊。

羽毛頭飾

這些衣服，例如帶流蘇的大駝羊毛鬥篷，是印加貴族女性所穿的衣服的微型版本。

遼闊的領土

印加帝國的領土狹長，縱向綿延超過 4000 公里，幾乎等於南美洲西部的整個長度。它的境內涵蓋了多樣的地理環境，包括海岸、森林和山區。

最長的印加大道全長超過 3600 公里。

印加跑手

為了在龐大的帝國中快速傳遞信息，印加人使用了一個由跑得快的跑手組成的傳遞網絡。他們將信息用一種被稱為奇普的結繩記事法記錄，然後一位跑手將奇普用接力的方式傳遞給下一位跑手，以最快的速度將它傳遞到目的地。

第一位跑手
每位跑手都攜帶一隻海螺殼，將它像喇叭一樣吹響，宣告自己的到來。

接 力
下一位跑手聽到海螺殼聲後就準備接過奇普奔向下一站。

送 達
最後一位跑手到達目的地，將奇普交給接收者，讓接收者讀奇普的信息。

這座雕像由銀製成，衣着講究，可能代表印加貴族女性。

印加祭品

印加人崇拜各種各樣的神，並且為他們建造寺廟。印加人也在墓地供奉祭品，例如下面這種小金銀雕像。

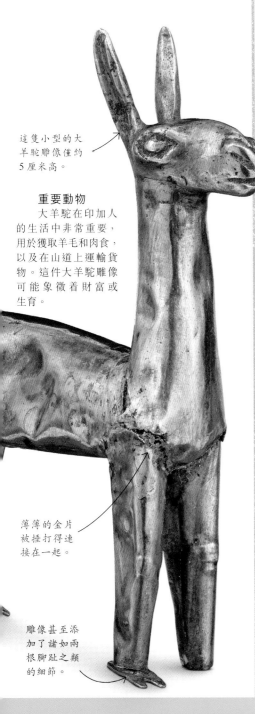

這隻小型的大羊駝雕像僅約 5 厘米高。

重要動物

大羊駝在印加人的生活中非常重要，用於獲取羊毛和肉食，以及在山道上運輸貨物。這件大羊駝雕像可能象徵着財富或生育。

薄薄的金片被捶打得連接在一起。

雕像甚至添加了諸如兩根腳趾之類的細節。

印加農民種植了超過 3000 種馬鈴薯！

繩結記事

印加人沒有書寫系統，但他們使用被稱為奇普的方法作記錄。奇普是一種由繩結構成的記事系統。不同顏色和不同的結代表不同的信息。

印加人相信他們的統治者是太陽神因蒂的後裔！

山地農業

因為可用的平地很少，所以印加農民在山腰上修建了梯田。他們種植多種作物，包括粟米、豆類、南瓜和馬鈴薯。

粟米

農民

人工修建的梯田

繩橋

為了渡河，印加人將草編成草繩，然後將草繩編成一條繩橋。類似的繩橋今天仍在使用中，但是為了安全，每年都會被翻新。

馬丘比丘

印加人用石塊建造了城市，這些石塊被完美地切割，因此能被緊密地拼合在一起。如今最著名的城市遺址是馬丘比丘，位於秘魯的安第斯山脈高處，擁有大約 200 座建築物和數千級台階。

貝寧王國

貝寧城地處現今的尼日利亞，曾經是一個強大王國的首都和貿易中心。這座有城牆的城市以其華麗的宮殿和寬闊的街道而聞名。

奧巴的王冠是用珊瑚製成的，被認為是海洋之神的禮物！

精心打扮的奧巴

宮殿的牆壁和柱子上裝飾着數百塊銘牌。

每塊銘牌都記載着貝寧的統治者和歷史事件。

威武的奧巴

貝寧王國的統治者被稱為奧巴。這塊銘牌上塑造了一位騎在馬上的奧巴，旁邊有侍從扶持。這塊銘牌是由黃銅（銅和鋅的合金）製成的。黃銅只被允許用於製造王室物品。

國際貿易

貝寧與其他王國進行產品貿易，包括棕櫚油、胡椒和細布。從 15 世紀開始，他們與葡萄牙商人進行象牙交易，葡萄牙商人用黃銅手鐲支付。貝寧工匠們將黃銅手鐲融化，用於製作藝術品。

用來製作棕櫚油的棕櫚油果

貝寧城內外的城牆總長度達到了令人難以置信的 16000 公里！

職業行會

藝術家、工匠、奧巴的祭司和音樂家都屬於各自的行會。他們的責務和技能都是通過家族傳承的。例如，金屬匠們都來自一個大家庭。

這是一位王室音樂家的黃銅雕像。他是號角者行會的成員。

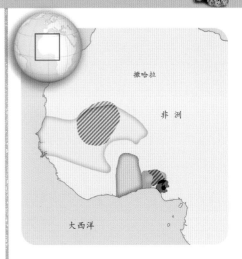

豹子是權力的象徵。奧巴的宮殿裏養着幾隻豹子！

非洲肺魚能在陸地上生活，也能在水中生活，是王室權力的象徵。

王冠

王太后

這件象牙面具被認為是埃西吉奧巴的母親伊迪婭的肖像。在15世紀末的內戰之後，伊迪婭幫助奧巴使王國重新變得強大，因此被尊為第一位正式的伊約巴（王太后）。從此，歷代王太后在宮廷中都擁有舉足輕重的地位。

項圈上飾有葡萄牙商人的小頭部。

非洲歷史上的王國

自古以來，許多不同的王國統治着非洲的不同地區。以下是西非一些最強大的王國：

韋加度王國（迦納王國）
約公元300年至1200年
這個盛產黃金的王國誕生於公元300年，通過控制跨撒哈拉貿易路線而變得異常富有。

伊費王國
約公元700年至1200年
這個貿易王國由約魯巴人建立，以製作黃銅工藝品而聞名。它的金屬鑄造技術激發了貝寧藝術家的靈感。

貝寧王國
約公元1200年至1897年
貝寧王國的起源可以追溯到10世紀，它在15世紀至18世紀達到了權力的巔峰。

馬里帝國
公元1235年至1899年
這個龐大的伊斯蘭帝國控制了韋加度的貿易路線，曾經一度由著名的曼薩·穆薩統治。

奧約帝國
約公元1300年至1900年
這個約魯巴人的王國在17世紀至18世紀處於鼎盛時期，軍事實力雄厚，征服了許多鄰國。

阿散蒂帝國
公元1700年至1901年
這個貿易帝國是阿坎人的後裔建立的，由強大的國王阿桑特赫內統治。

被盜的文物

1897年，英國殖民者（見第308-309頁）襲擊了貝寧城。士兵們撬下了王宮牆上約900塊銘牌，連同其他珍貴的藝術品一起，運到了外國的博物館收藏。直到今天，其中一部分才慢慢地開始被物歸原主。

英國殖民者準備運走掠奪到的物品。

萬里長城

　　萬里長城全長超過 21000 公里，綿延橫跨海岸地帶、沙漠和雲霧繚繞的叢林山脈。如圖中的位於金山嶺的長城地段所示，長城沿線矗立着堅固的瞭望台，駐守士兵可以在那裏進食、睡覺和計劃巡邏。長城是為了保衛中國免受北方遊牧民族的攻擊而建造的，在許多世紀起到了保護作用，直到 1644 年，滿族衝破了長城並且征服了中國。

馬科欣是一位專門研究中國清朝藝術史的歷史學家。她通過研究陶器、瓷器、繪畫捲軸以及其他各種藝術品來探索歷史。

歷史學家

問：是甚麼讓你成為一名歷史學家的？

答：當我還是個孩子的時候，我參觀了秦始皇陵墓中的兵馬俑。秦始皇是中國的第一位皇帝，統治時期為公元前 221 年至公元前 210 年。我被兵馬俑的生動形象所震撼，開始想知道：為甚麼他們有不同的面孔、髮型和服飾？他們為甚麼會出現在皇帝的陵墓裏？試圖回答這些問題激發了我對學習歷史的興趣。

問：長城是誰建造的？

答：長城並非一次就完全建成的，而是在不同時期分段修建而成的。長城的修建開始於公元前 7 世紀。到了秦始皇時期，也就是那位製造兵馬俑的皇帝，長城得到了連接和擴建。我們今天所看見的大部分長城是在明朝時期（1368 年至 1644 年）修建的。

問：長城的建築材料中真的有糯米嗎？

答：是的！中國的建築工匠將糯米漿與石灰混合製成一種特殊的膠合劑，被稱為「糯米砂漿」。因此長城的城牆非常堅固，甚至經受了地震的考驗。

問：人們以前能穿過長城嗎？

答：以前穿過長城的交通很頻繁，但是並非用爬上城牆走過去方式。人們可以穿過長城上的門洞，但是他們需要一份通關文牒才能通行，就像現在的簽證。在這些門洞附近，人們開闢了很多市場，使中國商人能夠與長城以北的商人進行交易。

問：以前長城的守衛士兵的生活是甚麼樣的？

答：非常忙碌。他們每天在長城的總長約為 95 公里的地段上巡邏 ，還必須每天製作 150 塊磚，以備長城的維修。我們發現了士兵的每日菜單，上面有雞、魚、羊肉、野牛肉、豬肉、豆類、大麥和小麥。我敢打賭，他們在辛苦了一天後都會非常渴望這些食物！

舞蹈狂熱

1347 年，德國亞琛鎮爆發了一場持續了幾個月的流行性舞蹈病。這種病傳播到了德國的其他城鎮和城市，甚至蔓延到了其他國家。

洗 手

像圖中的獅子這樣的動物形水罐被用於在餐前洗手。餐前洗手很重要，這是因為當時人們經常用手進食，並且共用一隻盤子。

當不需要保護眼睛時，可以將眼罩推上去。

木長槍

護手套，也被稱為鐵手套

威武的騎士

騎士是從小就接受訓練的精銳戰士，他們發誓在戰爭時為有權勢的領主效命。作為回報，領主授予騎士土地。

馬護面保護馬的面部。

當時胡椒非常珍貴，你甚至能用它們代替現金來支付房租！

騎士與城堡

在公元 6 世紀到 15 世紀期間，歐洲的統治者經常處於戰爭狀態。為了安全，人們向大領主效忠以獲得保護。當時出現了許多新興的王國，但是權勢最大的是天主教會。

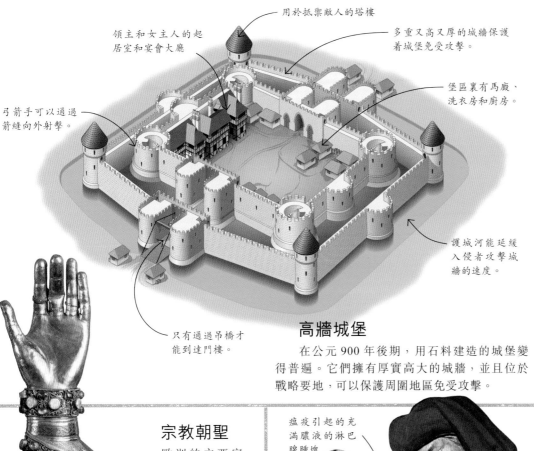

用於抵禦敵人的塔樓

領主和女主人的起居室和宴會大廳

多重又高又厚的城牆保護着城堡免受攻擊。

堡區裏有馬廄、洗衣房和廚房。

弓箭手可以通過箭縫向外射擊。

護城河能延緩入侵者攻擊城牆的速度。

只有通過吊橋才能到達門樓。

高牆城堡

在公元 900 年後期，用石料建造的城堡變得普遍。它們擁有厚實高大的城牆，並且位於戰略要地，可以保護周圍地區免受攻擊。

醫生在病人的頭骨上鑽孔，試圖通過釋放惡靈來達到治療疾病的目的。

鋒利的鋸齒能切割骨頭。

宗教朝聖

歐洲的主要宗教是基督教。許多教堂都收藏着聖徒的遺物，並且將它們保存在裝飾華麗的容器中。朝聖者前往這些神殿祈禱健康和財富，以及請求赦免罪孽。

通過窗口可以看見聖·尼古拉斯的被木乃伊化的手指。

黑死病

瘟疫引起的充滿膿液的淋巴腺腫塊

一種致命的瘟疫從東亞沿着貿易路線傳播到亞洲其他地區和北非，於 1347 年抵達歐洲。由於當時沒有有效的治療方法，這場瘟疫造成了大約 2500 萬歐洲人死亡，約佔這場瘟疫死亡總數的四分之一。

一位醫生試圖通過放出膿液來輓救一名患者。

歐洲文藝復興

歐洲社會在 14 世紀至 16 世紀期間經歷了一些巨大的變化，新的思維方式從意大利的城邦湧現，影響了文化、藝術和科學。我們稱這一時期為文藝復興時期。

在威尼斯，厚底鞋變得非常過分，因此威尼斯制定了法律來限制厚底鞋的高度！

這是按照達文西素描本中的飛行器構想草圖製作的現代模型。

在此之前，大多數歐洲人從未見過叉子！

不可思議的發明

李安納度‧達文西是意大利畫家和發明家。他提出了許多超前於當時技術的設想。

印刷術

在中世紀的歐洲，書籍都是手工抄寫的。這是一項耗時的工作，使得書籍成本昂貴。在 15 世紀，德國發明家約翰內斯‧古騰堡設計了一台印刷機，使用活字排版，能多次印刷整個書頁，這使得新思想能夠比以往更快更遠地傳播。

紙被向下壓在活字上，然後滑到印刷機下。

轉動手柄將紙和蘸墨的活字壓在一起。

堅固的木框支撐着印刷機。

這個裝置將紙往下壓。

金屬澆鑄的字母

用蘸滿墨汁的皮革球將墨汁塗抹在活字上。

古老概念的新生

希臘和羅馬神話在文藝復興時期被重新發揚光大，成為藝術家們的熱門題材。上圖這幅由意大利藝術家桑德羅‧波提切利創作的畫作描繪了希臘女神雅典娜與一位上半身是人身，下半身是馬身的半人馬。

甚麼是文藝復興？

文藝復興是一場席捲歐洲的運動。各地都有類似的變化，但是發生的時間不同。

藝術
繪畫和雕塑常常受到古羅馬和古希臘的意像啟發。

建築
新技術和新思想被用來改進古代設計，例如大型圓頂建築。

學習
新型的大學成立了，非宗教性的教科書通過印刷術得到傳播。

貿易
不斷擴張的貿易意味着更多的財富，而豐富的資金促進了建築項目和藝術創作。

天文學
新發明的望遠鏡使科學家能夠觀察天空並且了解宇宙。

夢幻之都 佛羅倫斯

文藝復興始於意大利城邦，特別是佛羅倫斯。佛羅倫斯主教堂的穹窿頂設計於 1418 年完成，是有史以來，包括現在，最大的磚砌穹窿頂。

瘋狂的主張！

人們曾認為太陽繞地球運轉。但是在 1543 年，波蘭天文學家尼古拉斯·哥白尼聲稱事實恰恰相反！當時沒有人相信他，而支持他的想法的科學家遭到監禁或火刑處決。

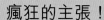

所有面部特徵都是由水果、花朵和蔬菜堆砌而成的。

甜粟米在歐洲並不為人所知，直到探險家將它從美洲帶回來（見第 309 頁）。

美不勝收的藝術

在文藝復興之前，歐洲藝術家主要繪製基督和聖徒的畫象。現在，他們開始擴大創作題材，嘗試新的主題。藝術家們通常受到富有的國王和城邦統治者的贊助。

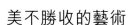

這幅畫是意大利藝術家朱塞佩·阿爾欽博托的作品，描繪了羅馬季節之神威耳廷努。

　　如果你是一名蒙兀兒戰士，你會戴甚麼帽子呢？如果你是古代美索不達米亞的王后呢？戴上你的思考帽，看看你能否辨認出哪頂帽子是誰戴的，並且找出其中不是帽子的那個異類。

1 麥士蒂索牛仔，15 世紀，墨西哥
2 奇穆貴族，14 至 15 世紀，秘魯
3 戰士，公元前 5 至 4 世紀，希臘
4 明朝貴婦，1368 年至 1644 年，中國
5 拿破崙・波拿巴，1799 年至 1821 年，法國
6 蒙兀兒戰士，16 至 17 世紀，印度
7 士兵，公元 1 世紀，羅馬帝國
8 武士，15 世紀末至 16 世紀，日本
9 角鬥士，公元前 1 世紀，羅馬帝國
10 獨立戰爭士兵，1775 年至 1783 年，美國
11 西班牙士兵，16 至 17 世紀，西班牙和南美洲
12 約魯巴國王，20 世紀，尼日利亞
13 普阿比王后，公元前 2600 年，美索不達米亞
14 阿帕奇戰士，19 世紀，美國
15 美國步兵，二戰時期
16 海盜，17 世紀 50 年代至 18 世紀 20 年代，加勒比海地區
17 神聖羅馬皇帝，10 世紀，德國
18 蒙古勇士，15 至 17 世紀，中亞
19 將軍，17 至 18 世紀，中國
20 德國步兵，第一次世界大戰時期
21 維京戰士，8 至 11 世紀，歐洲
22 帽貝殼，2 億至 1.45 億年前
23 法國革命者，1789 年至 1799 年
24 清教徒，16 至 17 世紀，英格蘭和美國
25 努比亞國王，公元 3 至 4 世紀，庫什，東北非洲
26 聯邦步兵，美國內戰，1861 年至 1865 年，美國
27 中世紀騎士，14 至 15 世紀，歐洲
 28 士兵，19 世紀，不丹

答案是（22）帽貝殼，它不是帽子，
而是一種古老的海洋生物。

全球探險家

隨着異國他鄉的故事沿着貿易網絡傳播，許多大陸的探險家開始啟航，想親自去看看。憑借更好的船舶和導航工具，他們跨越了大洋，有些人到達了以前無人知道的大陸和島嶼。

拉帕努伊島上的巨大的摩艾石像是由早期的波利尼西亞定居者製作的。

太平洋探險！

並非所有的探險都與貿易有關。早在公元前 1500 年，波利尼西亞人就開始探索太平洋，並且逐漸移民至一座又一座島嶼上定居。2000 多年後，波利尼西亞的船舶首次抵達了拉帕努伊、夏威夷和奧特亞羅瓦（新西蘭）。

志在遠方

伊斯蘭科學家開發了航海星盤等導航工具，使水手們可以大致確定他們所在的位置以及目的地的方位。這幅 1410 年的插圖描繪了船舶在印度洋航行的情景。

航海星盤

這是鄭和艦隊中的一艘較小船的模型。

初次相遇

當不同國家或大陸的人們第一次相遇時，通常雙方都會感到好奇。但是歐洲船舶到達北美後，例如畫中北美原住民看見的船，經常會與當地原住民發生衝突。

1522 年，一艘名為維多利亞號的西班牙帆船成為第一艘完成環球航行的船！

鄭和的航行

中國明朝外交官和航海家鄭和（1377 年至 1433 年）曾經 7 次率領龐大的艦隊訪問東南亞、印度和非洲斯瓦希裏海岸的港口。他向當地居民贈送了瓷器等中國物品，並且將回贈給明朝皇帝的紀念品，包括一隻長頸鹿，帶回了中國。

旅行者講述的故事

探險家們經常想像未知的世界可能有各種奇妙的事物，他們有時也會誇張地講述自己的見聞。這幅中世紀的畫據稱是在異國他鄉發現的一條龍。

丹吉爾
撒馬爾罕
北京
開羅
麥加
亞洲
廷巴克圖
非洲
印度洋
基爾瓦
大西洋
圖例
第一次旅行
第二次旅行
第三次旅行
第四次旅行

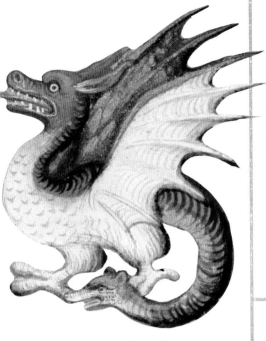

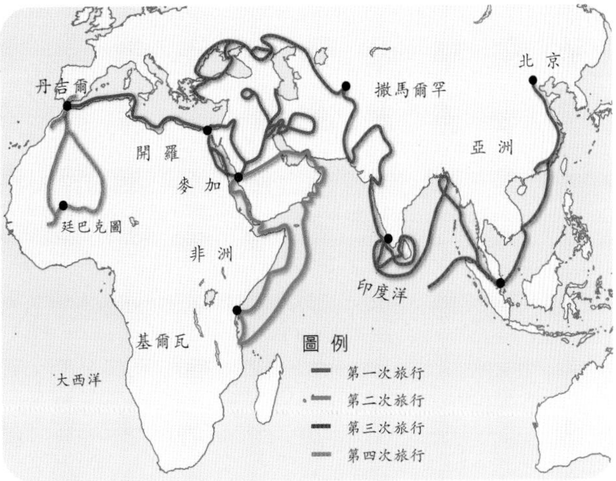

好奇的旅行者

摩洛哥的探險家伊本・白圖泰於 1325 年前往麥加朝聖，由此發現了自己對旅行的熱愛。後來他的足跡遠達北京和非洲斯瓦希裏海岸的基爾瓦。在《伊本・白圖泰遊記》中，他講述了他所經歷的種種令人驚奇的事情。

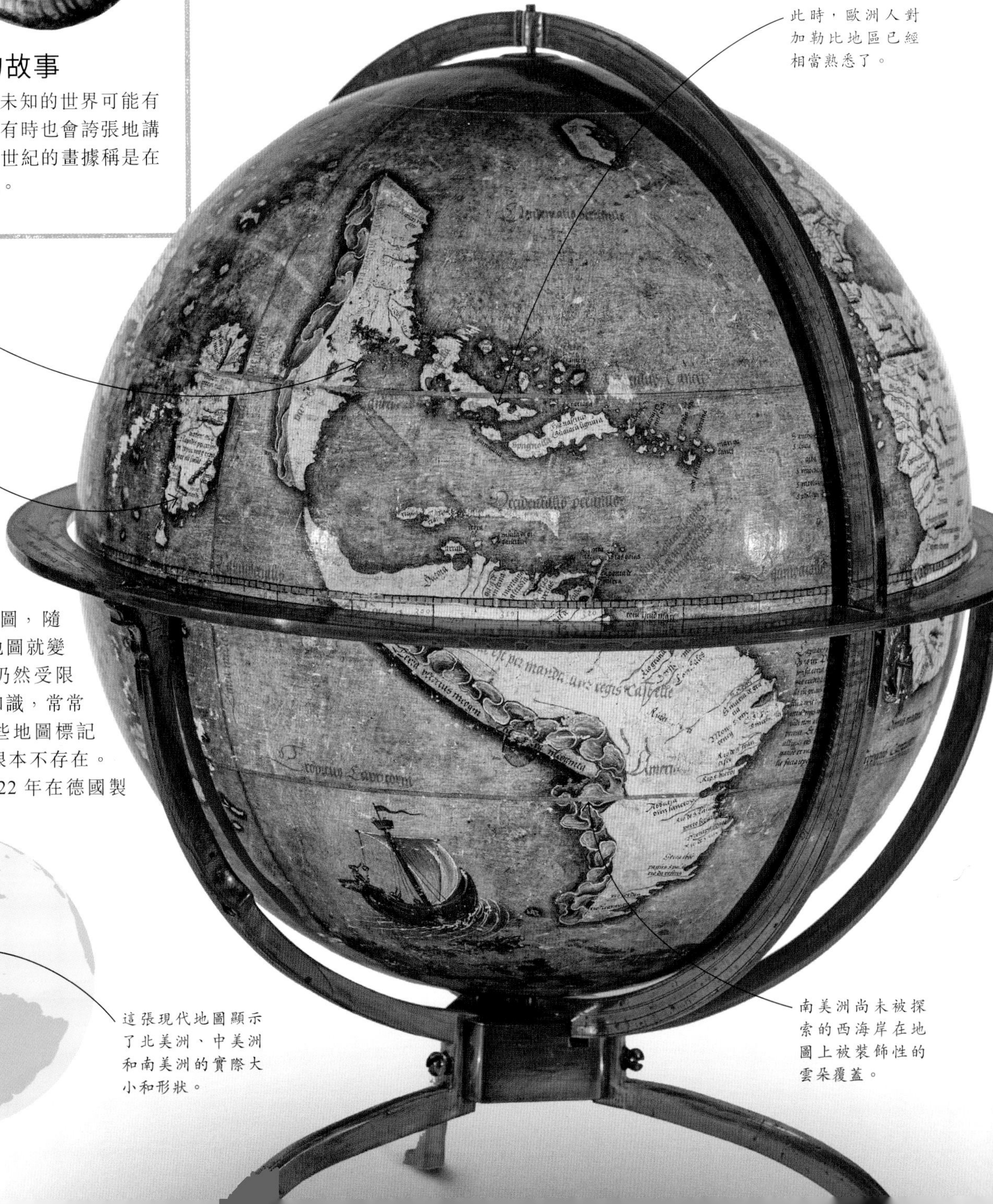

此時，歐洲人對加勒比地區已經相當熟悉了。

對於北美洲，地圖只顯示了當時歐洲人所熟知的沿海地區。

這座島應該是日本，但它被畫得太大了，而且距離北美太近。

南美洲尚未被探索的西海岸在地圖上被裝飾性的雲朵覆蓋。

繪製世界地圖

自古以來就有地圖，隨着人們旅行和觀察，地圖就變得愈來愈詳細，但是仍然受限於每位地圖繪製者的知識，常常有許多錯誤，甚至有些地圖標記的地理特徵不正確或根本不存在。右側的地球儀是於 1522 年在德國製造的。

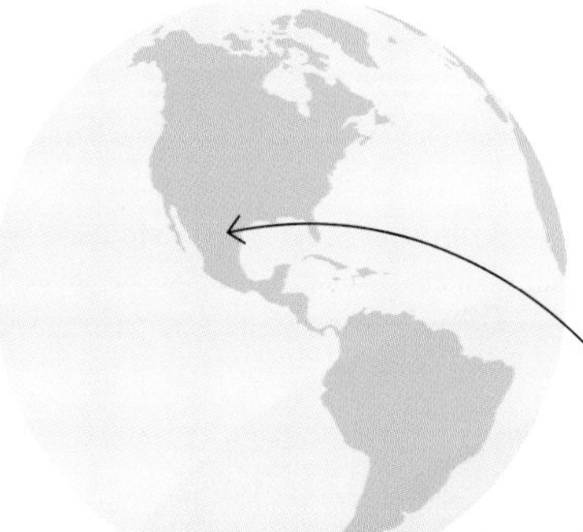

這張現代地圖顯示了北美洲、中美洲和南美洲的實際大小和形狀。

歐洲殖民

　　歐洲探險家到達其他大陸後不久，有關富饒土地的故事就傳回了他們的本土，因此本土的統治者派遣隊伍前去侵佔這些土地，在那裏建立殖民地，之後在長達幾個世紀的時間內，從那裏攫取原材料運回本土。

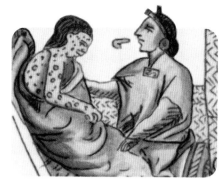

新疾病

　　歐洲人帶來了一些對美洲大陸來說是新的疾病。原住民對這些疾病沒有免疫力，也沒有治療方法，數百萬人因此喪生。這幅阿茲特克的插圖描繪了一名因天花而嚴重患病的人。

原住民的知識

　　原住民擁有成熟的社會和農耕技術。他們經常會將自己的技能傳授給新來的人，例如北美洲原住民告訴新來的人如何將甜粟米、豆類和南瓜一起套種，以獲取最佳收益。然而，外來的殖民者很快就把原住民趕出了他們的家園。

甜粟米

葡萄牙在巴西的殖民地面積幾乎是葡萄牙的 92 倍。

竊取白銀

　　最早抵達美洲的西班牙探險家們對印加人和阿茲特克人用金銀製造的寶物感到敬畏，但是他們仍然搶劫了寶物，然後運回西班牙，通常將它們熔化。西班牙人很快開始在殖民地開採銀礦，迫使當地居民為他們工作。西班牙還在波托西（今天的哥倫比亞）鑄造銀幣，並且在全球範圍內流通。

西班牙在南美洲鑄造的八字銀元

這種硬幣可能被廣泛使用，遠至中國。

貿易入侵

　　在 17 世紀，為了控制亞洲香料、茶葉和織物的貿易，幾個歐洲國家聯合成立了東印度公司。貿易逐漸變得軍事化，並且干涉當地的統治者和政治。英國商人於 1613 年在印度建立了自己的貿易公司，勢力不斷擴大，直到 1858 年英國王室接管了印度。

美洲的美食

在美洲被種植了很長時間的番茄、馬鈴薯、菠蘿和可可豆於16世紀首次被帶到了歐洲。

侵佔土地

在16世紀，葡萄牙和西班牙在美洲建立了殖民地。其他歐洲國家隨後效仿。在接下來的400年裏，世界上許多地區都被殖民，下面的地球儀上的紅色區域就是其中一些殖民地。

加勒比海島嶼曾被許多國家爭奪。

南美洲被西班牙和葡萄牙分割。

18世紀70年代

到了18世紀70年代，幾乎整個美洲都處於殖民統治之下。而在非洲和亞洲沿海也有一些小規模的殖民地。

大部分非洲都被佔領。

1914年

在19世紀，殖民焦點轉向非洲和亞洲。到了1914年，非洲只有利比里亞和埃塞俄比亞仍然保持獨立，而印度次大陸則被英國佔領。

奮起反抗

各大洲的當地人民都抵制常常殘酷的殖民者。在達荷美（今天的貝寧），法國殖民者與阿戈傑發生了衝突。阿戈傑是一支兇猛的女戰士軍隊，歐洲人稱之為亞馬遜。

這座阿戈傑女戰士的現代雕像矗立在貝寧最大的城市科托努。

歐洲領導人用非洲地圖來瓜分土地和資源，而不考慮當地人民的意願。

1884年的分割

歐洲領導人競相奪取盡可能多的殖民地。1884年，他們聚集在一起商量如何有秩序地瓜分非洲大陸。他們沒有考慮當地統治者的意見，也沒有考慮非洲當時的王國邊界。

阿戈傑女戰士的武器是長步槍和砍刀。

在第二次世界大戰結束時，全球仍有7.5億人生活在殖民統治之下。

被奴役的生活

從 16 世紀開始，歐洲國家，以及後來成立的美國，通過買賣被奴役的非洲人後裔並且強迫他們無償勞動而致富。

強制勞動

正如這幅來自加勒比海的畫作所描繪的，奴隸們被迫在種植園的田地裏或蒸糖廠裏勞作。許多奴隸被迫充當無薪僕人。

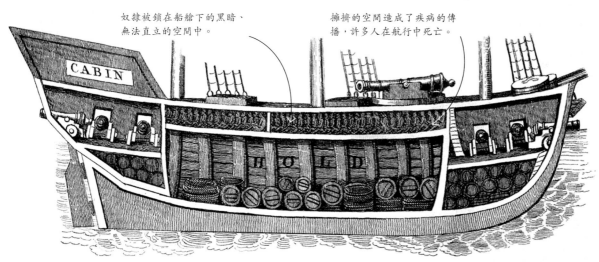

奴隸被鎖在船艙下的黑暗、無法直立的空間中。

擁擠的空間造成了疾病的傳播，許多人在航行中死亡。

可怕的航程

奴隸來自非洲各國，他們被強行擄走並帶到海岸邊登船，離開朋友和家人，駛向未知的他鄉。奴隸船通常先沿着海岸行駛，以收集更多奴隸，因此最先登船的奴隸在開始橫渡大西洋之前被用鐵鍊拴住數月之久。

大約有 1250 萬名奴隸被販運到了大西洋彼岸。

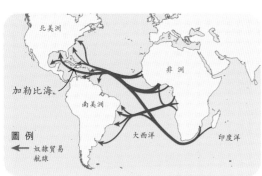

跨大西洋貿易

裝滿奴隸的船穿越大西洋到達美洲，奴隸被出售，並且被迫勞動。

在 400 年的時間裏，殘酷地使用奴隸是合法的。廢奴主義者經過很長時間的努力才結束了這種制度，但是我們能感受到奴隸制的影響。

15 世紀末
葡萄牙開始將非洲奴隸作為勞工使用。1510年，西班牙將非洲奴隸送往加勒比海的海地島。

16 世紀至 17 世紀
更多的歐洲國家參與了跨大西洋的奴隸貿易。

18 世紀
歐洲國家在美洲的殖民地普遍使用奴隸。

18 世紀 70 年代
廢奴主義運動開始，其倡導者有黑人也有白人，其中許多是女性。他們努力向大眾宣傳，並且遊說政治家。

充滿血淚的農作物

種植園通常生產銷往歐洲市場的特定農作物。種植園主和商人靠出售奴隸無償生產的農作物而致富。

甘蔗

煙草在 16 世紀的歐洲開始流行。

煙草

棉花

不懈的抗爭

許多奴隸在船上就進行了反抗，有些奴隸則在種植園中發動了起義。逃出來的奴隸建立了反叛定居點，並且襲擊種植園。其中一個最知名的反叛社區是由南妮女王領導的牙買加馬龍人社區。這些抗爭的消息使人們對使用奴工的正當性產生了疑問。

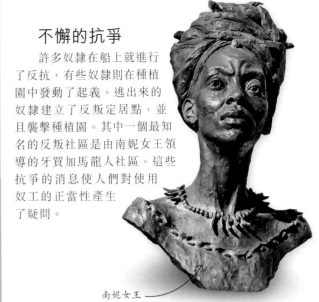

南妮女王

逃生之路！

在美國有一個被稱為「地下鐵路」的秘密逃亡網絡，幫助奴隸們逃往自由之地。路上有被稱為「車站」的安全落腳點，用點亮的燈作為標誌。大約有 10 萬奴隸通過這種方式獲得了自由。

精神永存

奴隸在種植園裏的生活是殘酷的，生命常常很短暫。但是奴隸們建立了自己的社區，保持了自己的信仰、傳統和文化，並且逐漸與當地的基督教習俗融合在一起。這幅畫描繪了一位非裔美國人的葬禮儀式。

1777 年
新獨立的美國也參與了奴隸貿易。

1803 年
丹麥成為第一個永久廢除奴隸貿易（但還沒有廢除奴隸制度）的國家。其他國家也逐漸效仿。英國於 1807 年廢除了奴隸貿易。

1834 年
英國在加勒比地區的殖民地廢除了奴隸制。奴隸主因為「損失」而得到了豐厚的賠償，但獲得自由的奴隸卻一無所得。

1865 年
美國在內戰結束後宣佈廢除奴隸制（請參見第 318-319 頁）。

1888 年
巴西是美洲最後一個廢除奴隸制的國家。但這不意味着美洲或歐洲的黑人享有平等的權利。

革命時代

18 世紀末至 19 世紀中期，全球各地爆發了一系列革命，人們起來反抗統治者，要求自由、權利、更公平的法律和獨立。

海地革命的領袖杜桑·盧維杜爾

在法國大革命期間，近 17000 人被送上了斷頭台。

刀刃快速落下，將頭與身體分離。

海地，1791 年至 1804 年
被奴役的人們進行了反抗殖民統治的長期抗爭，終於於 1803 年擺脫了法國統治者，並且於 1804 年成立了共和國。

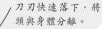

法國，1789 年至 1799 年
法國爆發了人民起來爭取權利的革命，在國王路易十六被處決以後，法國成為共和國。

演講的力量

受到伏爾泰等法國哲學家的啟發，新的思維方式轉化為對自由和平等的呼聲。人們聚集在一起，聆聽來自社會各個階層的演講，這些演講則引發了行動。

美國，1775 年至 1783 年
13 個位於美洲的英國殖民地於 1776 年宣佈脫離英國。他們為了捍衛美國這個新國家的自由而進行了一場長期戰爭。

重大的革命

有些革命導致了新國家的建立，而有些革命則給人民帶來了更多的權利。許多革命持續了多年，而有些革命則如同短暫的火花，旋即就被撲滅。

1823 年的馬拉開波湖戰役

西蒙·玻利瓦爾的海軍攻擊一座被西班牙佔領的堡壘。

拉丁美洲，1808 年至 1823 年

南美洲的西班牙殖民地上發生過幾次獨立戰爭，革命領袖西蒙·玻利瓦爾幫助哥倫比亞、厄瓜多爾、巴拿馬、秘魯和玻利維亞擺脫了西班牙的統治。

德意志邦聯，1848 年

當時德國有許多邦國，人們希望組成一個統一的國家，但是又不想被一位擁有無限權力的君主統治。公民聚集起來提出他們的要求，而統治者則出動軍隊進行鎮壓。

女性團結起來

在當時，婦女沒有投票權。但是許多婦女，例如圖中巴黎的這些婦女，加入了政治俱樂部。她們討論民生和政治問題，例如不斷上漲的食品價格導致的貧困，以及如何利用報紙發出自己的聲音。

許多小獨立邦國是德語國家聯邦的一部分。

歐洲

圖 例
- 1848 年起義
- 1848 年的邦國邊境
- 德意志邦聯

意大利尚未成為一個統一的國家。

世界上第一艘潛艇於 1776 年在美國下水，它的第一次行動是襲擊英國的戰列艦！

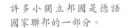

1848 年的導火線

這一年內，歐洲各地爆發了起義，原因有很多：食品短缺導致騷亂，工人要求權利，有些人希望成立一個統一的國家，有些人希望擺脫帝國的統治。起義很快被就鎮壓下去了，但是人們對改革的要求仍然存在。

克里斯蒂娜·德·皮桑

第一批女權主義者

20 世紀，許多國家的婦女為爭取選舉權而進行了鬥爭，並且最終獲得了選舉權。但是女權主義的起源可以追溯到很早以前！

克里斯蒂娜·德·皮桑
（1364 年—1430 年）
這位意大利−法國詩人是最早以寫作為生的女性之一，她主張婦女權利。

奧蘭普·德古熱
（1748 年—1793 年）
這位法國大革命期間的法國劇作家和活動家撰寫了關於婦女權利的政治文章。

索傑納·特魯斯
（1793 年—1837 年）
索傑納·特魯斯出生在奴隸家庭，後來獲得了自由。她在美國巡迴演講，倡導廢除奴隸制，並且為婦女爭取選舉權。

梅里·曼加卡希亞
（1868 年—1920 年）
這位有影響力的毛利活動家於 1893 年在奧特亞羅瓦（新西蘭）參加了為全體女性爭取投票權的運動。

世界之最！
影響歷史進程的人

人類歷史上出現過一些具有影響力的人。統治者可以通過權力產生影響，而其他人可以通過挑戰偏見或站出來反對不公正而開創新的局面。以下是歷史上一些最偉大的變革者和推動者。

王室名人

今天我們有著名的電影明星和流行偶像，而下面這些有權勢的統治者是他們那個時代的國際名人。

克利奧帕特拉七世
這位聰明美麗的埃及法老曾與羅馬統治者建立聯盟，同時試圖拯救她的國家。

曼薩·穆薩
這位 14 世紀偉大的馬里帝國統治者以他的黃金財富而聞名。

拿破崙和約瑟芬
拿破崙和約瑟芬在 18 世紀早期統治法國期間是當時的名人夫婦。

驕傲

跨性別皇后瑪莎·P·約翰遜（1945 年—1992 年）是 20 世紀 70 年代和 80 年代最知名的性少數羣體活動家之一。她參與了 1969 年紐約的斯通沃爾騷亂事件，以及第一次紐約同性戀驕傲遊行，並且共同創立了兩個性少數羣體權益組織。

自由鬥士

數千年來，人們一直站出來反對侵略、殖民主義和種族主義。這裏是一些為此做出貢獻的領袖。

玻利維亞的國家名稱和貨幣名稱都是以西蒙·玻利瓦爾的名字命名的！

維欽托利
這位首領團結高盧（現今的法國）的各個部落，奮勇地對羅馬入侵者進行了抵抗，直到公元前 52 年被羅馬征服。

女王恩辛加
這位 17 世紀頗具影響力的恩東戈王國（現今的安哥拉）的女王在她的統治期間成功地抵抗了葡萄牙侵略者及其販賣奴隸的活動。

西蒙·玻利瓦爾
受到法國和美國革命的啟發，西蒙·玻利瓦爾領導了南美洲的殖民地反抗西班牙的活動，然而他試圖將這些殖民地統一成一個國家的夢想最終未能實現。

強大的領袖

阿蒙霍特普三世
（公元前 1391—公元前 1353 年）
在這位古埃及強大的法老的統治下，古埃及達到了全盛時期。

朝鮮世宗
（1397 年—1450 年）
這位韓國最偉大的統治者之一鼓勵科學、藝術和文化，創造了韓國的新字母系統，也就是朝鮮文字。

阿克巴大帝（1542 年—1605 年）
他通過戰爭和外交手段，將多個印度王國統一為強大的蒙兀兒帝國。

路易十四（1638 年—1715 年）
他被稱為「太陽國王」，統治法國長達 72 年零 110 天，是有史以來統治時期最長的統治者。

葉卡捷琳娜二世
（1729 年—1786 年）
這位德國公主奪取了丈夫的權力，成了統治俄羅斯的女皇。

sejong the great

孔子（公元前 551 年—公元前 479 年）
這位中國學者相信，如果人們懂禮儀並且遵守秩序，社會將會更好地運作。

卡爾·馬克思
（1818 年—1883 年）
卡爾·馬克思將自己關於政治和經濟的思考轉化為一種激進的哲學，導致了革命的發生。

希帕蒂婭
（公元 370 年—415 年）
這位女性哲學家和數學家在埃及亞歷山講授數學與哲學，廣受歡迎，名重一時。

西蒙娜·德·波伏娃
（1908 年—1986 年）
這位法國知識分子和作家以其充滿革命精神的女性主義哲學而聞名。

重要的思想家

各個時代的哲學家一直在探討世界的本質以及我們應該如何生活。以上 4 位大思想家的觀點都對社會產生了深刻的影響，並且導致了重大的社會變革。

同等權利

美國殘疾權益倡導者朱迪思·休曼（1947 年至 2023 年）從很小的時候就開始為殘疾人呼籲，爭取平等的教育和工作的權利。

現代活動家

馬拉拉·優素福·扎伊
她因在巴基斯坦爭取女孩得到上學的權利而被槍擊。她現在致力於為全球女孩爭取教育權利的活動。

格蕾塔·通貝里
她於 2018 年在瑞典發起了以保護環境為目的的罷課運動，並且在全球範圍內引起了積極的反響。

奧特姆·佩爾蒂爾
這位第一民族活動家從 8 歲起就致力於加拿大的水資源保護和原住民權益。

帕特里斯·卡洛斯
她是 2013 年開始的美國「黑人的命也是命」運動的創始人之一，並且繼續反對警察對黑人的暴力行為。

傑羅尼莫
在 19 世紀，這位阿帕切族戰士領導了一場長期的游擊戰，以保護他的人民不受墨西哥和美國士兵的侵害。

納爾遜·曼德拉
納爾遜·曼德拉因為反對種族隔離制度而被監禁近 30 年。他於 1994 年成為南非總統。

切·格瓦拉
這位出生在阿根廷的社會主義起義者帶着改變人民貧困生活的願望，積極參與了 1953 年至 1959 年的古巴革命。

馬拉拉·優素福·扎伊

工業革命

大約在 1750 年，英國爆發了工業革命，隨後蔓延到世界各地。工業革命導致工廠出現、城市擴展、經濟發達和人口增加，從而改變了生活和土地。

辛勤勞作！

童工曾經在工廠裏工作很長時間。1833 年，英國頒布了一項新法律，規定兒童每天工作不得超過 8 小時，並且禁止僱用 9 歲以下的兒童。

早期鐵路

許多發明家致力於開發蒸汽機車。最成功的一款是由英國工程師羅伯特·史蒂芬森於 1829 年設計的名為「火箭號」的機車。最初的鐵路只被用於運輸貨物，不久後，旅客也能乘坐火車。

火箭號剖面圖

水箱中的水被加熱至沸騰，產生蒸汽來驅動活塞。

燃燒的煤炭將水加熱。

排氣管噴出廢氣。

安全閥可以讓過量的蒸汽排出。

煤炭在火箱裏燃燒。

鐵活塞驅動車輪。

斯蒂芬森的火箭號機車（1829 年）

新型機器

　巧妙的創新使機器能夠快速、便宜地做原來需要由人力或畜力做的工作，一台機器能替代數十甚至數百名工人。許多發明在工業革命的過程中被提出和完善，右側是當時最重要的 3 項發明。

蒸汽機
這種蒸汽機為礦井中的水泵和工廠中的機器提供動力。

一次能紡出多達120 根棉紗。

珍妮機
珍妮機將棉花紡成紡織用的棉紗。

由蒸汽驅動的活塞推動錘子。

蒸汽錘
煉鐵廠使用這種工具將金屬鍛打成形。

蓬鬆的棉花纖維

棉花供應
　英國紡織工業的棉花原料來自美洲使用奴工的種植園。低廉的成本使英國能夠在價格上壓倒印度等競爭對手的布料生產商。

變化的土地
　隨着工業化的加速，人們離開農村去工廠工作，通常住在城市中擁擠骯髒的地區。貧困、疾病和社會動盪很常見。

席捲全球
　工業化從英國傳播到歐洲、美洲和亞洲。大規模機械化、廉價勞動力和大規模生產成為常態。這幅圖畫描繪了日本的一家絲綢工廠。

第一輛單車於 1817 年發明，但是騎者需要用腳蹬地！

400 多名婦女偽裝成
男性參加了戰爭！

飛行手榴彈

聯邦軍隊使用的凱旋手榴彈發明於
1861 年。這種手榴彈重達 2.3 公斤，士
兵們像投擲飛鏢一樣投擲它們。如果前
端先着地，撞擊就會使柱塞滑入，引爆
內部的火藥。

美國內戰

在 1861 年至 1865 年期間，美國陷入了一場激烈的內戰，爆發原因是奴隸勞工
問題：北方聯邦各州宣佈奴隸勞工為非法，但是南方各州則支持奴隸制度。

觸發柱塞的板片

軍營生活

雙方的戰士都是志願兵，
而不是職業軍人。他們住在
簡陋的軍營裏，那裏不舒
適，骯髒，有疾病肆虐，
有時甚至有暴力。儘管
如此，有些士兵仍然拖
家帶口地隨軍生活和
戰鬥。

藍色制服表明這
名男子是聯邦軍
隊的一員。

在軍營裏生活的婦
女為其他士兵提供
洗衣服務。

整個家庭住在簡
陋的小帳蓬中。

甚至嬰兒和寵物
也在軍營中生活。

戰爭中的各州

1861 年，南方的 11 個州脫離了美國，組建了一個獨立的政府，稱之為南方邦聯。北方各州拒絕承認這個新政府，並且要求他們重新回到聯邦。經過 4 年的戰爭，南方各州再次成為了聯邦的一部分，但是仍然存在許多分歧。

圖例
- 北方聯邦州
- 南方邦聯州
- 尚未正式成為州的領土

聯邦首府華盛頓特區

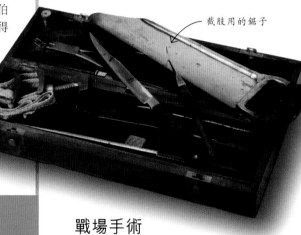

鐵甲戰艦對決！

在 1862 年的漢普頓錨地海戰中，北方聯邦的莫尼特號艦艇與南部邦聯的弗吉尼亞號艦艇戰成平局。這些艦艇更像潛艇，而不像艦艇。這是鐵甲艦（全金屬艦）之間的首次海上交戰。

戰鬥中的解放令

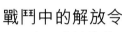

1863 年，美國總統亞伯拉罕・林肯宣佈奴隸應該獲得自由，非裔男性可以參軍作戰。來自北方和南方的大約 18 萬名非裔美國人加入了聯邦軍隊。

在 1863 年的第二次瓦格納堡戰役中，非裔聯邦士兵英勇作戰。

截肢用的鋸子

在戰爭中有超過 300 萬匹馬和騾隨軍服役！

戰場手術

戰場手術通常在不清潔的環境中進行，使用未經消毒的設備，而且在沒有麻醉的情況下進行。在戰爭死亡的人數中，死於傷口感染的人數約兩倍於在戰鬥中直接死亡的人數。

慘烈的戰場

激烈的戰鬥是在炮火中進行的。士兵們用步槍和刺刀格鬥，傷亡慘重。整個戰爭中大約有 50 場重大戰役，大多發生在弗吉尼亞州和田納西州，還有成千上萬次小規模的交戰，一共有超過 62 萬人喪生。

「拿破崙」加農炮是內戰中使用最廣泛的火炮。

社會變革

聯邦的勝利導致了奴隸制的廢除。1871 年，喬賽亞・沃爾斯（上圖）成為了首批當選美國國會議員的非洲裔美國人之一，但是黑人仍然需要為民權而奮鬥。

曼森·邦德是一位英國的海洋考古學家。在 2022 年發現堅忍號沉船的考察隊中，他擔任探險指揮。

堅忍號沉船

英國探險家歐內斯特·沙克爾頓於 1914 年乘坐堅忍號前往南極洲探險。他計劃步行橫穿南極洲，這將會是一次前所未有的壯舉，但是堅忍號不幸被困在浮冰中，船體破裂，海水湧入，船員們只能棄船逃生。沉沒的堅忍號殘骸一直留在了在南極海域深處。

訪問
海洋考古學家

問：你們是如何知道在哪裏可以找到堅忍號的？

答：我們根據堅忍號船長弗蘭克·沃斯利的記錄，確定了這艘船沉沒的區域。沃斯利的記錄非常準確，我們在距離所說的位置僅 4 海里的地方找到了這艘沉船。

問：當你看見這艘沉船殘骸時，你有甚麼感覺？

答：發現堅忍號是我一生中最美好的時刻。我從未看見過如此雄偉的沉船，我們甚至可以看見原來的塗漆，就好像它一直呆在那裏等待被發現一樣。

問：為甚麼堅忍號保存得這麼完好？

答：因為南極洲非常寒冷，所以船蛆無法存活。如果船蛆進入船體的木材，它們會一邊吃一邊生長，它們的身體從開始不到一顆大頭針的大小，一直長到約人的前臂那麼長，拇指那麼粗，那時木材就被完全吃掉了。

問：在這次考古遠征中你們面臨的最大挑戰是甚麼？

答：冰。如果一艘船被困在冰中，就有可能被擠壓破裂。這正是堅忍號當年出事的原因。我們的探險船也曾多次被冰困住，但是我們總能設法脫困。

問：你們使用了哪些技術？

答：我們用來尋找堅忍號的設備是一台叫做「劍齒」的水下機器人。它可以自動搜索海床，我們也可以用遙控器來引導它去指定的地方。

問：你的工作中最難的部分是甚麼？

答：我喜歡潛水，但是我從不忘記水下是一個條件非常惡劣的環境。多年來，我和我的助手有過氧氣耗盡、被海獅攻擊、被海流衝走、被漁網纏住和被有毒魚類蜇傷等經歷。但是只要你經過正確的培訓，並且小心謹慎，你就可以探索大多數人從未見過的水下世界。

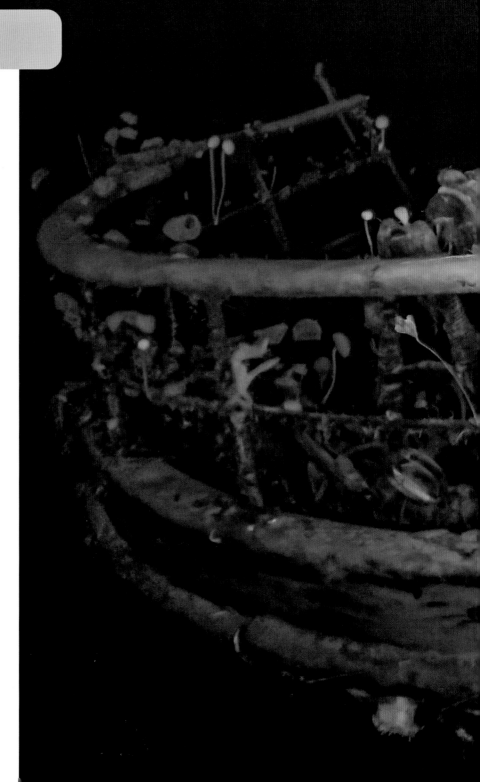

第一次世界大戰

1914 年，歐洲長期存在的緊張局勢演變成了一場戰爭，像野火般蔓延，幾大洲都爆發了戰爭，最終成為世界上規模最大和傷亡最慘重的世界大戰。

戰壕戰

士兵們挖掘了長長的戰壕，以躲避炮火，並且將它用作發動進攻的基地。此外，士兵們不得不在這種骯髒、危險的環境中生活、吃飯和睡覺。

西線戰場

許多最血腥和最持久的戰役發生在橫跨比利時和法國的西線戰場。1917 年末，第三次伊普爾戰役奪去了超過 80 萬人的生命，並且使整個地區遭受了嚴重的破壞。

大事記

第一次世界大戰於 1914 年 7 月爆發，當時人們認為這場戰爭會在聖誕節前結束，但是它卻持續了 4 年之久。

1914 年 6 月—7 月：戰爭爆發
在費迪南德大公被暗殺後，奧匈帝國向塞爾維亞宣戰。俄羅斯宣佈支持塞爾維亞。德國對俄羅斯宣戰。

1914 年 8 月：早期戰役
在東部，德國人在坦能堡戰役中大獲全勝，擊敗了俄羅斯軍隊。

1914 年 9 月：陣地戰
德軍在西歐的前進受到了協約國軍隊的阻擊。雙方開始挖掘戰壕對峙。

1915 年—1916 年：東線戰役
協約國軍隊在加里波利地區襲擊鄂圖曼帝國，以支援東線的俄羅斯。

協約國主要成員

俄羅斯　法國　英國　美國

選邊站隊

　　敵對國家分成了兩個陣營：協約國和同盟國。到1914年底，歐洲大部分國家、鄂圖曼帝國和日本都已經選邊站隊。保加利亞和意大利於1915年參戰，而美國和中國則於1917年參戰。

同盟國主要成員

德國　奧匈帝國　鄂圖曼帝國

來自30個國家的6500萬士兵參與了這場戰爭。

在歷時4年的戰爭中，估計有2000萬人失去了生命。

新式武器

　　雙方都發展了新技術來戰勝敵人。裝甲坦克能衝破被鐵絲網和高速機槍火力保衛的敵方陣線。這些高效、致命的武器對雙方都造成了重大傷亡。

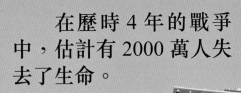

馬克 IV 型坦克

維克斯 MK1 式機槍

裝甲外殼

ME9828

DEVIL

全地形履帶

射程可達達4.1公里。

三腳架提供穩定性。

大型旋轉機槍被安裝在側面。

空中戰爭

　　這場戰爭爆發時，飛機是一項新發明，而雙方都迅速地發展出了更快、更輕便的飛機。偵察機被用來偵察敵方戰壕，但是它們可能會遭遇戰鬥機的反擊，並且被擊落。

這架英國皇家空軍 SE5a 戰鬥機的雙翼是木製的，表面用織物包裹。

裝有信件的金屬容器

信鴿傳訊！

　　在沒有電話線的前線，軍隊廣泛使用信鴿傳遞機密信息和命令。在戰爭期間，有超過50萬隻信鴿往返前線傳送重要信息。

1916年5月31日—6月1日：
日德蘭海戰
英國和德國的海軍在丹麥沿海展開了第一次世界大戰中唯一的一場較大的海戰。

1916年：
大推進
協約國軍隊在西線發動了一場重大的戰略進攻，超過100萬人在戰役中喪生。

1917年4月：
美國參戰
德國潛艇擊沉了美國的盧西塔尼亞號客輪，將美國捲入了戰爭。

1918年11月11日：
戰爭結束
在戰場上節節失利的情況下，德國軍隊同意簽署停戰協議。

1919年：
不穩定的和平
德國與協約國簽署了和平條約，並且被迫接受了屈辱的條件。

第二次世界大戰

這場戰爭是在兩個陣營之間進行的：一個陣營是先以英國、後以蘇聯和美國為首的同盟國，另一個陣營是以德國、意大利和日本為首的軸心國。

歷史上規模最大的衝突是第二次世界大戰，一共有 80 多個國家調動軍隊參加了這場戰爭，造成至少 5500 萬人死亡。

1939 年 9 月 1 日：戰爭開始
德國入侵波蘭。兩天後，英國和法國對德國宣戰。

1940 年 5 月至 6 月：法國淪陷
德軍席捲法國並且佔領了巴黎。英國領導了抵抗德軍的戰爭。

1940 年 8 月至 11 月：空中戰爭
在不列顛戰役中，德國發動了對英國本土的空襲，但是被盟國戰鬥機擊敗。

1941 年 6 月 22 日：東線轉折
德國入侵蘇聯，計劃在冬季到來之前攻佔莫斯科，但是遭到了頑強的抵抗。最終，德國被迫撤退。這場戰役永久地削弱了德軍的戰鬥力。

1941 年 12 月：太平洋突襲
日本襲擊了亞洲的英國殖民地，新加坡和香港被迫向日本投降。

兩枚 20 毫米的火炮之一

引擎排氣管

納粹的崛起

在第一次世界大戰之後，一些歐洲國家尋求強有力的領導者。在德國，由阿道夫・希特拉領導的納粹黨上台執政。納粹黨想要通過征服其他國家來擴張德國。當德國入侵波蘭時，引發了英國和法國對德國宣戰，許多歐洲國家的殖民地也加入了戰爭，將更多國家捲入這場衝突。

被炸毀的城市

遠離前線的平民首次面臨被攻擊的危險。空中轟炸襲擊摧毀了雙方的城市。德國於 1940 年開始對倫敦進行了一系列名為「閃電戰」的空襲，又被稱為「倫敦大轟炸」，造成了 43000 名平民死亡。1943 年，盟軍的戰略空襲摧毀了德國的漢堡（上圖），導致 4 萬人喪生。

納粹黨舉行了大規模的集會來鼓動民眾。

致命的空中纏鬥

像圖中這樣的的噴火式戰鬥機參加了被稱為空中纏鬥的激烈空戰，而轟炸機則攻擊軍事和民用目標。戰爭期間共生產了超過 80 萬架飛機。

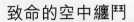

MK356

← 中隊代號

← 這種面罩由橡膠製成，能夠緊密地貼合在孩子臉上。

德國的潛艇，被稱為 U 艇，一共擊沉了大約 3000 艘盟軍艦艇。

運送軍隊登上海灘的希金斯登陸艇 →

諾曼第登陸

法國被德國佔領，但是在 1944 年 6 月 6 日，盟軍發起了有史以來最大規模的海上登陸戰，數千艘船登陸法國海灘。解放法國的戰鬥開始了。

凍僵的腳

德國和蘇聯在東線作戰的士兵遭受了可怕的嚴寒。德國士兵在執勤時不得不穿着笨重但有效的稻草鞋套，以防止凍傷。

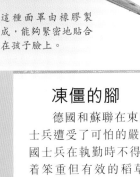

稻草幫助保溫。 →

防毒面罩

英國給 4 歲以下的兒童配發了顏色鮮豔的米老鼠面罩，以保護他們免受毒氣攻擊的傷害。

大屠殺

納粹迫害猶太人，強迫他們居住在被稱為「隔都」的隔離地區。之後，在 1942 年，納粹開始驅逐和屠殺猶太人。至少有 600 萬名猶太人和其他少數族裔在集中營中被殺害。

戰爭結束

日本是堅持抵抗盟軍到最後的國家。1945 年 8 月 6 日和 9 日，兩架美國 B-29 飛機分別在日本廣島和長崎市投下了一枚原子彈。這兩座城市都被摧毀了，20 萬名平民喪生。日本隨即宣佈投降。

1941 年 12 月 7 日：珍珠港
日本對夏威夷珍珠港的美國海軍基地發動突然襲擊，使美國加入了戰爭的同盟國一方。

1943 年 2 月：斯大林格勒
德軍和蘇軍在斯大林格勒進行了歷時 8 個月的激烈戰鬥，德軍遭受了開戰以來最慘重的失利。

1944 年 6 月 6 日：諾曼第登陸
16 萬名盟軍士兵在被德國佔領的法國諾曼第強行登陸。德軍逐漸被擊退。

1945 年 4 月 30 日：德國戰敗
在德國的敗局已定的情況下，希特拉自殺。德國於一星期後宣佈投降，但日本還在繼續戰鬥。

1945 年 9 月 2 日：戰爭結束
當美國投下原子彈攻擊廣島和長崎後，日本宣佈投降。戰爭結束。

大事記

民權運動

在20世紀50年代至60年代，非裔美國人在爭取平等權利的長期抗爭中取得了很多進展。民權活動家們實現了許多目標，包括1954年最高法院確認種族隔離是非法的。

1868 年
第 14 憲法修正案被通過，賦予所有非裔美國人公民的所有權利。

從 1880 年代開始
在南方各州，「吉姆‧克勞」法將黑人公民與白人公民隔離；被認為違反規則的黑人遭到白人暴民的酷刑和謀殺。

1955 年
14 歲的埃米特‧蒂爾被指控與一名白人女性調情，因此慘遭謀殺。他的死引發了一波黑人反抗行動。

1960 年
北卡羅來納州格林斯伯勒市的學生組織和平抗議活動，反對餐館的種族隔離。

1963 年
5 月，青少年們在阿拉巴馬州伯明翰市舉行示威遊行。9 月，4 名黑人女孩在種族主義者炸毀 16 街浸信會教堂時喪生。

1964 年
民權法案生效，禁止基於種族、出身和性別的歧視，以及種族隔離和「吉姆‧克勞」法。

1965 年
塞爾馬－蒙哥馬利遊行活動促進了選舉權法案的通過，禁止以種族或族裔的原因阻礙人們投票。

1968 年
馬丁‧路德‧金在田納西州孟菲斯市被刺殺。這起事件震驚了世界。

奴隸制被廢除後，法律上賦予非裔美國人以平等權利，但是種族主義暴力繼續存在，尤其是在南方。與此同時民權運動也在不斷發展壯大。

早期的活動人士

民權活動有很長的歷史。在 19 世紀 90 年代，記者艾達‧貝爾‧韋爾斯撰寫了反對種族主義暴力的文章，並且與其他早期的活動人士一起開展民權活動。

羅莎‧帕克斯公交車的複製品

反抗種族隔離

在美國南部，黑人乘坐公共汽車不能坐在「白人區域」。羅莎‧帕克斯對此提出了挑戰。在她的影響下，「自由乘車者」運動興起了，黑人和白人一起乘坐南部各州的公共汽車，繼續進行挑戰。

繼續前進

和平抗議的主要領導人馬丁‧路德‧金利用遊行來引起人們對民權運動的關注。儘管遊行抗議者們經常受到襲擊，但是他們仍然繼續前進。

1965年，馬丁‧路德‧金在阿拉巴馬州的塞爾瑪領導了一場要求全面投票權的遊行。

馬丁‧路德‧金經常組織和參加和平抗議，因此曾被逮捕 29 次！

直到 1954 年，美國學校中的種族隔離行為才被判為非法。

主要活動人士

從 20 世紀 50 年代開始，來自不同背景、職業和宗教信仰的人們參與了黑人爭取民權的抗爭。以下只是其中一些最有影響力的人士。

瑪米・蒂爾・莫布利
在她的兒子被殘酷地謀殺後，她勇敢地站出來幫兒子伸張正義。

羅莎・帕克斯
她因拒絕為一名白人讓座而被捕，導致了 1955 年至 1956 年的公交車抵制運動。

馬爾科姆・X
他是一位伊斯蘭教士，認為美國的黑人應該組建一個獨立的國家。

穆罕默德・阿里
他是世界著名的拳擊手，經常在聽眾眾多的訪問中談論民權問題。

哈里・貝拉方特
這位受歡迎的歌手是眾多參與民權運動的藝術家之一，他在美國和國際上宣傳民權運動。

休伊・牛頓
這位黑豹黨的聯合創始人之一提倡武裝民眾抵抗運動。

安吉拉・戴維斯
她是一名激進的政治家和女權主義活動家，也是一名大學教授，出版過許多書籍。

表明立場

在 1968 年的奧運會上，美國隊的 200 米金牌獲得者湯米・史密斯和銅牌獲得者約翰・卡洛斯舉起拳頭，做出支持黑人維權運動的手勢，抗議種族不平等。這次抗議使他們被當時的奧委會處罰。澳洲的銀牌獲得者彼得・諾曼也因支持他們而遭受了處罰。

繼續抗爭

在美國和世界其他地區，歧視和種族主義並沒有消失，因此抗議活動也仍在繼續。「黑人的命也是命」運動始於 2013 年，旨在反對警察對黑人的暴力行為。2020 年喬治・弗洛伊德被白人警察殺害後，這項運動變成了全球性的抗議運動。

「黑色很美」於 20 世紀 60 年代首次成為口號！

冷戰

從1945年到1991年，美國和蘇聯是一對相互競爭的「超級大國」。它們之間的衝突被稱為冷戰，這是因為雖然它們相互威脅，但是卻並沒有發生直接的軍事衝突。

在 20 世紀 80 年代，美國和蘇聯領導人同意，如果外星人入侵地球，他們將停止冷戰！

跟我來

美國中央情報局的特工用鞋帶的不同系法來傳遞秘密信息！

相機被帶子固定在鳥的頸部。

鳥類間諜

雙方都在互相進行間諜活動。美國中央情報局曾經使用鴿子監視蘇聯的基地，還用烏鴉將監聽設備投放到政府大樓的窗台上。

核威脅

這兩個超級大國都擁有足夠摧毀地球的核武器。如果一方發動核彈襲擊，另一方就會進行核彈報復，從而引發全球核戰爭。此事的嚴重性是冷戰沒有演變成「熱戰」的原因之一。

核導彈數量

美國
蘇聯（1991 以後成為俄羅斯）

日益緊張的局勢導致蘇聯生產了更多核導彈。

40000
30000
20000
10000
0

1950　1960　1965　1975　1986　2000　2010

軍備競賽

第二次世界大戰結束後，美國是世界上唯一擁有核武器的國家。但是蘇聯於 1949 年開始測試並且成功開發了自己的核武器。這導致了一場軍備競賽，雙方都不停地製造了更大、更具破壞力的核武器。這場競賽在 21 世紀逐漸減緩。自冷戰結束以來，核武器的數量已經大幅減少。

越南戰爭

美國和蘇聯之間雖然沒有發生直接衝突，但是仍然相互對抗。例如，在 1955 年至 1975 年的越南戰爭期間，蘇聯向共產主義的北越提供武器，而美國則派遣了 55 萬名軍人支持南越。

太空競賽

　　超級大國在太空領域也進行了競爭。蘇聯於 1957 年發射了世界上第一顆衞星，在探索地球以外的太空競賽中取得了領先地位。同年晚些時候，蘇聯將一隻名為萊卡的狗送入了太空。而美國則於 1969 年成為第一個將人類送上月球的國家。

柏林牆

　　第二次世界大戰結束時，德國被分為共產主義的東德和民主制度的西德。柏林位於東德內部，但是它也被割分成東柏林和西柏林。1961 年，東德政府建造了柏林牆，以阻止東柏林的市民前往西柏林地區。

古巴導彈危機

　　世界距離核戰爭爆發最近的一次是在 1962 年 10 月，當時蘇聯在距離美國海岸僅 166 公里的古巴部署了核導彈，美國輿論大嘩。經過 13 天的緊張對策和磋商，蘇聯最終讓步，撤除了導彈。在危機期間，一些美國家庭躲進了防空洞。

在很多年的時間內，美國發射核武器的絕密密碼曾經是 00000000！

柏林牆倒塌

　　20 世紀 80 年代，一股要求更多民主自由的風潮橫掃了東歐的蘇聯盟國。抗議者於 1989 年 11 月 9 日推倒了柏林牆，德國重新成為一個統一的國家。兩年後，蘇聯本身也分裂了，它的加盟共和國紛紛獨立，不再接受蘇聯的統治。

阿爾及利亞
獨立戰爭紀念碑
高達 92 米！

宣告獨立

　　第二次世界大戰後，殖民地獨立運動興起，殖民國不得不接受世界正在發生變化這個事實。有些殖民地的抗爭是暴力的，有些殖民地則採取談判形式。到 20 世紀末，大多數前殖民地都獲得了獨立，但是並非全部。

每年的慶祝活動

　　許多國家都紀念它們的獨立日。有些國家在獨立日舉行閱兵儀式，也有些國家舉辦類似狂歡節的慶祝活動。肯亞於 1964 年成為共和國，它的獨立日被稱為「賈姆胡里日」，是國定假日，人們在這一天聚集起來舉行慶祝活動。

加納的第一任總統克瓦米·恩克魯瑪

加納獨立日

　　加納是非洲最早獲得獨立的國家之一。加納自由運動的領袖是克瓦米·恩克魯瑪。1948年，他支持在第二次世界大戰中為英國作戰但是受到不公正待遇的加納退伍軍人，抗議運動逐漸演變為獨立運動。1957年，克瓦米·恩克魯瑪成為了自由加納的領袖。

非洲國家

　　下面的時間線列出了自20世紀50年代以來非洲國家從殖民國獲得獨立的年份。括號中為殖民國。

分裂的自由

　　經過聖雄甘地、薩羅吉尼·奈杜和穆罕默德·阿里·真納等活動人士多年的努力，英國於1947年撤出印度。在獲得獨立後，印度分裂成兩個國家：印度和巴基斯坦。這一事件被稱為分治，過程中充滿了暴力。今天，這兩個國家每天都在邊界兩側進行對立的軍事儀式。

泛非主義運動

　　泛非主義運動始於19世紀，目的是弘揚黑人的非洲根源，以及團結黑人反對奴隸制和種族主義。後來它在爭取獨立的抗爭中發揮了作用，並且呼籲非洲國家之間的團結。

現在世界上有 195 個獨立國家！

泛非主義運動的三色旗

1956
突尼斯，摩洛哥（法國）；蘇丹（英國／埃及）

1957
加納（英國）

1958
幾內亞（法國）

1960
喀麥隆，多哥，貝寧，馬達加斯加，尼日爾，布基納法索，科特迪瓦，乍得，中非共和國，剛果布（法國）；尼日利亞（英國）；索馬里（英國／意大利）；剛果金（比利時）

1961
塞拉利昂，坦桑尼亞（英國）

1962
阿爾及利亞（法國）；烏乾達（英國）；盧旺達，布隆迪（比利時）

1963
肯亞（英國）

1964
馬拉維，贊比亞（英國）

1965
羅得西亞（1980年改名為津巴布韋），岡比亞（英國）

1966
博茨瓦納，萊索托（英國）

1968
斯威士蘭（英國）；赤道幾內亞（西班牙）

1973/1974
幾內亞比紹（葡萄牙）

1975
莫桑比克，佛得角，科摩羅，聖多美和普林西比，安哥拉（葡萄牙）

1976
塞舌爾（英國）

1977
吉布提（法國）

2021年，桑德拉·梅森在總理米婭·莫特利和節奏布魯斯歌手蕾哈娜的陪伴下，宣誓就任巴巴多斯總統。

巴巴多斯獨立

　　自1627年以來一直是英國殖民地的加勒比海島巴巴多斯於1966年獲得了獨立，但是它仍然屬於英聯邦，奉伊麗莎白二世女王為國家元首，但是在2021年，巴巴多斯成為共和國。

磁碟是 20 世紀 60 年代發明的。最早的磁碟只能存儲 80KB 的數據！圖為 80 年代發明的、容量大於 1MB 的磁碟。

轉向數碼化

在 20 世紀初，第一批電腦問世了，用於幫助人們進行計算。很快，電腦的能力變得愈來愈強，體積變得愈來愈小，愈來愈多的人開始使用電腦。

早期的電腦

第一批電腦是在英國和美國製造的，用於在第二次世界大戰中破解德國軍事密碼。它們的體積龐大，每部電腦都佔據了整個房間。

美國

每個紅點代表一個獨立的連接。

早期的互聯網

1969 年，一個名為阿帕網的網絡通過電話線連接了美國所大學的電腦，它就是互聯網的前身。到了 20 世紀 70 年代，阿帕網擴展到了美國全境。在 20 世紀 80 年代，它與世界上的其他類似網絡合併，形成了我們現在的互聯網。

個人電腦

到了 1970 年代，電腦已經在企業中使用。20 世紀 80 年代初期，第一批個人電腦出現了，電腦開始進入人們的家庭。

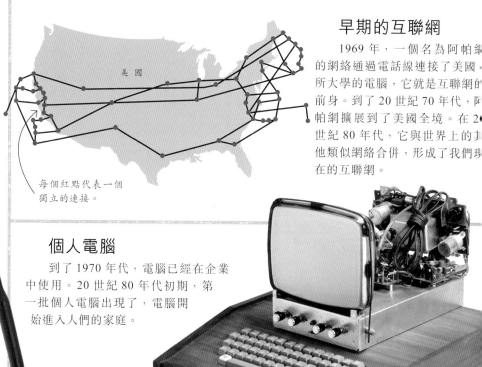

電腦沒有外殼，所以用戶自己製作平台。

第一個網頁

萬維網的發明使得互聯網上的信息可以通過連接文檔進行訪問。第一個網頁於 1991 年上線，網頁中列出了如何使用它的説明！

手提電話和手機

第一部手提電話 DynaTac8000X 於 1983 年開始銷售，售價為 2000 英鎊（按實際值計算約為今天的 6150 英鎊）。它只能用於打電話，並沒有像現代手機那樣的多功能。如今，全球有 60 億人使用手機。

DynaTac8000X 有磚塊大小。

產量最高的器件！

微處理器是所有數碼設備「大腦」。每年有約 1.5 萬億微處理器出廠。

《太空侵略者》等早期遊戲的圖形粗獷，顏色鮮豔，但是情節則非常簡單。

玻璃保護罩上面裝飾著引人注目的圖案，它的後面是遊戲顯示屏幕。

早期的遊戲是用按鈕控制的，而不是用操縱桿控制的。

今天，互聯網上有 19.8 億個網站！

用於投入硬幣來支付遊戲費用的投幣口

早期的電子遊戲

在 20 世紀 70 年代，人們去專門的遊戲場所，用那裏的大型機器玩視頻遊戲。在 1978 年推出的《太空侵略者》遊戲中，玩家的任務是消滅大規模入侵的外星人。1977 年上市的雅達利 2600 是第一批被廣泛使用的家用遊戲機。到如今，先後有大約 500 萬種不同的電子遊戲問世。

穿越大西洋

自帆船首次航行以來，穿越大西洋所需要的時間已大大縮短。機動的船舶不斷改進，大幅度地加快了航行速度，而飛機則將來往英國和美國之間的旅行時間從幾天縮短到幾個小時。

66 天

1620 年，五月花號花了兩個多月的時間才到達北美。

15.5 天

1838 年，蒸汽船「大西方號」僅用了兩個多星期就橫渡了大西洋。

4 天

1936 年，瑪麗皇后號海洋班輪將大西洋的航行時間縮短到了幾天。

17 小時 40 分鐘

1945 年，一架道格拉斯 DC-4 飛機從倫敦飛抵紐約，途中沒有停頓。

6 小時 12 分鐘

1957 年，客機再次縮短了航行時間。

2 小時 52 分鐘

超音速的協和式飛機於 1996 年在紐約到倫敦的航線上創造了客機越洋的最高速度。

世界之最！
網絡系統

交通的便利和互聯網的普及使全球各地的人與人之間的聯繫比以往任何時候都更加緊密。曾經需要幾個月的旅程現在只需要幾個小時，而在互聯網的幫助下，地球兩端的人們可以即時聊天。

了不起的的交通運輸

將數百萬人和數噸貨物從一地運送到另一地絕非易事。這裏列舉了幾個世界上最繁忙的交通樞紐。

最繁忙的機場

美國喬治亞州亞特蘭大每小時有 80 多架航班起飛。

最繁忙的港口

中國上海港每天吞吐近 13 萬個貨櫃。

最繁忙的火車站

每小時大約有 900 萬名乘客經過日本東京的新宿站。

新宿火車站

滿載貨物

從駱駝到貨櫃船，人們使用許多方法將貨物運送到世界各地。如今的巨型船舶運送的貨物遠遠超過了過去的商人所能想像的。

駱駝

載重量：180 公斤—226 公斤

駱駝足夠強壯和堅韌，能夠承載大量貨物進行長途旅行。

帆船

載重量：379000 公斤

17 世紀的木質帆船能夠承載的重量是駱駝能夠承載的 2000 倍。

安東諾夫 An-225 Mriya 飛機

載重量：250000 公斤

從 1988 年到 2022 年，這架飛機運輸了大型貨物，包括一艘航天飛機。

長範號大型貨櫃船

載重量：60973000 公斤

這艘世界最大的貨櫃船（下圖）能裝載超過 24000 個貨櫃。

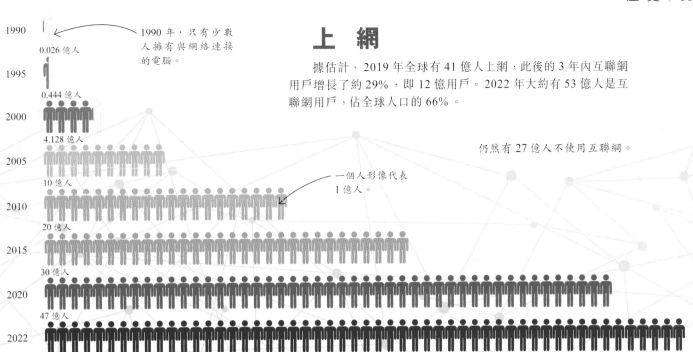

1990 1990 年，只有少數人擁有與網絡連接的電腦。
0.026 億人

1995
0.444 億人

2000
4.128 億人

2005
10 億人

2010 一個人形像代表 1 億人。
20 億人

2015
30 億人

2020
47 億人

2022
53 億人

上 網

據估計，2019 年全球有 41 億人上網，此後的 3 年內互聯網用戶增長了約 29%，即 12 億用戶。2022 年大約有 53 億人是互聯網用戶，佔全球人口的 66%。

仍然有 27 億人不使用互聯網。

日常溝通

每天都有大量的數字信息在互聯網上傳送。

大約 **10 億** 封電子郵件被發送和接收。

5 億 條推文在 X（原推特）上發表。

至少 **9500 萬** 張照片在 Instagram 上發佈。

視像通訊

在新型冠狀病毒肺炎封鎖期間，視像通話大幅增加。在 2020 年 4 月居家令剛剛發佈後，視像通話網站 Zoom 的流量增長了 535%。

永遠在線

2022 年，平均用戶每天在線時間長達 6 小時 37 分鐘，其中有 2 小時 28 分鐘用於社交媒體。

採用新技術

人們在開始使用新技術，尤其是社交媒體方面變得非常迅速。美國奈飛公司用了 3 年多的時間得到了 100 萬用戶，但是下面這些新技術都更快地達到了這一里程碑。

 24 個月 推特在 2006 年被推出後的兩年內得到了 100 萬推特用戶。推特現名為 X。

 10 個月 Facebook 在 2004 年被推出後不久就得到了 100 萬名用戶。

 3 個月 Instagram 提供網上分享照片服務，在被推出後僅用了幾個月就聚集了 100 萬名用戶。

 2 星期 在人工智能聊天機器人 ChatGPT 被推出僅僅兩星期後，已有數百萬人與它互動。

文化

甚麼是文化？

文化是我們個人和羣體的生活方式。我們通過藝術、文學和音樂來表達文化，在日常生活中也是如此。我們的穿着、言談方式、信仰和傳統，甚至住宅和工作場所，都體現了我們文化的方方面面。

地球村

在過去數百年時間內，大多數人很少能接觸到自己文化以外的人和地方。如今的科學技術使我們比較容易地了解世界各地人們的生活方式。

交通運輸

交通運輸，尤其是航空運輸，使人們旅行和運送貨物，甚至交流思想，都比以往任何時候更快，更容易。

通 訊

新技術使我們能夠與朋友、家人和同事交流和分享思想，不論我們身在何處。

新聞媒體

我們可以實時關注世界上發生的事件，這是因為目擊者會立刻將事件上傳到社交媒體，供我們隨時瀏覽。

我們的世界

在全球範圍內，存在着令人驚嘆的文化多樣性，有幾千年不變的傳統社區，也有面積廣闊、快速發展的特大城市。這裏是富有創意和有創造力的人們為我們擁有的文化做出的一些貢獻。

視覺藝術

繪畫、雕塑、攝影和塗鴉是人們用來表達觀點和思想的一些視覺方式。

娛 樂

世界各地的人們都喜歡自己表演，或者觀看別人表演，包括古典芭蕾舞、搖滾音樂節、馬戲團和體育賽事。

歡聚共慶

澳洲的悉尼是一座人口眾多的多元文化城市，它的居民來自許多不同的文化背景，但是有些活動會讓所有人聚集在一起，共同分享和慶祝。圖中的人羣正在悉尼港灣大橋迎接新年。

全球 80 億人口的 59% 居住在亞洲大陸上！

世界上最受遊客歡迎的參觀景點是中國北京的故宮，也被稱為紫禁城。

龐克音樂對時尚的影響比對音樂的影響更持久。「街頭龐克」至今仍有粉絲！

時尚潮流

文化通常與傳統有關，但是有些文化潮流，尤其是年輕人的文化潮流，是短暫的。龐克音樂在20世紀70年代末產生了巨大的影響，但是在幾年後便成為過眼煙雲了。

生活方式

通常在沒有意識到的情況下，我們在生活中反映了我們的文化，例如對服裝、髮型和飲食的選擇，以及購物時的選擇。

說與寫

我們的語言和文字，無論是閱讀還是寫作，以及我們說話時使用的方言和口音，都體現了我們的文化。

活動

我們喜歡的體育運動、業餘愛好、團體和傳統工藝品都是能強有力地反映我們的文化的活動。

建築物

城市的佈局規劃以及住宅、學校和醫院等建築物的設計都公開表達了一個文化羣體的價值觀和身份認同。

有生命的語言

我們使用語言來交流和表達我們的想法、情感和知識。隨着世界各地之間的交流愈來愈多，有些語言得到更加廣泛的使用，而有些語言則在衰退，甚至消失。

你會説克林貢語嗎？

克林貢語是專門為科幻電視劇《星際迷航》而創造的一種語言，它甚至有自己的字典！其他有些文娛作品也有虛構語言，例如電影《阿凡達》中的納維語和小説《海底沉舟》中兔子説的兔語。

在美國漫畫大會上，粉絲們打扮成克林貢人。

熱門語言

有些語言從起源地向外傳播，漸漸成為其他地區的主要語言，或成為多語地區的主要語言之一。以下是全球使用人數最多的語言：

1 英語 約 15 億使用者
2 漢語普通話 約 11 億使用者
3 印地語 約 6.022 億使用者
4 西班牙語 約 5.483 億使用者
5 法語 約 2.741 億使用者

雙語或多語地區

許多國家有多種官方語言，其中擁有最多種官方語言的 3 個國家分別是津巴布韋（16 種語言）、印度（23 種語言）和玻利維亞（37 種語言）。

以色列的這處鐵路道口的警告路牌上有希伯來語、阿拉伯語和英語。

在全世界範圍內，平均每個月就有兩種語言消失！

「你好」

每種語言都有一個人們用來互相問候的單詞或短語。這裏是一些全球使用最廣泛的語言中的問候語，相當於「你好」。請注意：不同的語言文字系統使用不同的符號或字母。

xin chào
xīn chào, 越南語

Sampurasun
sānpǔ rǎsōng, 巽他語

發音

مرحبا
marhaban, 阿拉伯語

ciao
Qiǎo, 意大利語

नमस्ते
ná mǎ sītè, 印地語

السلام عليكم
āsàlānmǎlěkèm,
烏爾都語

helo
Héló, 馬來語

สวัสดี
sawatde, 泰語

سلام
salam, 波斯語

hola
Hēlā, 西班牙語

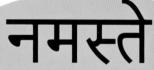

當今世界上使用的語言大約有 7100 種。

手勢、肢體語言和面部表情都可以被用來表示字母、單詞或短語。

符號和手勢

並非所有語言都是口語或書面語。許多聾啞人和聽力障礙人士使用手語。如今，手語約有 300 種變體，有多達 7000 萬人使用。

保持語言的活力

如果一種語言沒有足夠多的人使用，它就會失傳。當威爾士語瀕臨消亡時，威爾士人採取了很多措施來保持它的活力，包括在學校開設威爾士語課程，開設威爾士語電視頻道，以及每年舉辦威爾士國家藝術節，專門慶祝威爾士語言和文化。

威爾士國家藝術節的獲獎詩人坐在特製的寶座上。

英語有多達 60 萬以上的詞彙量，比任何其他語言都多！

bawo ni
bāwò nǐ, 約魯巴語

hallo
hālóu, 德語

salam əleyküm
sàlām ǎlèyküm,
阿塞拜疆語

నమస్కారం
namaskāraṁ, 泰盧固語

bonjour
bōnzhù, 法語

您好
nín hǎo, 漢語普通話

cześć!
chehshch! 波蘭語

jambo
ja-m-boh, 斯瓦希里語

Привіт
Pǔlìwéitǔ, 烏克蘭語

hello
hēluō, 英語

kumusta
coo moo stah,
他加祿語

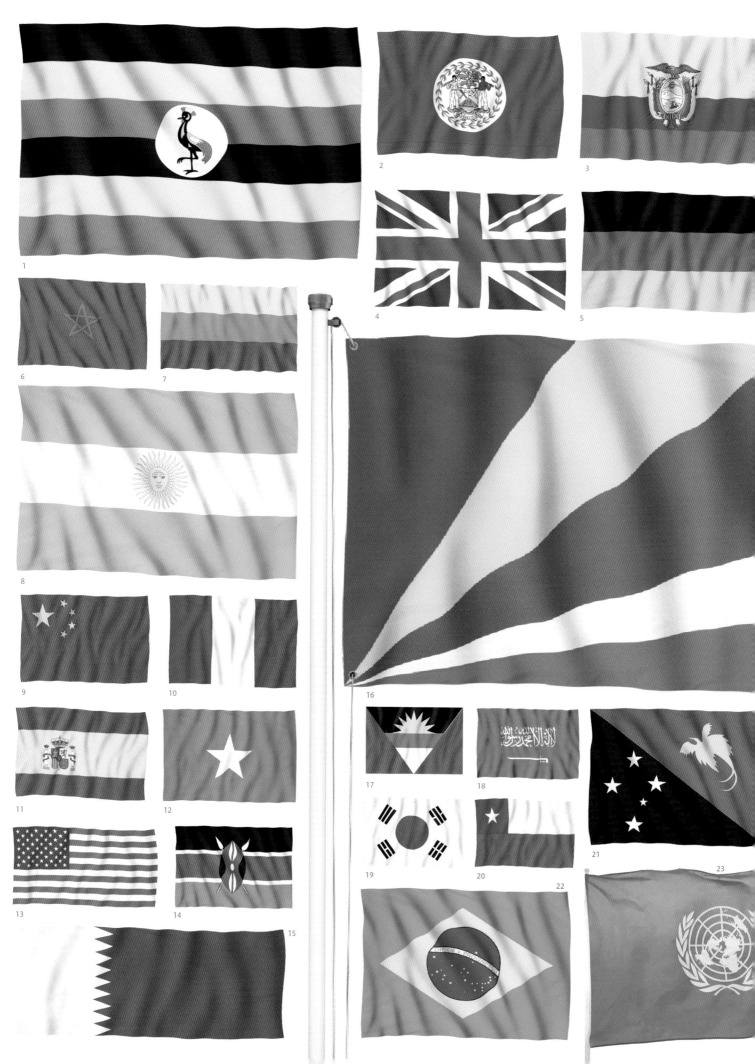

看圖識別　國旗

每個國家都有一面設計獨特的國旗。遮住下面的答案，看看你能否説出每面國旗所屬的國家。你能找出不屬於任何國家的那面旗幟嗎？

1 烏干達
2 伯利茲
3 厄瓜多爾
4 英國
5 德國
6 摩洛哥
7 立陶宛
8 阿根廷
9 中國
10 法國
11 西班牙
12 索馬里
13 美國
14 肯亞
15 卡塔爾
16 塞舌爾
17 安提瓜和巴布達
18 沙特阿拉伯
19 韓國
20 智利
21 巴布亞新幾內亞
22 巴西
23 聯合國
24 日本
25 澳洲
26 多米尼克
27 尼泊爾
28 秘魯
29 南非
30 基里巴斯
31 印度
32 斯里蘭卡
33 意大利
34 哥倫比亞
35 加拿大
36 湯加
37 牙買加

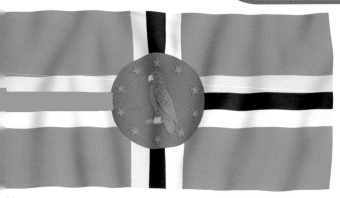

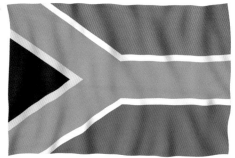

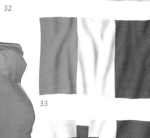

宗教與信仰

我們是如何來到這裏的？我們的生命有甚麼意義？我們死後會發生甚麼？這些是人類一直思考的一些大問題，而宗教和信仰體系則試圖回答這些問題。

	基督教		佛教
	24 億		5.06 億
	以公元前 4 年左右出生的耶穌基督的生平和教導為基礎。		由佛陀釋迦牟尼前 5 世紀在印度
	伊斯蘭教		錫克教
	19 億		2500 萬
	由先知穆罕默德於公元 610 年左右創立。		由第一位古魯那 16 世紀在印度創
	印度教		猶太教
	11 億		1460 萬
	起源於 4000 年前的印度。		起源於公元前 8 中東地區

這根圖騰柱是由誇誇嘉誇族藝術家雕刻的。

巴西的救世主基督像高達 30 米！

神聖的大自然

有些原住民文化認為周圍的土地、動物和他們的祖先都是神聖的。在北美的太平洋西北地區，人們用精美的木雕圖騰柱作為民族或個人的信仰、文化或家族歷史的象徵。

信仰的世界

上面是一些世界上的主要宗教和估計的信徒人數。另外，有超過 10 億人聲稱他們並不信仰任何宗教，而是將自己的信仰歸類為人文主義、不可知論或無神論。

朝聖之旅

朝聖是信徒前往聖地的旅行，通常是漫長艱難的。信徒這樣做是為了增強信仰、感謝祈禱得到回應、請求寬恕或尋求治癒疾病的方法。

麥加聖殿是伊斯蘭教中最神聖的聖地，也是眾多朝聖者的目的地。

每年都有成千上萬名穆斯林前往沙特阿拉伯的聖城麥加朝觀。

精神場所

大多數宗教都有供人們聚集在一起進行祈禱或舉行儀式的建築物，例如基督教教堂、伊斯蘭清真寺和猶太教堂。印度教寺廟，例如圖中的這座位於斯里蘭卡的寺廟，規模龐大而且非常華麗，有色彩鮮豔的印度教神靈雕刻。

甚麼是宗教？

世界上有許多宗教，它們都有一些共同之處。以下是宗教的4個基本特徵。

儀式和修行
信徒所進行的活動。可能包括祈禱、洗禮或在規定的時間內禁食。

戒律和教義
關於信徒應該遵循的生活規則和指導。可能是書面的，也可能是口傳的。

故事和神話
講述應該如何生活的故事，或描述諸如創世事件的故事？

聖物和聖地
聖物是與宗教相關的物品，例如圖騰和藝術品。聖地是神聖的場所，例如寺廟和神殿。

印度王子喬達摩・悉達多（釋迦牟尼的原名）在一棵樹下冥想了49天後，豁然開悟，然後創立了佛教！

男孩從7歲開始就可以接受僧侶培訓，作為他們的佛教教育的一部分。

僧侶在寺廟內赤腳行走。

蠟燭象徵着佛陀釋迦牟尼的開悟（智慧）。

出家生活
有些信徒選擇全身心地奉獻給信仰和教義，以出家來踐行其價值觀。例如，佛教僧尼穿着樸素的袈裟，過着簡樸的生活，將大部分時間用於冥想和誦經。

節慶的樂趣

每個民族都有其獨特的節日，讓人們可以聚集在一起慶祝古老的傳統或紀念重要的歷史事件。無論是享用美食、遊行還是贈送禮物，節日通常都是人們聚會和娛樂的時候。

各種類型的節日

人們聚集在一起舉行慶祝活動的原因有很多，以下是其中一些主要的原因。

神聖事件
紀念宗教年中的重要日子是許多信仰的重要組成部分。

食物和飲料
在農耕地區，豐收後的盛大慶祝活動上常常有豐盛的食品。

新 年
許多文化在新年來臨之際都舉行辭舊迎新的慶祝活動。

季節變換
每個季節都有相應的節慶。例如，人們在春天慶祝大自然的復蘇。

國慶日
許多國家都慶祝國家建立日或國家英雄的紀念日。

「綠人」主持祝酒儀式。

冬季祝酒
冬季祝酒是英國古老的習俗，人們到蘋果園對着蘋果樹唱歌，以期來年的豐收。在祝酒活動中，人們傳遞酒碗，裏面盛着加了香料的、溫熱的蘋果酒。

大型音樂節
音樂永遠是人們聚集在一起的好理由。一年一度的免費多瑙島音樂節是奧地利的音樂和音樂家的慶祝活動，在奧地利首都維也納多瑙河的一座島上舉行，每年都吸引 300 多萬名粉絲。

天燈的外殼是紙制的，內部有點燃的蠟燭。

遊客和當地居民一起慶祝水燈節。

在遊行中有很多人穿戴骷髏服裝和面具。

亡靈節

　　墨西哥的亡靈節是人們紀念已故親友的日子。除了舉行色彩繽紛的遊行外，家庭成員還會聚集在親人的墳墓旁進行野餐，並且用蠟燭、花朵和禮物裝飾墓地。

英國設得蘭羣島的維京火祭節的最壯觀之處是焚燒維京長船！

突出眼睛和牙齒的化妝

團聚一堂

　　對於偏遠地區的人們來說，節日是與老朋友相聚的日子，也是交結新朋友，甚至尋找愛情的機會。在乍得的格萊沃爾節，小夥子們打扮得漂漂亮亮，表演舞蹈，以打動潛在的伴侶。

火焰歡樂

　　火焰是世界各地許多節日的一個特色。印度部分地區的灑紅節是一項在春分日舉行的活動。人們圍着篝火唱歌跳舞，然後將食物投入火焰中，象徵送辭迎新。

阿姆利則的學生表演很受民眾喜愛的民間舞蹈吉達舞。

在西班牙的番茄節，人們互擲番茄，一次節日要消耗約 15 萬公斤番茄！

寺廟被茶燈和懸掛的燈籠照亮。

飄浮的天燈

　　在泰國清邁的水燈節，成千上萬盞天燈照亮了天空。人們燃放燈籠是為了「做功德」，以燈籠寓意將善行獻上，以期未來能過上更美好的生活。

美食佳餚

食物不僅僅是我們生存的必需品。我們所吃的食物，以及我們何時何地與誰一起進餐，都與我們的身份有關，也反映了我們所屬的特定的羣體和文化。

漂浮的水果

食物市場自古以來就存在，使人們每天都能買到新鮮的食物。像右圖的印度尼西亞馬辰市的水上市場這樣的市場至今仍然很受歡迎。女商販們戴着圓形巴恩賈爾帽，坐在傳統的小漁船裏，直接從船上出售水果和蔬菜。

這座公元前6世紀的小雕塑展示了一個人正在刨一塊硬芝士。

古老的芝士！

芝士是最古老的加工食品之一，人們將牛奶製成營養豐富的固體食品，能保存數年不壞。考古學家在已有7500年歷史的罐子中發現了芝士的痕跡。古希臘人非常喜歡吃芝士，上圖的公元前6世紀的雕塑就表明瞭這一點。

美國南部：燒烤排骨

蕘子粥是粗粟米粉粥。

瓦特是一種燉肉。

摩洛哥：塔吉鍋配古斯米

埃塞俄比亞：瓦特

塔吉鍋是一道用肉類和水果烹制的燉菜。

瑞典：肉丸和馬鈴薯泥

越橘果醬

印度：塔利套餐

蔬菜咖喱和麵包小碟

世界美食

一個國家或一個民族的歷史悠久的典型食物和菜譜被稱為該國家或該民族的傳統美食。美食的形成受到許多因素的影響，包括可用的食材、氣候、宗教戒律或信仰，以及人們有多少時間烹飪。

打印你的晚餐！

三維數碼技術可以被用來設計和製作可食用的藝術品。例如，通過三維打印將糖或朱古力逐層堆疊，構建成蛋糕裝飾品。

全球每年生產的食物中，有三分之一被浪費，並且被直接扔進了垃圾桶！

飲食習慣

我們通常認為我們的飲食習慣完全由我們自己的口味決定，但是實際上還有很多其他因素在起作用。

文化或國家

有些食物與某個地區、國家或文化有着緊密的關係，例如我們認為比薩餅是意大利的特色食品。

健康和健身

運動員通過飲食來提高成績。例如，馬拉松選手可能會在比賽前攝入含高碳水化合物的食物來獲取能量。

宗教或信仰

我們可能因為宗教信仰或者動物保護等問題而選擇吃或避免吃某些食物。

社交場合

與家人或羣體一起進餐會使我們有一種歸屬感，感覺自己是家庭或羣體的一部分。

慶祝活動

在特殊時間或場合聚在一起吃特別的食物，例如生日蛋糕，能幫助我們紀念生活中的重要時刻。

冰島發酵鯊魚肉是一道冰島菜品，所用的食材是被放置長達 6 個星期直到腐爛發酵的鯊魚肉！

風靡全球

在過去的 50 年裏，快餐風靡世界各地。全球食品公司經常修改菜單以迎合當地人的口味。快餐價格便宜，易於在旅途中食用，但是可能含有超量的鹽、糖或合成脂肪，對保持健康不利。

在一些阿拉伯國家，麥當勞漢堡的麵包被阿拉伯大餅取代。

油炸蚱蜢是泰國受歡迎的街頭食品。

昆蟲蛋白質

蛋白質對我們的身體生長和修復至關重要，而昆蟲含有豐富的蛋白質。全球大約有 20 億人經常食用昆蟲。一些專家認為這種形式的蛋白質在未來可以養活更多人。

最甜的食物

糖可以用多種植物製成，包括甘蔗和甜菜，但是最甜的味道來自龍舌蘭植物。龍舌蘭糖漿的甜度大約是白砂糖的 1.5 倍。

龍舌蘭是一種沙漠植物。龍舌蘭糖漿是用它的葉子中的汁液製成的。

番紅花香料是用番紅花的雌蕊柱頭烘乾後製成的。

昂貴的香料

番紅花香料產自番紅花，是世界上最昂貴的香料，用大約 15 萬株番紅花植物的嬌嫩的雌蕊才能製成 1 公斤這種濃郁的香料。

主　食

世界各地大多數膳食中都有主食，而主食中有 4 種最為常見。我們從食物中獲得的全部能量的大約 60% 來自這些食物。

1 粟米
世界上食用能量的 19.5% 來自這種古老的作物。

2 大米
這是超過 35 億人的主食，佔我們食用能量的 16.5%。

3 小麥
小麥通常被磨成麵粉，用於製作麵包、意大利粉或穀類食品。小麥佔據了我們食用能量的 15%。

4 根莖類食物
全球大約 5.3% 的食物能量來自含澱粉的根莖類食用植物，包括木薯、馬鈴薯和山藥。

世界之最！

食　物

食物不僅僅是每個人維持生命的必需品。全世界的人們都非常喜歡吃喝，無論是多汁的熱帶水果、甜甜的奶油朱古力，還是辣得讓眼睛發紅的辣椒。這裏是關於我們食用的一些美味食物的有趣事實。

酷愛意粉

意大利粉是世界上最受歡迎的食物之一，年產量大約為 1690 萬噸。右側是根據 2021 年人均消耗量排名的最愛吃意大利粉的國家。

意大利粉有超過 350 種不同的形狀可供選擇！

意大利
23.5 公斤

突尼斯
17 公斤

委內瑞拉
15 公斤

希臘
12.2 公斤

秘魯
9.9 公斤

感受火辣

辣椒因一種叫做辣椒鹼的化學物質而變得辛辣刺激。辣椒鹼的含量越多，辣椒就越辣！辣椒鹼的含量以史高維爾（SHU）為單位來衡量。以下是史高維爾（SHU）指標上辣度最高和最低的辣椒的排名。

1 卡羅來納死神辣椒
150 萬—220 萬 SHU

2 特立尼莫魯加蠍子辣椒
150—200 萬 SHU

3 魔鬼辣椒（斷魂椒）
85.5 萬—150 萬 SHU

4 紅色殺手辣椒
35 萬—58 萬 SHU

5 蘇格蘭帽椒
10 萬—35 萬 SHU

6 鳥眼椒
5 萬—10 萬 SHU

7 紅辣椒（卡宴辣椒）
3 萬—5 萬 SHU

8 塞拉諾辣椒
1 萬—2.3 萬 SHU

9 青椒和紅椒
0 SHU

純辣椒素的辣度是 1600 萬 SHU。

朱古力愛好者

2022 年，德國成為了世界上最愛吃朱古力的國家。德國人每人吃了 11 公斤朱古力，略高於瑞士，瑞士人每人吃了 9.7 公斤朱古力。

水果盛宴

香蕉是被生產和食用最多的水果。以下是 2021 年全球按產量排名前 5 的最受歡迎的水果。

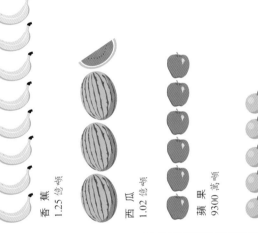

香蕉 1.25 億噸

西瓜 1.02 億噸

蘋果 9300 萬噸

橙 7600 萬噸

葡萄 7400 萬噸

喝茶還是喝咖啡？

除了水之外，茶和咖啡是世界上最受歡迎的飲料。每年都有數十億公斤茶葉和咖啡被沖泡和享用。

茶 63 億公斤

咖啡 98 億公斤

龐大的大樹菠蘿

熱帶的大樹菠蘿可以長到 90 厘米長，幾乎相當於 3 個美式橄欖球的長度！

決定勝負的方法

人們在體育比賽中相互競爭，需要有一個大家都同意的方法來決定獲勝者。以下是基於決定獲勝方法的 4 種主要體育比賽類型。

計時比賽

最短時間內完成比賽的選手或團隊獲勝。

測距比賽

能達到最遠距離的選手獲勝。

得分比賽

以得分或進球數來決定比賽結果。

裁判評分比賽

由數位裁判按照選手的表現進行評估打分來決定比賽結果。

引人注目的體育運動

世界上有數百種體育運動，每種體育運動都有各自的規則，對參與者的身體技能也有特定的要求。人們個人參與或組隊參與體育運動。大多數體育運動都是競爭性的，但是對於許多人來說，體育運動的樂趣在於參與，對運動成績並不十分在意。

奧林匹克的榮耀

世界上最優秀的運動員都會代表自己的國家參加每 4 年一次的夏季奧運會、冬季奧運會或殘疾人奧運會。大多數奧運會都會有新增運動項目。2020 年夏季奧運會上新增了衝浪（左圖）、空手道和攀岩這 3 個項目。

上體保持挺直。

雙腿和雙臂快速擺動，以便前進得更遠。

爆發性起跳，得到盡可能大的升力。

頂級技術

在許多體育項目中，技術是取得最佳成績和奪取獎牌的關鍵。在跳遠等項目中，運動員和教練會使用影片記錄來分析跳躍的各個方面，從中尋找跳得更遠的方法。

美國游泳運動員特里莎·佐恩獲得了 41 枚金牌，是有史以來成績最好的殘疾人奧運會運動員！

極限運動

有些體育比賽時間長、要求高或風險大，因此只有優秀的成年運動員才能參與。撒哈拉沙漠馬拉松是一場在摩洛哥的撒哈拉沙漠舉行的艱苦比賽，賽程約為 250 公里，為期 6 天。

選手們在高達 50℃ 的氣溫中跑相當於 6 個馬拉松的距離。

10 項全能比賽

標槍

跳高和撐竿跳

100 米跑
400 米跑
1500 米跑

110 米跨欄

跳 遠

鉛球和鐵餅

全民足球

足球是世界上最受歡迎的運動，全球有超過 2.65 億人定期參與足球運動，還有 35 億球迷。參加足球運動的成年女子和少女有 2900 萬人之多，使足球成為發展最快的女性運動項目之一。

有 1000 名成年女子和少女參加了 2019 年倫敦足球節，以期提高足球運動的知名度。

最難的考驗

男子 10 項全能比賽有 10 項田徑項目，考驗運動員的投擲、跳躍和跑步等多種技能。奧運會的 10 項全能冠軍可以被認為是全世界最全面的男運動員。對應的女子比賽則是女子 7 項全能比賽。

自 1991 年以來，美國選手邁克·鮑威爾保持着男子跳遠世界紀錄，一直未被打破！

8.95 米

軀幹和雙臂向前傾斜，以保持動力。

先以雙腳着地，然後向前傾身。

1
2
3
4
5
6
7
8
9
10
11
12
13
14
15
16
17
18
19
20
21
22
23
24
25
26
27

看圖識別　體育運動

你知道哪些體育運動使用這些球、球棒和運動鞋嗎？遮住下面的答案，説出體育運動的名稱！你能找出其中的異類嗎？

1 羽毛球
2 鐵餅
3 標槍
4 手球
5 壁球
6 皮划艇（槳）
7 衝浪（板）
8 槌球
9 飛鏢
10 澳式足球
11 射箭
12 救生圈
13 籃球
14 匹克球
15 鉛球
16 藝術體操
17 單板滑雪
18 滑雪
19 空手道（頭盔）
20 高爾夫球
21 高爾夫球（球桿）
22 愛爾蘭曲棍球
23 乒乓球
24 保齡球
25 冰球（冰球鞋）
26 劍擊（面具）
27 輪滑（單排輪滑鞋）
28 曲棍球
29 足球
30 毽子
31 冰壺
32 藤球
33 板球
34 板球（球拍）
35 接力跑（接力棒）
36 欖球
37 足球（球鞋）
38 棒球（手套和球）
39 游泳（泳鏡）
40 桌球
41 足球（守門員手套）
42 棒球（球棒）
43 滑板（護膝）
44 世界一級方程式錦標賽（頭盔）
45 橄欖球（頭盔）
46 游泳（鼻夾）
47 網球
48 輪椅籃球
49 滑雪（滑雪靴）
50 單車運動（頭盔）

多枚獎牌

唯一的一位 3 次獲得世界杯冠軍的足球運動員是巴西前鋒比利。他第一次獲得世界杯冠軍是在 1958 年，當時他只有 17 歲。他率領巴西隊於 1962 年和 1970 年再次獲得世界杯冠軍。

1 足球
35 億球迷

2 板球
25 億球迷

世界之最！

體育運動

各就各位，預備……跑！頂級運動員和團隊不斷努力，爭取贏得獎牌，擊敗對手或創造新紀錄。看看這些令人震驚的體育運動統計數據。

在月球上打高爾夫！

1971 年，美國太空人艾倫·謝潑德成為第一位在月球上打高爾夫球的人，他在月球表面打了兩桿高爾夫球。

月球上的低重力使高爾夫球比在地球上飛得更遠！

羽毛球　417 公里／小時
高爾夫　339.6 公里／小時
回力球　302 公里／小時
壁球　281.6 公里／小時
網球　263.4 公里／小時

最快速度的球

左側是體育運動中 5 種速度最快的球的排行榜！冠軍是羽毛球，但它不是圓球形的。羽毛球的重量和圓錐形狀使它在被擊後能夠高速飛行。左側的 417 公里／小時是羽毛球被大力擊出後達到的速度。

奇特的魁地奇

這項哈利·波特所玩的虛構遊戲現在已經成為一項現實中的運動！騎着掃帚的運動員通過將球投入籃圈中來得分。

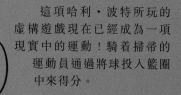

第一屆奧林匹克運動會

現代奧林匹克運動會的起源和靈感之源是古希臘舉辦的奧運會。第一屆現代奧林匹克運動會於 1896 年在雅典舉行，共有 14 個國家參加了 9 項體育運動比賽。

摔跤　　　擊劍

田徑　　　單車

游泳　體操　射擊　網球　舉重

觀看體育比賽

在世界上最受歡迎的 6 大體育運動中，足球是明顯的贏家。在幾乎每個國家，足球都是一項為大眾所喜愛的運動，並且有大批的足球比賽觀眾。

3 曲棍球
20 億球迷

4 網球
10 億球迷

5 排球
9 億球迷

6 乒乓球
8.5 億球迷

最高速度

人類能達到多快的速度？以下是 4 種體育項目中人類達到的最高速度。

奔　跑
人類奔跑能夠達到的最高速度接近 44 公里 / 小時。

游　泳
人類游泳的最高速度可以達到約 7.6 公里 / 小時。

單　車
單車比賽的速度紀錄是驚人的 296 公里 / 小時。

滑　雪
滑雪運動員在下坡時的速度可以達到 255 公里 / 小時。

壯觀的體育場

印度艾哈邁達巴德市的納倫德拉‧莫迪體育場是世界上最大的板球場。這個龐大的體育場可以容納 132000 名觀眾。與傳統的照明塔不同，這是第一個採用環保 LED 燈照明的體育場，它的環形屋簷上安裝了一圈 LED 燈。

最艱難的考驗

有些運動員總是在尋找新的、更極限的方式來測試他們的身體力量、精神力量和耐力。以下是世界上 5 項最極限的體育比賽。

1 蒙古德比
這項 1000 公里的馬術耐力賽在蒙古的大草原上進行。在為期 7 天的比賽中，參賽騎手每 40 公里更換一匹馬。

2 旺迪單人不靠岸航海賽
這是世界上唯一的不間斷的單人環球帆船賽。比賽全程為 40233 公里。在比賽中，參賽選手不得獲取任何外界的幫助。

3 艾迪塔羅德狗拉雪橇比賽
在這場穿越被冰雪覆蓋的美國阿拉斯加州的為期 30 天的比賽中，參賽選手可以選擇徒步、騎單車、滑雪或乘坐雪橇。賽程為 1600 公里。有時候，如果條件特別惡劣，甚至會發生沒有任何參賽選手能夠完成比賽的情況！

4 巴克利馬拉松
這項年度比賽在田納西州的冰頂州立公園舉行，參賽選手必須在 60 小時內跑完 5 個 32 公里賽段。賽道沒有標記，而且在大多數年份的比賽中，沒有人完成全部 5 個賽段。

5 環法單車賽
環法單車賽（下圖）是世界上最艱苦的單車賽之一，歷時 3 個星期，共 21 個賽段，總賽程為大約 3600 公里。

第一屆殘疾人奧運會

第一屆正式的殘疾人奧運會於 1960 年在意大利的羅馬舉行。來自 23 個國家的 400 名運動員坐着輪椅參加了 8 項體育運動比賽。

飛鏢與射箭的組合

射 箭

田 徑

射箭飛鏢

游 泳

桌 球

乒乓球

擊 劍

籃 球

講故事

每年全球出版約 400 萬本書籍！

文學作品講述故事並且常常給出對世界、人和事物的見解。好的文學作品對人們和他們的族羣有很大的價值。有些文學作品在作家去世之後能夠長久流傳，通常是因為作品具有大眾仍然關心的主題。

寶 庫

在許多國家，圖書館是閱讀文學作品的寶庫，而且通常是免費的！這張照片是位於瑞典的斯德哥爾摩公共圖書館，那裏有大約 440 萬件藏品，包括書、光碟和有聲書。

傳 記

一個人的生平故事。如果是由那個人自己撰寫的，則被稱為自傳。

小 說

描述虛構事件和人物的長篇故事或短篇故事。

戲 劇

為演員在舞台、廣播、電視或電影上表演而編寫的故事。

神話與傳説

關於英雄人物、勇敢的事跡和神奇事件的故事。往往是民間流傳的。

詩 歌

使用生動的語言來傳達情感的作品。通常注重韻律和節奏。

文學體裁

文學的類型被稱為文學體裁。每種體裁都有獨特的特點和風格。大部分文學作品可以歸入左側的 5 大類中的一類。

最早的作者

約在 4700 年前出版的《普塔霍特普箴言錄》是我們所知道的最早的書籍。作者普塔霍特普是埃及法老傑德卡拉的朝廷的一名官員。遺憾的是，這部作品並沒有被保存下來！

民間寓言

大多數文化都有自己的民間故事和童話故事。這些故事有很強的娛樂性，也很令人興奮，常常隱含了重要的人生哲理。在傳統上，這些故事是口述的，並且是代代相傳的。

在西非的民間傳説中，阿南西是一隻狡猾而富有創造力，並且會講故事的蜘蛛。

有史以來最暢銷的小說是塞萬提斯的《堂吉訶德》，銷量達到 5 億冊！

文字與圖畫

漫畫書和圖畫小說將一系列插圖、文字和對話氣泡結合在一起。有些漫畫書以分期連載的形式出版，通常每星期一期。而圖畫小說則以書籍的形式出版，每本書講述一個相對完整的故事。

用圖畫來講述故事，只用最少的文字。

擬聲詞為故事增添戲劇性。

這間小屋是一個隱蔽的空間，用於產生幽靈般的聲音等舞台效果。

表演時間！

自古以來，戲劇一直是最受歡迎的文學形式之一。在 16 世紀的倫敦，威廉·莎士比亞的戲劇在環球劇場上演（左圖）。現在他的作品仍然被認為是有史以來最偉大的文學作品之一。

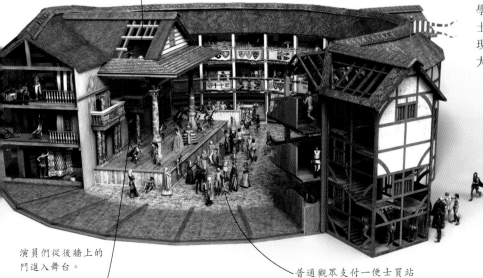

演員們從後牆上的門進入舞台。

普通觀眾支付一便士買站票觀看演出。

在莎士比亞的時代，女性擔任演員是非法的！

令人驚嘆的藝術

幾乎在人類出現的同時，藝術就存在了。從史前在洞穴壁上用手印製圖案，到現代在平板電腦上用軟件創作動畫，藝術家們不斷地尋求新的創造性方式來表達自己。

身體由聚酯樹脂製成。

抽象的形狀與鳥類的識別特徵結合，構成了一個想像中的動物形像。

連接着鳥的金屬絲束下部盤繞，形成了穩定的底座，支撐着鳥的身體。

大鳥（1982 年）
妮基・德・桑法勒

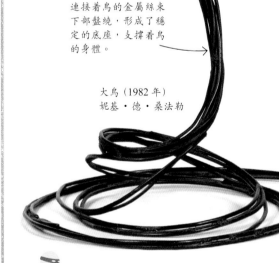

巴黎羅浮宮博物館的畫作《蒙娜麗莎》每年都吸引 1000 萬名遊客前來觀賞！

創作的方法

藝術家們使用各種各樣的技術、材料和媒介來進行創作。有些藝術家採用傳統的方法，而其他藝術家則尋求不同或不尋常的方法和工具。藝術可以用平面形式來表達自己，例如繪畫；也可以用立體形式，例如雕塑；甚至可以用數字形式，例如電影和動畫等。

繪畫和素描

版畫

雕塑

編織

數碼動畫

攝影

共同參與的藝術

藝術可以讓人們聚集在一起。社區藝術項目通常由專業藝術家與當地居民合作完成，旨在美化環境和幫助民眾表達他們的創造力。

南非開普敦的公開牆藝活勤

荷蘭畫家倫勃朗的《雅各布・德・蓋恩的肖像》畫作被盜 4 次，但是每次都被找回來！

丙烯顏料重新營造了色彩繽紛的羽毛。

甚麼是藝術？

這個問題人們已經爭論了數千年！有些人認為藝術是通過視覺媒介表達思想或情感的一種方式。在左側的雕塑作品中，藝術家妮基·德·桑法勒通過顏色、形狀、質地和圖案的結合，表達了她對鳥類活潑調皮的詮釋。

用獵鷹狩獵是一項皇室喜歡的消遣活動。

在蒙兀兒帝國的肖像中，人物都是側面的，以凸顯他們的高貴。

肖像畫

肖像畫以人物作為主題。在攝影出現之前，它是記錄相貌的唯一方法。名人或有權勢的人經常請畫家繪製自己或家人的肖像畫，以展示他們的重要性，並且以此證明他們在歷史中的地位。這幅 18 世紀肖像畫中的人物是蒙兀兒帝國皇帝穆罕默德·沙。

具象藝術

這種藝術也被稱為再現藝術。它以現實的、可識別的方式展示人物、地景或物體。

《猿丸大夫的詩》(1839)
葛飾北齋

抽象藝術

這種藝術並不追求逼真，而是用形狀、顏色和痕跡傳達一種思想或感覺。

《藝術建構》(1916)
柳博夫·謝爾蓋維娜·波波娃

概念藝術

在這種藝術中，思想比技巧或材料更重要。有些作品是為了讓觀眾參與而設計的。

《天氣工程》(2003)
奧拉維爾·埃利亞松

藝術的類型

藝術家可以用各種方式和各種風格來創作他們的作品，但是大多數藝術家在創作時會採用以上 3 種方式之一。

《黃色南瓜》(1994)
草間彌生

工藝美術

這種藝術將日用物品設計成藝術品，有時被稱為裝飾藝術。陶器、珠寶、玻璃製品、刺繡和編織等都是裝飾藝術的例子。下面這件刺繡圍巾是由秘魯的喀喀湖烏魯浮島上的工藝師手工製作的。

這件作品包含了神話生物。

公共展示

很多藝術作品是在畫廊或博物館中展示的，但也有不少藝術作品是為了在室外展示而創作的，其中包括一些為特定的地點而創作的大型作品。許多室外作品鼓勵觀眾觸摸或與之互動。

坐落在日本的直島碼頭上的蔬菜雕塑

迪亞是一位比利時的街頭藝術家，他的動物壁畫非常獨特，出現在中國、挪威、法國和美國等世界各地的城市。

訪問
街頭藝術家

問：你是怎樣成為一名藝術家的？

答：我在很小的時候就開始畫畫了。我的父母都是非常有創意的人，他們鼓勵我進行創作活動，這讓我更加有動力去開發我天生就有的創造力，從小開始一直發展到現在！

問：你為甚麼選擇在牆壁上繪畫？

答：我在青少年時期就喜歡塗鴉，所以在安特衞普皇家藝術學院學習美術後，我決定要創作一些容易與大眾交流並且對社區和環境產生積極影響的藝術作品。我希望我的作品出現在街頭，這樣人們不用去畫廊或藝術展覽就可以欣賞。我希望人們偶然發現我的作品時會感到驚喜。壁畫的魅力在於它們一直在那裏等待人們發現，你只需要去尋找。

問：你需要用特殊設備嗎？

答：我主要使用噴漆和記號筆，這是因為它們乾得快而且便於攜帶。我還使用壁畫顏料、滾筒和刷子來繪製背景。在梯子、腳手架或移動升降台上工作時，我會系好安全帶，並且戴口罩和手套以避免被油漆傷害。

問：你畫壁畫時從哪裏開始入手？

答：我從背景開始，從上往下塗抹顏色，然後再添加黑色線條和高光。我不會事先畫太多草圖，這是因為我更喜歡在現場創作。對我而言，開始很容易，但是知道何時停下來就困難得多！

問：畫畫出錯時如何補救？

答：我會用顏料覆蓋錯誤部分，再重新開始畫。這都是畫畫中經常發生的，沒甚麼大不了的！

問：你的夢想項目是甚麼？

答：我想改造一棟工廠建築物，將它建成一間美麗的畫廊和工作室，來展示我的藝術作品，並且讓我在其中不斷地重複繪畫、創作、呼吸、吃飯和睡覺這些活動！

城市中的自然界

迪亞熱愛野生動物，他的使命是通過畫作激發人們對野生動物的尊重和好奇，讓動物在城市環境中有一席之地。圖中這隻狩獵中的猞猁是迪亞為法國孚日聖迪耶市的藝術節創作的一幅作品。

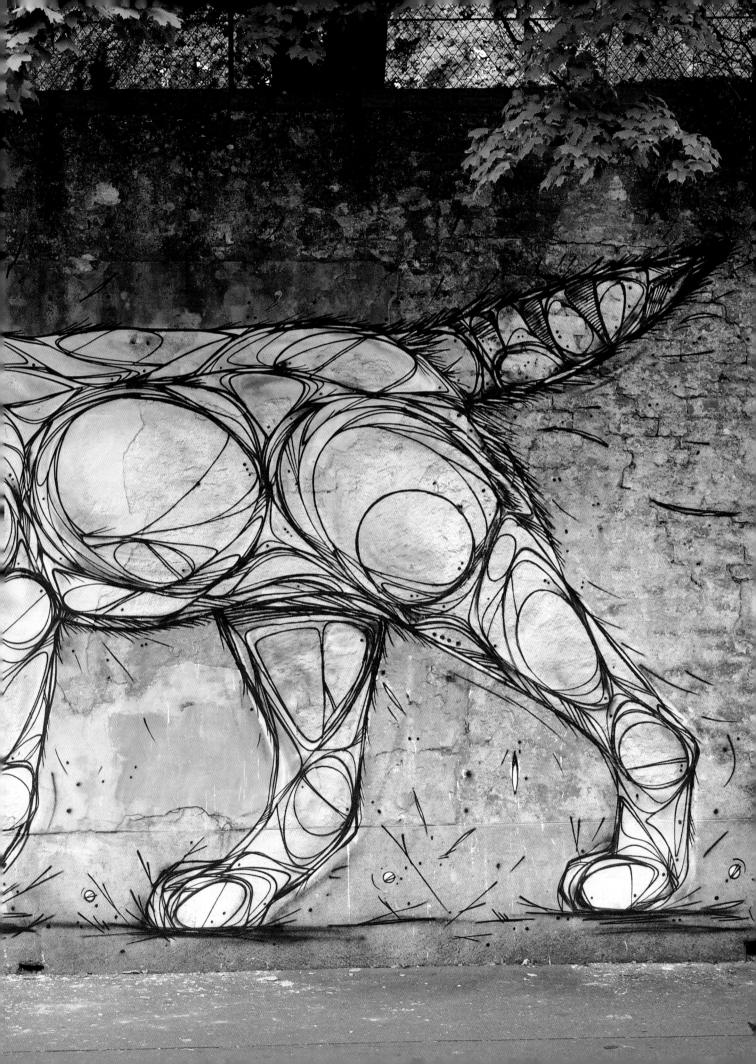

我們為甚麼跳舞

跳舞讓我們感到快樂！這是人們跳舞的眾多原因之一。

文化認同
從波蘭的馬祖卡舞到愛爾蘭的吉格舞，民間舞蹈表達了文化或民族的自豪感。

講述故事
芭蕾舞是一種表演傳統民間故事或神話的舞蹈。

表達信仰
宗教舞蹈，例如伊斯蘭蘇菲旋轉舞，使人們感覺更接近上帝。

比賽
有些舞蹈形式，例如交際舞，可以成為專業比賽項目。

慶祝
跳舞是許多家庭慶典或社交活動（例如婚禮）的重要組成部分。

霹靂舞在 2018 的青年奧運會上首次亮相！

感覺愉快

人們一直認為舞蹈對我們的身體、心理和情緒都有益處，科學也已經證實了這一點。治療師用舞蹈來幫助傷病者康復，以及幫助殘疾人生活。舞蹈還可以幫助老年人保持健康，甚至有助於預防痴呆症。

服裝需要展現舞者的優雅，同時也必須不妨礙舞蹈動作。

舞者表演阿拉伯舞姿，將一條腿從後面豎直抬起。

優美的芭蕾舞

芭蕾舞是最優雅的古典舞蹈形式之一，也是最需要身體力量的舞蹈之一。芭蕾舞者通常從小就開始訓練，並且持續努力訓練，以達到最高水平的藝術造詣。

足尖鞋被加固，因此舞者可以站在腳尖上保持平衡。

賽前戰舞

在欖球比賽前,有些球隊會跳戰舞來威懾對手。圖為薩摩亞國家隊正在表演傳統的薩摩亞戰舞。

第一部芭蕾舞劇是 1581 年為法國女王上演的!

編舞藝術

編舞是設計舞蹈動作並且將它們編排成舞的藝術。在寶萊塢舞蹈中,舞者表演精心編排的舞步和複雜的手勢。

激動人心的舞蹈

舞蹈可能是最古老的藝術形式。跳舞的方式就像人類的數量一樣多。你可以獨自獨舞,也可以與一位同伴一起跳舞,或者與一羣人一起跳舞。舞步可以是預先設定的,也可以是即興創作的。你只需要音樂,甚至只需要一個節拍,就可以開始跳舞了!

科特迪瓦的面具舞非常複雜,需要 7 年的時間才能學會一支舞!

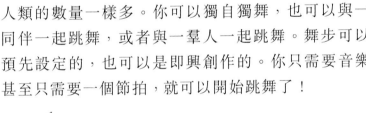

表演型

這種形式主要出現在音樂劇和電影中,包括踢踏舞、現代舞和爵士舞(右)。

街舞

霹靂舞等街舞是因為新興音樂而產生的新興舞蹈。

舞蹈的類型

世界上有許多舞蹈類型,有的很古老,有的是新出現的,大致可以被分成 4 大類型。

民間舞蹈

跳民間舞蹈的人通常穿着傳統服裝,例如圖中跳烏克蘭的霍巴克舞的人。這是人們保持習俗和文化活力的一種有樂趣的方式。

古典舞

泰國舞蹈,就像所有古典舞蹈一樣,有嚴格的規定動作。表演者需要具備高超的技藝。

社交媒體秀

有些舞蹈能夠迷住一代人,例如華爾茲就曾經風靡一時!近年來,社交媒體引發了許多短暫的表演秀熱潮,有數百萬人參與和上傳他們的表演影片。

和聲
不同的音符一起演奏所產生的聲音。

旋律
音高（音符的高低）以及音符演奏的順序。

節奏
音符的時長以及它們演奏的模式。

韓國防彈少年團的音樂影片《偶像》在發佈後的 24 小時內被下載了 4500 萬次！

樂器的類型
世界上有許多不同的樂器。根據它們產生聲音的方式，大多數樂器可以被分為 5 大類型。

西塔琴

弦樂器
弦樂器的聲音是通過彈撥弦或用弓拉弦來產生的。

電子鋼琴

鍵盤樂器
按下琴鍵時，就會使琴錘敲擊琴弦，或者會觸發電子信號來發出聲音。

甚麼是音樂？
音樂是由聲音組成的，但是它與朗讀或雨聲等聲音的不同之處在於，音樂的聲音是由音樂家組織和塑造的，用來產生曲調、和聲和節奏。

神奇的音樂

無論是一起唱一首振奮人心的國歌，還是聆聽一首能喚起幸福回憶的小曲，或者只是在休閒時彈奏吉他，音樂都是我們表達情感和與他人建立聯繫的最有效的方法之一。

有史以來唱片最暢銷的樂隊是披頭四樂隊，也被稱為甲蟲樂隊，銷量超過 3 億張！

音樂風格
音樂風格有令人難以置信的多樣化。新的音樂流派不斷湧現，或者從現有流派演變而來。這裏是世界各地一些最流行的音樂風格。

流行音樂
流行音樂是大多數人隨時收聽和購買的音樂！

流行音樂通常以聲樂表演為特色。

大提琴

爵士樂
爵士樂是一種極具創造性的音樂形式，由非裔美國音樂家在 20 世紀首創。

古典音樂
這種音樂是為受過專業訓練的音樂家在音樂會上演奏而創作的。

小號是爵士樂中的重要樂器。

鼓

打擊樂器
打擊樂器是通過敲擊、搖動或碰撞來發出聲音的。

排簫

木管樂器
將氣吹入空心管上的孔中，使管內空氣振動來發出聲音。

大號

銅管樂器
銅管樂器的金屬管利用氣流造成嘴唇振動而發出聲音。

放聲高歌
唱歌在許多信仰中起着重要作用。福音音樂是一種風格歡樂的音樂，起源於美國黑人教堂信徒，並且傳播到世界各地。南非的索維托福音合唱團（左圖）以激情的表演和獨特的和聲贏得了國際獎項。

樂譜
如果你希望別人演奏你創作的音樂，就需要將音樂寫下來。最常見的記錄音樂的方法是由 10 世紀的修道士發明的五線譜，它通過在 5 根等距離的平行線上標出點和符號來記錄音樂。

拍子標出節奏。

音符的形狀和顏色標出它的演奏時長。

音符的位置標出它的音的高低。

指孔

古老的曲調！
音樂幾乎與人類同齡。這塊由熊大腿骨製成的長笛的碎片是在斯洛文尼亞的一個洞穴中發現的。據認為它有 45000 多年的歷史！

小提琴是由廢棄的金屬和木材製成的。

垃圾場和聲
幾乎任何東西都可以被用來演奏樂曲！巴拉圭回收樂團的孩子們，使用的樂器是由巴拉圭首都亞松森市外的一個巨大垃圾場，回收來的物品製成的。

搖滾樂
搖滾樂非常響亮，有強烈的低音或鼓點節奏，以及強勁有力的歌詞。

電吉他是搖滾樂隊的主要樂器。

民間音樂
許多國家和文化都有自己獨特的音樂和舞蹈風格，被稱為民間音樂。

蒙古音樂家在演奏蒙古琵琶。

康加鼓

靈魂樂
這種充滿情感、富有感染力的音樂流派起源於另外兩種黑人音樂：福音音樂和藍調。

薩爾薩
這種古巴最著名的音樂風格的特點是節奏感，非常適合跳舞。

看圖識別　樂　器

那是小號、長號還是三角鐵？遮住右側的答案，看看你能識別多少種樂器，然後找出其中的異類！

1　口琴
2　泰勒明電琴
3　小提琴和弓
4　調音台
5　剛果鼓
6　砂槌
7　長號
8　鋼琴
9　撥浪鼓

10 低音結他	18 笛	26 風笛	34 小號
11 古巴康加鼓	19 塔不拉鼓	27 三角	35 維納琴
12 日本箏	20 架子鼓	28 陶笛	36 二胡
13 大號	21 薩克斯管	29 大提琴和弓	37 響木
14 木琴	22 木結他	30 安格隆	38 手風琴
15 南美排簫	23 曼陀林	31 多拉克鼓	39 豎琴
16 鑼	24 圓號	32 大笒	40 迪吉里杜管
17 鐃鈸	25 鈴鼓	33 非洲鼓	

樂器總覽 (4) 以演奏者、演奏者為準。
播放音樂，海水進用光源演奏考慮。

城市生活

超過一半的地球人口，約 44 億人，居住在城市中。與一個世紀前相比，這是一個巨大的變化，當時只有 10% 的人口生活在城市中。今天，城市的數量仍然在增加中，而且它們比以往任何時候都更大、更擁擠。

超級城市

人口超過 1000 萬的城市被歸類為超級城市。在 1950 年，紐約市是世界上唯一的超級城市，但今天已經有 40 多座超級城市。以下是世界上 5 座最大的城市。

東京的澀谷人行橫道是世界上最繁忙的人行橫道，一次有多達 3000 人穿過人行橫道！

1 日本東京，3750 萬人口

2 印度德里，2940 萬人口

3 中國上海，2630 萬人口

4 巴西聖保羅，2180 萬人口

5 墨西哥墨西哥城，2160 萬人口

甚麼是城市？

城市不僅僅是一座特大城鎮，它還提供更多設施，並且通常有不同用途的區域，例如購物、商業、住宅和娛樂等。

行政中心
一座國家的政府所在的城市被稱為首都。

人口眾多
一座城市為數萬甚至數百萬人口提供住房、工作和教育。

專業服務
城市提供的服務包括大醫院、圖書館和文化中心等等。

在丹麥的哥本哈根，路上行駛的單車數量是汽車數量的 5 倍！

寒冷的城市

位於西伯利亞的雅庫茨克是世界上最寒冷的城市。它坐落在永久凍土上，因此建築物必須建在高腳樁或柱上。這裏冬季的平均溫度為 -37℃，最低可達 -64.4℃！

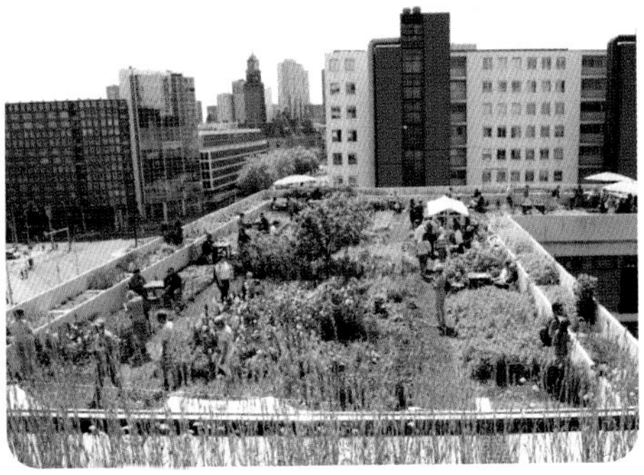

城市綠化

許多城市正在尋找新的方法來保持城市生活更加可持續和健康。圖中的荷蘭鹿特丹的屋頂城市農場是歐洲最大的屋頂城市農場之一，它向當地的商店和酒店提供有機蔬菜、水果、草藥和蜂蜜。

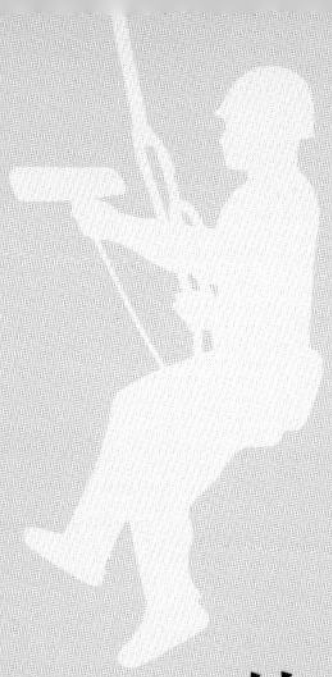

杜拜的哈利法塔有 24348 扇外牆窗戶，全部清掃一次需要 3 個月的時間！

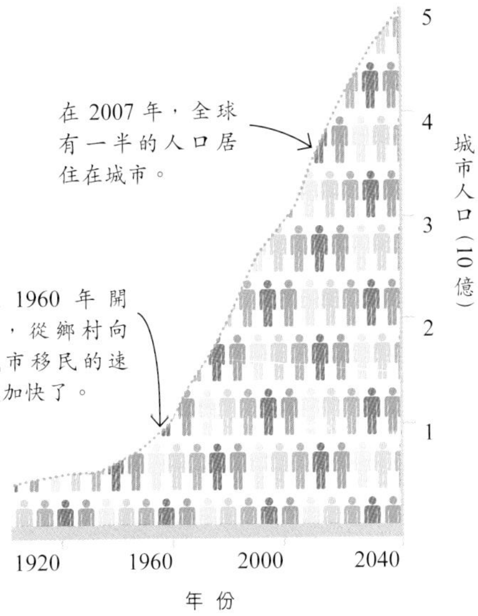
在 2007 年，全球有一半的人口居住在城市。
從 1960 年開始，從鄉村向城市移民的速度加快了。
城市人口（10 億）
1
2
3
4
5
1920
1960
2000
2040
年份

搬到城市

幾千年來，大多數人在鄉村生活，在農場工作。如今，愈來愈多的人居住在城市中。預計到 2050 年，超過三分之二的世界人口將居住在城市地區。

向高處擴建

當一座城市因為被海洋或山脈所限制而無法向外擴展時，唯一的辦法就是向上發展！高樓大廈的建造使城市中每一平方米的空間都得到了充分利用。然而，杜拜的高聳入雲的摩天大樓被建造的目的是不同的，它將杜拜打造成了一個地標，一個世界上最現代、最令人興奮的旅遊和商業的城市目的地。

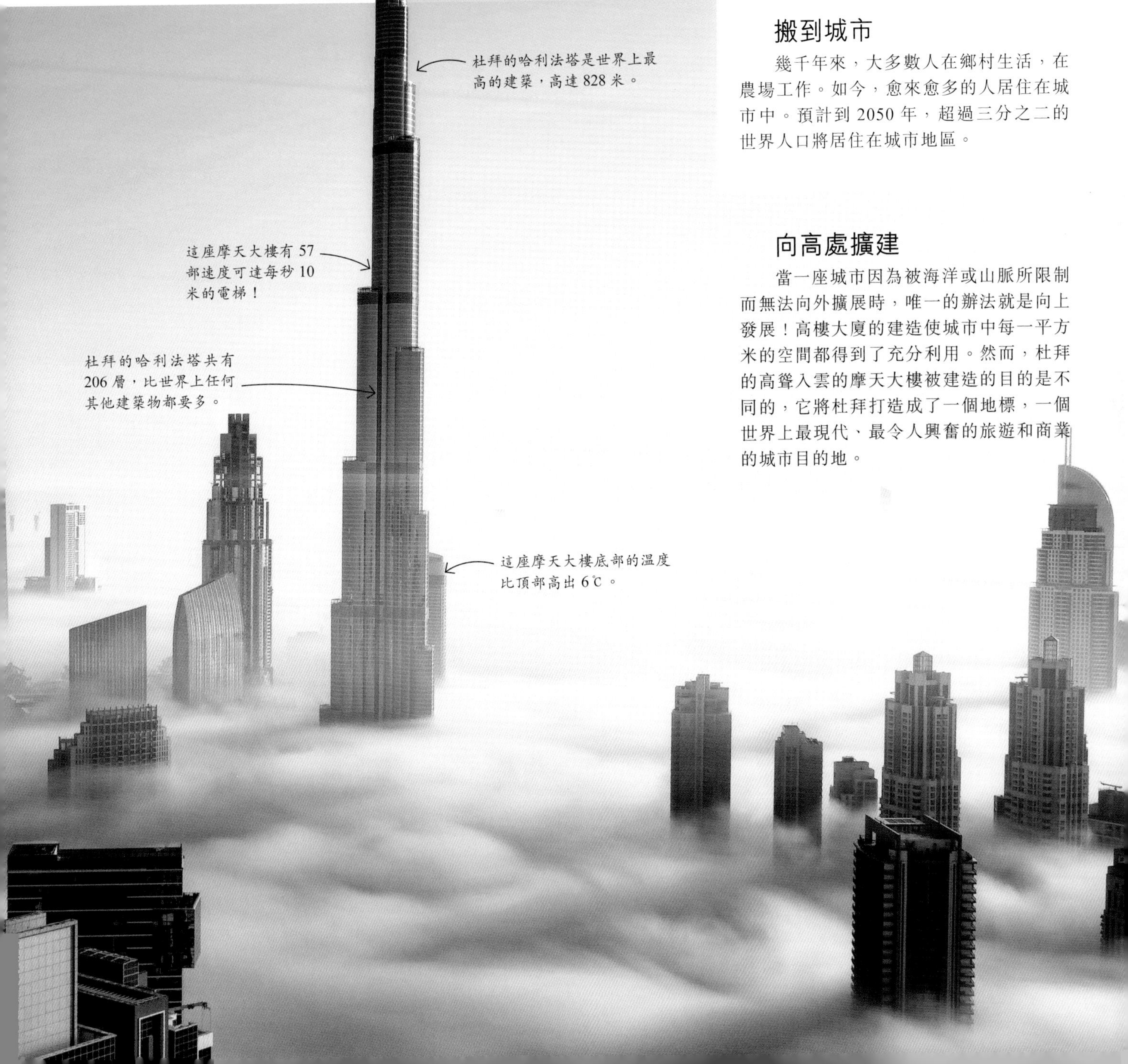
杜拜的哈利法塔是世界上最高的建築，高達 828 米。
這座摩天大樓有 57 部速度可達每秒 10 米的電梯！
杜拜的哈利法塔共有 206 層，比世界上任何其他建築物都要多。
這座摩天大樓底部的溫度比頂部高出 6℃。

飛行的未來！

飛行產生的溫室氣體約佔世界溫室氣體排放量的 2%（參見第 88-89 頁），但是更環保的未來是可能的。2009 年，圖中這架電動滑翔機實現了世界上首次由電力驅動的載人飛行。有人預測，到 2035 年，電動飛機可能會得到普及。

螺旋槳由機翼下方儲存的氫氣產生的電力提供動力。

在路上

人們使用各種交通工具進行超過步行範圍的旅行。公共汽車、單車和船舶都是交通網絡的一部分。這個交通網絡遍布全球，並且不斷地擴大。

最長的列車

為了慶祝瑞士第一條鐵路誕生 175 週年，由 25 台電力機車，每台機車牽引著 4 節車廂，組成了一列世界上最長的客運列車，在阿爾卑斯山脈中蜿蜒穿行，它的總長度為 1.93 公里。

自動駕駛汽車

自動駕駛汽車使用車載傳感器來掃描周圍的環境，以此保持汽車在車道內以穩定的速度安全行駛。雖然目前它們只能自動駕駛正常模式，仍然需要人類駕駛員進行其他操作，但是在未來，技術的進步可能會使汽車駕駛完全不需要人類的操作。

更清潔的交通方式

並非所有交通工具都需要引擎，有一些交通工具是由人力驅動的！騎單車是一種廉價和環保的短途出行方式，非常適合在城市中使用。在荷蘭的烏得勒支市等一些地方，單車甚至成為主要的交通工具。

攝像頭提供前方道路的圖像。

光束構建這個區域的三維地圖。

雷達傳感器測量距離。

衛星導航系統確定汽車的位置。

紅外線傳感器探測行人和車道標記。

美國有世界上最大的鐵路網絡，總長度足夠繞赤道 3 圈！

快速渡船

對於許多擁有漫長海岸線或眾多島嶼的國家，渡輪是其交通網絡的重要組成部分。圖中的渡輪是一種三體船，它有 3 艘並列的船體，因此能迅速而輕鬆地在水面航行。

在挪威，平均每 1000 名居民就擁有 81 座電動車充電樁！

能源利用效率

機動交通工具所消耗的能量越多，排放的溫室氣體就越多。下面的列表顯示了各種交通工具將一名乘客運載 1 公里所需要的能量（以千瓦小時為單位）。可以看出，載客密度比較大的交通工具的效率比較高。

公共汽車　0.15 千瓦小時

火　車　0.31 千瓦小時

摩托車　0.45 千瓦小時

國際航空客機　0.57 千瓦小時

汽　車　0.83 千瓦小時

每輛纜車可容納 10 名乘客。

纜車交通

玻利維亞有兩座鄰近的城市拉巴斯和埃爾阿爾托，它們之間有一座高達 400 米的山丘。為了方便兩座城市之間的交通，一條公共纜車線路於 2014 年開通，目前已擴展成有 7 條線路的纜車網絡，每 12 秒鐘就有一輛纜車出發。

達里爾・埃利奧特機長在長達 25 年的職業生涯中駕駛商業客機往返歐洲各國。他的總飛行時間為 15000 小時，相當於在空中度過了 20 個月！

飛行員

問：你飛行時是用自動駕駛還是手動駕駛？

答：在通常的情況下，飛行員手動駕駛飛機起飛，爬升到大約 305 米的高度後，就啟用自動駕駛系統。之後，我們通過控制面板上的旋鈕來選擇飛行高度和方向。在接近目的地時，飛行員通常會關掉自動駕駛，改用手動着陸。但是大多數現代客機都備有自動着陸系統，在飛行員由於霧霾或低雲無法看見跑道時能夠自動着陸。

問：在空中你是如何知道航線的？

答：在每次飛行之前，航空公司的運營部門會規劃最佳航線。作為飛行員，我們將航線加載到飛機上的電腦中，控制面板的顯示屏就會顯示飛機在航線上的位置，類似於汽車的衛星導航系統。

問：你是如何避免與其他飛機相撞的？

答：為了與其他飛機保持安全距離，地面上的空中交通管制員指定飛機的飛行高度和航向。同時，飛機的空中防撞系統可以與附近的其他飛機進行交流。如果電腦發現任何不安全的情況，它會指示飛行員採取相應措施以避免相撞。

問：你在暴風雨中飛行過嗎？

答：簡單的回答是沒有！飛行員有很多方法使飛機遠離暴風雨數千公里，例如在飛行前查看天氣預報，以及在飛行中使用機載天氣預警系統。飛機極少被閃電擊中，但是飛機是可以安全地承受閃電的。飛機製造商花費了很多時間來設計和測試，使飛機能夠承受這類天氣狀況。

問：從駕駛艙看到的景色是甚麼樣的？

答：飛行員能夠看見壯麗的日出和日落。當我們飛往冰島時，還能看見北極光。有一次，在六月和七月的午夜左右，我們有幸在夜空中看見一種稱為夜光雲的現象，它們是高空中稀薄的白色發光的雲。

飛行控制

客機的駕駛艙內有數百種儀器和顯示器，給飛行員提供各種信息，包括飛機的高度和速度、機艙溫度、供電供水情況，甚至廁所的廢物量。大型客機上通常有兩名飛行員，一名飛行員駕駛飛機，而另一名飛行員則監控第一名飛行員的操作，並且負責無線電通訊、襟翼和起落架。在下一次飛行中，兩名飛行員會互換角色。

印刷紙幣

紙幣的印制採用了特殊的技術，並且添加了全息圖案等防偽特徵。2021 年，美國鑄印局印刷了 23.7 億張 100 美元紙幣。

貨幣的形式

幾個世紀以來，人們主要使用現金，但是進入 21 世紀後發生了很大的變化。如今，大部分交易是通過無現金支付方式進行的。

現　金

現金指的是你口袋裏的硬幣和紙幣。現金被設計得耐用而且方便使用。

代　幣

代幣是一種在特定場合下可以替代貨幣的物質符記，例如遊樂園中使用的代幣。

無現金支付

無現金支付是通過銀行卡或手機連接銀行賬戶，將買方的資金轉移至賣方賬戶的支付方式。

位於挪威奧斯陸市的維京船博物館裏收藏的維京長船的原件

挪威 100 克朗紙幣上的圖案是戈克斯塔德號維京長船

民族自豪感

許多國家的貨幣上印有國家領導人或著名人士的肖像，但是挪威的紙幣則紀念他們與海洋的密切關係，在各種面值的紙幣上分別印有燈塔、鱈魚和鯡魚、洶湧的海浪以及一艘保存完好的維京長船。

世界上尺寸最大的紙幣是馬來西亞的 600 令吉紙幣，為 22 厘米 x37 厘米！

錢很重要

也許你有很多錢,也許你的錢不夠花。無論如何,錢都會影響我們的生活。錢就是貨幣,它完全是人類的發明。它有固定的面值,無論誰使用它,它都有相同的價值。因此我們可以使用貨幣在世界上任何地方購買或出售商品。

如果每分鐘花 1 英鎊,那麼花掉 10 億英鎊則需要 1902 年!

貝殼幣

在硬幣和紙幣被發明之前,包括中國在內的一些古代文明從公元前 1200 年左右就開始將貝殼用作貨幣。如今,太平洋上的所羅門羣島居民仍然將貝殼用作貨幣。

交換媒介
我們可以交出一定金額的貨幣來換取我們想要的東西。

價值儲藏
我們可以將貨幣存入銀行儲蓄賬戶或存放在家裏,想花時再取出來。

價值尺度
我們可以用貨幣衡量一件物品的價值,或將它與其他物品的價值進行比較。

一張流通中的 5 英鎊紙幣在一年內大約會被轉手 138 次。

甚麼是貨幣?

貨幣有 3 種用途:我們可以用貨幣從賣家那裏得到我們所需要的物品,我們也可以將貨幣儲存起來以備將來使用,我們還可以用貨幣來衡量一件物品的價值。

美元(美國)
2.9 萬億美元

歐元(歐盟)
1.1 萬億美元

日元(日本)
5540 億美元

英鎊(英國)
4220 億美元

大貨幣

公司、投資者和交易者發現,有時候用某些通用性好的外國貨幣進行交易會更方便。上面列出了世界上 4 大貨幣和每天的平均交易量(以美元為單位)。

第一種數字加密貨幣是比特幣,誕生於 2009 年。

紙幣回收

當紙幣變舊、被磨損和被撕壞後,必須將它們收回銷毀。美元紙幣是由可生物降解的棉花和亞麻製成的,因此銷毀的方法是將紙幣切碎,製成塊,然後用作農田堆肥。

一塊 1 公斤重的碎紙幣塊中包含 10 萬張紙幣。

數字貨幣

數字加密貨幣使用密碼學原理(電腦密碼)來保證安全,使貨幣交易變得既方便又可靠。用戶不需要銀行賬戶,並且可以在全球範圍內發送或接收資金,無需將它轉換為當地貨幣。

在美國，29% 的青少年每天
盯着屏幕的時間超過 8 小時。

數碼世界

在過去的 20 年裏，數碼技術幾乎改變了我們生活的許多方面。隨着人工智能的進步，數碼革命將進入高速發展階段，未來的變化將會更加巨大。

智能手機統計數據

智能手機技術使我們無論走到哪裏，都可以將一隻巴掌大小的電腦放在口袋裏。右側是手機網絡流量最大的 6 種活動：

 1 接收串流媒體短片和電影

 2 使用社交網絡

 3 發送短信

 4 瀏覽互聯網

 5 購物

 6 玩遊戲

超過 2 萬名粉絲湧入競技現場觀看這場比賽。

內容創作

數碼技術使任何擁有手機和想要發表作品的人都能很容易地上傳各種內容到社交媒體。有些內容創作者通過按次付費觀看創作內容或吸引廣告來賺錢，而有些內容創作者上傳創作內容只是為了好玩和收集「點讚」！

當這位佩戴者轉動頭部時，她能環顧虛擬世界。

手柄上的傳感器使這位用戶能夠與她「看見」的物體進行互動。

進入元宇宙

互聯網正在從我們瀏覽的網絡轉變為一個三維沉浸式世界，被稱為元宇宙。而增強現實技術使我們能夠像在現實生活中一樣與虛擬環境進行互動。

現場觀眾從超大高清屏幕上觀看電子競技。

參賽選手坐在大屏幕下方的圓形區域內。

最旺的社交媒體

以下是 6 個最受歡迎的社交媒體應用程序，其中增長最快的是抖音，它特別受到 19 歲以下用戶的喜愛。

1 Facebook　　　29 億用戶

2 YouTube　　　25 億用戶

3 WhatsApp　　20 億用戶

4 Instagram　　20 億用戶

5 微信　　　　　13 億用戶

6. 抖音　　　　　10 億用戶

超級網紅！

最早的網紅之一是美國的一隻名叫塔塔醬的寵物貓，被它的數百萬粉絲稱為「不爽貓」。她有獨特的「不爽」面孔，在社交媒體上吸引了數以百萬計的粉絲，它的名氣被逐漸傳播到電視和書籍，甚至電影中。

超級世界！

最受孩子們歡迎的遊戲是三維建造類遊戲《我的世界》。它於 2011 年首次發佈，銷售量達到 2.38 億份，全球有超過 1.76 億人經常玩！

智能家居

智能家居是指將家用電器等家居設備與互聯網相連接，以實現智能化控制和管理。通過應用程序，你可以用語音或觸摸屏來遠端控制家中的設備。例如，你可以要求它啟動智能音響來播放你喜愛的音樂，或者在離家期間遠程操作餵食器來餵養在家的寵物！

燈光和溫度　　　智能音響

電腦　　　　　　保安系統

家用電器　　　　電視

世界上 22 位最富有的男性所擁有的財富加起來比整個非洲所有女性的財富的總和還要多。

經濟不平等

印度尼西亞雅加達的現代摩天大樓和沒有衛生設施的簡易住所之間形成了鮮明的對比，凸顯了貧富差距。經濟不平等的受害者是世界上最脆弱的人羣之一，然而他們卻缺乏應對不公正的手段和機會。

性解放

女同性戀、男同性戀、雙性戀、跨性別者和酷兒在許多國家已經享有一定的權利，但是他們仍然在與歧視作鬥爭。最初的彩虹旗是於 1978 年設計的，作為希望的象徵，每一條顏色都代表不同的含義。

女性平等

今天，世界上有 31 個國家的國家元首或政府首腦是女性，各國議會聯盟中女性在全球議員所佔的比例超過了四分之一。在實現平等代表權方面，我們還有很長的路要走。右側是一些與女權有關的首例和實現年份。

1893 年
新西蘭成為第一個允許女性投票的國家。

1907 年
第一批女性當選為芬蘭議會成員。

1917 年
亞歷山德拉·柯倫泰被任命為蘇聯的首位女部長。

1960 年
西麗瑪沃·班達拉奈克當選為斯里蘭卡政府首腦。

人民的力量

為了促進變革，人民可以試圖制定議程並且呼籲政府採取行動。抗議活動有多種形式，從拒絕購買特定產品到上街示威。圖中這次遊行是由反種族主義運動「黑人的命也是命」組織的。

變化的世界

原住民的抗議活動

許多保護自然環境免受不良政策侵害的運動是由當地的原住民發起和領導的。這張照片展示了菲律賓的一個原住民團體抗議政府修建一座新水壩的計劃,如果按此計劃進行,他們的土地將被淹沒。

我們的世界在許多方面已經變得比過去更為公平,但是只有在人們站出來時,積極的變革才會發生。儘管我們取得了進展,但是為了讓世界變得更美好,我們仍然需要努力。

在世界上 4.76 億原住民人口中,有 70% 生活在亞洲!

投票支持變革

在實行民主投票的國家,人們可以通過投票選出有希望實現他們想要的變革的政府。世界上最大的民主國家是印度,統計每張選票是一項艱巨的工作。在一些農村地區,必須用大象運輸投票機。

印度大約有 9.12 億選民,幾乎是美國總人口的 3 倍!

詞　彙

（以下詞意僅限於本書的內容範圍。）

abolitionist　廢奴主義者
為結束奴隸制而活動的人，特別是為結束 18 世紀和 19 世紀非裔被販賣到美洲為奴隸的跨大西洋貿易和被強迫作奴工而活動的人。

accretion disc　吸積盤
在太空中由氣體和其他物質組成的、以非常高的速度圍繞質量巨大的天體轉動的扁平環。

agnostic　不可知論者
相信無法知道是否有神存在的人。

AI (Artificial Intelligence)　人工智能
被設計用來思考和學習，以及執行通常需要人類智能才能執行的任務的電腦系統；也指研究開發這樣的系統的科學分支。

alchemist　煉金術士
實踐煉金術的人。煉金術是中世紀的一種結合了哲學和早期化學思想的實踐，旨在將賤金屬變成黃金，並且創造一種使人類永生的萬能藥。

algae　藻類
一類利用陽光能量製造食物的、類似植物的生物。

algorithm　算法
給電腦的一組如何執行任務的分步指令，用於解決某些問題或達成某個結果。

alloy　合金
兩種或多種金屬的混合物，或者金屬和非金屬的混合物。

ambush　伏擊
許多捕食性動物使用的一種捕獵方式；隱藏的個人或團體的突然襲擊；戰爭中使用的一種戰術。

ancestor　祖先
輩分比我們高的直系血親。

aorta　主動脈
最粗大的動脈，是將血液從心臟向幾乎所有其他動脈輸送的導管。

Aotearoa　奧特亞羅瓦
在毛利語中最廣為接受的新西蘭的名稱，意為「綿綿白雲之鄉」。早在歐洲人到達之前，毛利原住民就開始使用這個名稱。

aquatic　水生的
全部或大部分時間生活在水中的。

Arabia　阿拉伯
阿拉伯半島的舊稱。它是亞洲西南部的一大片地區，三面環海，包括沙特阿拉伯和其他幾個國家。

archaeology　考古學
一門學科，通過分析前人遺留下來的物品和痕跡，例如古建築和遺骨，來研究人類的過去。

asteroid　小行星
圍繞太陽運行的小型岩石天體，可能含有鎳和鐵等金屬。

atheist　無神論者
相信神不存在的人。

atmosphere　大氣層
包圍地球和其他一些行星的氣體層。地球的大氣層含有氮氣、氧氣和其他氣體。

atom　原子
微小的物質粒子，是元素可以存在的最小單位。原子中的質子數量決定了它是哪種元素。

atomic bomb　原子彈
20 世紀 40 年代發明的、通過分裂原子釋放能量的一種爆炸裝置。一枚原子彈的威力比以前的任何炸彈都要強大數千倍，可以摧毀整個城市。

aurora　極光
一些行星的兩極附近出現的自然光。太陽風粒子被行星的磁場捕獲並被吸入其大氣層，與那裏的原子碰撞，從而產生光。

bacteria　細菌
單細胞形式的微生物。我們的身體內和周圍的世界都有無數細菌，其中有些是有益的，而有些是有害的。

biodegradable　可生物降解的
能夠在環境中被自然過程分解的。

biodiversity　生物多樣性
地球上或特定區域內生物的豐富度，以存在的物種的數量來衡量。

black hole　黑洞
太空中的一種天體。它具有極其強大的引力，任何東西，甚至光，都無法逃離。

blood clot　血塊
紅血球凝結成的固體塊。割傷流血時，血塊可以止血。

book lungs　書肺
動物的一種類型的肺，由體壁褶皺重疊而成，像半開的書頁。血液通過書肺將血液內含的二氧化碳換成氧氣。

botanist　植物學家
植物專家；專門研究植物生命的科學家。

bract　苞片
長在單生花或花序的柄梗處的一種特殊的葉子。

brood　孵化，一窩（鳥）
（鳥）坐在（蛋）上使其內的幼鳥完成胚胎發育後破殼而出；一窩一起出生的幼鳥或其他動物。

bulbous　球莖狀的
異常大而且圓的，有時呈燈泡狀的。

buoy　浮標
給船舶提供信號或收集科學信息（例如測量天氣）的浮動物體。

cacao bean　可可豆
可可樹的種子，可用於製作朱古力，也可以生吃。

canopy　林冠
森林的樹枝稠密的頂層。

caravan　旅隊
一起旅行的一羣人，通常是走陸路的，常指商隊。

carnivore　肉食動物
以肉為食的動物。

carrion 腐肉
死動物的腐爛的肉，是食腐動物的食物。

cartilage 軟骨
一種柔韌的結締組織，有助於支撐身體並且覆蓋骨骼末端和關節。

cartilaginous fish 軟骨魚
骨骼不是由硬骨而是由軟骨構成的魚。

cherrypicker 移動升降台
在可伸展臂上安裝着有圍欄的平台的設備，用於將工人抬升到難以到達的高處，例如電線或樹木。

civil war 內戰
同一國家內兩個或多個羣體之間的武裝衝突。

civilian 平民
不是軍人和警察的人。

civilization 文明
人們在有組織和發達的社會中共同生活所形成的文化和生活方式。

climate change 氣候變化
地球或特定區域的天氣模式的長期變化，通常指人類行為造成的嚴重影響。

cold-blooded 冷血的
體溫隨環境溫度的變化而變化的（動物）。這類動物無法自我調節體溫。

colonization 殖民
派移民去另一個國家定居，通常控制已經居住在那裏的原住民，並且開發那裏的天然資源。許多國家仍然受到過去殖民統治的影響。

comet 彗星
由冰和塵埃構成的、以橢圓形軌道圍繞太陽運行的小天體。當它們接近太陽時，冰開始蒸發，並且在太陽的輻射作用下形成一長條灰塵和氣體的尾部。

communism 共產主義
一種人們共同佔有社會資源、共同勞動、共同分享勞動成果的政治信仰。

compound 化合物
兩種或多種元素結合在一起構成的化學物質。

connective tissue 結締組織
一種支持和保護體內其他組織和器官的組織。

cosmonaut 太空人
俄羅斯太空人的專屬英語單詞。

Cretaceous 白堊紀
距今 1.45 億年前至 6600 萬年前的地質時代，是恐龍時代的最後時期。

crevasse 冰川裂隙
冰或岩石上的裂開的深縫。

crustaceans 甲殼類動物
一類擁有無骨身體、甲殼和有關節的肢體的無脊椎動物。

data 數據
可分析的信息，通常是事實或統計形式的信息；在電腦術語中指可以由電腦處理的信息。

decomposer 分解者
在分解或腐爛的過程中分解死亡生物體的細菌、真菌和其他生物體。

democracy 民主
一種人民有權控制政府的政治制度，通常通過選舉政治家來代表他們的觀點。

dentine 齒質
構成牙齒和牙根的堅硬的骨狀材料。

dictator 獨裁者
獨自統治一個國家的領導人，其權力範圍不受任何限制。

domestication 馴化
馴服野生動物，使它們對人類有用的過程。

dorsal fin 背鰭
魚或水生哺乳動物背部或頂部的鰭，起到穩定器的作用。

drag （航行的）阻力
當物體在氣體或液體（例如空氣或水）中移動時產生的阻力，會減慢物體的速度。

dune 沙丘
由風吹而形成的一大堆沙子。

dwarf planet 矮行星
大到足以形成球形，但是比行星小得多的天體。

dynasty 王朝
君主政體的、出自同一家族的一系列統治者。

eardrum 鼓膜
分隔外耳與中耳的薄膜，能夠隨着聲波的振動而振動，並且有助於將聲波的信號傳輸到大腦。

electromagnetic radiation 電磁輻射
能穿過空間和物質的能量波，包括可見光、X 射線和紅外輻射。

electron 電子
原子內部的一種微小粒子，帶負電荷。移動的電子形成電流。

element 元素
僅由一種原子構成的物質。

elliptical 橢圓形的
與橢圓形有關的。橢圓形可以被看成是將圓形拉伸而形成的。

embryo 胚胎
處於發育早期階段的、未出生的動物或植物。

empire 帝國
在一個人或一個政府統治下的、由多個民族或邦國形成的強大國家。

enamel 琺瑯質，釉質
一種堅硬、有光澤的物質，是牙齒的最外層，也覆蓋着鯊魚的鱗狀皮膚。它是人體中最堅硬的物質。

enzyme 酶
在生物體中引起或加速化學反應的物質。

equality 平等
每個人都受到公平對待，並且有相同的機會更好地生活和充分發揮自己的才能。

equation 方程
兩個量相等的數學陳述，可以用來分析數據。

evaporation 蒸發
由於溫度升高，液體變成氣體的過程。

evolution 進化
包括人類在內的生物經過許多代逐漸變化的過程。

exoskeleton 外骨骼
軟體動物的堅硬外殼，支撐和保護沒有內骨骼的身體。許多無脊

椎動物都有外骨骼。

extinction　滅絕
一個物種沒有任何存活個體的狀況。

filament　絲狀體
非常細和柔的線狀物體，例如頭髮。

fjord　峽灣
在高聳的懸崖之間的、由冰川侵蝕出的狹窄山谷，尤其指挪威的峽灣。

flagellum　鞭毛
長在動物身體上的長鞭狀物，通常用於運動。有些動物只有一根鞭毛，有些動物有很多根鞭毛。

fossil　化石
很久以前存留在岩石中的動物或植物的遺骸或痕跡。

fossil fuel　化石燃料
由數百萬年前的植物和動物的遺骸被壓縮而形成的燃料，包括天然氣、石油和煤炭。化石燃料被歸類為不可再生能源。

freediver　自由潛水者
不使用呼吸設備潛入水下深處的人。

fungus　真菌
一類以腐爛物質為食並且通過釋放孢子進行繁殖的生物。

galaxy　星系
由氣體、塵埃和數量巨大的恆星通過萬有引力聚集在一起所組成的系統。

galaxy cluster　星系團
由數百或數千個星系通過萬有引力聚集在一起所組成的系統。

gamma ray　伽馬射線
一種波長非常短、能量非常高的電磁能量波。

gene　基因
DNA 的片段，含有控制細胞行為以及身體生長和外貌的特定的遺傳信息。

gills　鰓
魚類的體內從水中獲取氧氣的器官。魚用鰓呼吸，而不是用肺呼吸。

glacier　冰川
大量積雪被壓縮成冰，在自身重量的壓迫下緩慢地流動的冰體。

gorge　峽谷
又深又窄的山谷，兩側陡峭，通常由瀑布或湍急的河流沖刷而形成。

government　政府
一個國家的規則體系以及制定和執行規則的官員。

guild　（中世紀的）行會
與特定工藝或技能（例如金屬加工和編織）相關的當地協會或團體，為了保護人們的利益並且規範人們的貿易。

herbivore　食草動物
以植物為食的動物。

hominin　古人類
這個術語的意思是「類人」，包括人類和我們已滅絕的祖先。

hull　船體
船舶的主體，包括船底、側舷和甲板。

humanist　人文主義者
相信人類自身而不是神對人類進步和福祉負責，並且採取行動改善人類生活的人。

hurricane　颶風
一類風力極強、降雨量極大的危險風暴。它們始於溫暖的水面，然後移向陸地。

hydropower　水力
流水的能量，可以推動水輪帶動機械，或通過渦輪機發電。

hyphae　菌絲
構成真菌菌絲體的細絲。

ice cap　冰帽
覆蓋了地球兩極的大面積冰。

icon　聖像
傳統宗教藝術品。在天主教中，是指基督、耶穌的母親和聖徒的畫像。

Indigenous people　原住民
第一批居住在某個特定地區的人。

industrialization　工業化
轉向使用大規模流程和重型機械在工廠生產產品的過程；從農業經濟向工業或工廠經濟的轉變。

infrared　紅外線
波長比無線電波短但比可見光長的電磁輻射。紅外線給人的感覺是熱。紅外線是太空中許多天體發射的主要輻射形式。

infrastructure　基礎設施
使一個國家或城市運作的基本建設，包括道路、建築物、水和電力供應、通訊網絡等等。

ingenious　足智多謀的
（在解決問題的方案方面）異常聰明和富有想像力的。

invertebrate　無脊椎動物
沒有脊椎骨的動物。

iridescent　變色的
從不同角度觀看時顏色似乎呈現出變化的。

irrigation　灌溉
用人造渠道和裝置系統給農作物澆水。

keratin　角蛋白
一種存在於毛髮、指甲和皮膚中的堅韌的、不透水的蛋白質。

lateral line　側線
魚的側面的一排感覺器官，能感知水的流動、振動和壓力。

lattice structure　晶格結構
由許多按規則重複排列的單元構成的固體。

lava　熔岩
從火山噴發出來的熾熱的液體岩石。

lawmaker　立法者
為一個國家的人民制定生活規則的人，例如政治家。

light year　光年
光在真空中一年時間內傳播的距離，為 9.46 兆公里。

lime　石灰
通過加熱石灰石獲得的白色礦物。將它與水混合能生成熟石灰，是一種常見的建築材料，用於將建築物中的石頭或磚塊黏合在一起。

limestone　石灰石
一種岩石，主要是由古老的貝殼碎屑形成的。

liquefy　液化
物質由氣態轉變為液態的過程。

lord　領主
在中世紀，擁有土地並對居住在那裏的人民擁有權力的貴族。

lymph　淋巴
流經淋巴系統的液體，在其中清除細菌，然後返回血液。

magma　岩漿
地球表面下的、熾熱的液態岩石。

magnetic field　磁場
磁鐵或電流周圍有磁力作用的區域。

mass　質量
物體中物質含量的度量。

mastodon　乳齒象
一種很像大象的大型哺乳動物，大約在 11000 年前滅絕。

mechanization　機械化
愈來愈多地使用機器代替人工勞動的變化。

meditation　冥想
保持平靜、安靜的狀態一段時間，通常是宗教活動的一部分；深入思考一個問題；完全清空頭腦。

meltwater　融水
雪和冰融化後形成的液態水。

menagerie　動物園
人工飼養和管理的野生動物，通常用於展示。

merchant　商人
大量出售或交易商品以換取金錢或其他商品的人。

Mesoamerica　美索亞美利加
瑪雅和阿茲特克等文明的發源地，位於當今墨西哥和中美洲，16 世紀西班牙的入侵對它們造成了毀滅性的衝擊。

meteorologist　氣象學家
研究天氣模式的科學家，通常是為了預測未來的天氣狀況。

microgravity　微重力
在太空中遠離地球或其他行星時，太空人所經歷的存在重力但重力的影響很小的情況。

microorganism　微生物
微小的生物，用顯微鏡才能看見。

millennium　千年
一千年。

mineral　礦物質
一類地球上的固體無機（無生命）物質。食物和飲料中含有少量礦物質，有些礦物質在我們的身體中起着重要的作用。

mitochondrion　線粒體
存在於大多數細胞中的一種微小結構，為細胞活動提供能量。

molecule　分子
一組原子鍵合在一起形成的結構。

molluscs　軟體動物
一類無脊椎動物，包括蝸牛、蜆和魷魚。大多數軟體動物都有柔軟的身體和堅硬的外殼，但是也有少數，例如蛞蝓，沒有外殼。

motor　引擎
將電能或燃料的能量轉化為動能的機器。

moveable type　活字印刷術
一種印刷技術，先製作字母或單詞字塊，使用時將字塊排放在一起拼成句子，然後進行印刷。

mycelium　菌絲體
真菌生長的、用來與鄰近生物體交流的菌絲網絡。

Native American　美洲原住民的
形容在歐洲人首次抵達美洲之前就生活在美洲的眾多民族，通常指美國的原住民；也用作這些民族和文化的形容詞。

natural resources　天然資源
任何在自然界中獨立存在、無需人為干預的有價值的有形之物與無形之物。隨着時間的推移，它們會發生變化。森林、湖泊、石油，甚至美麗的風景都可以是天然資源。

nebula　星雲
太空中的氣體和塵埃雲。

nervous system　神經系統
大腦、脊髓和全身的神經一起構成的系統。除海綿外，所有動物都有神經系統。

neurology　神經病學
研究神經系統狀況和疾病的診斷和治療的學科。

neutron　中子
原子核中的一種微小粒子，有質量但不帶電荷。

neutron star　中子星
主要由中子構成的致密塌縮恆星。

nomad　遊牧者
從一個地方搬到另一個地方、不建立永久定居點的牧民。

novel　小說
描述虛構人物和事件的長篇故事。

noxious　有害的，有毒的
有害處的、有毒性的或非常令人不快的。通常形容物質或氣味。

nuclear　原子核的
與原子核有關的。可以指原子核內的力、這種力產生的能量或利用這種能量的武器。

nuclear reaction　核反應
原子核分裂或兩個原子核結合，釋放出大量能量的過程。

nucleus　原子核，細胞核
在物理學中，指原子的中心部分，由質子和中子組成。在生物學中，指大多數細胞中存在的控制中心。

nutrition　營養
人類從食物攝取需要的養料，以維持發育、生長和修復等生命活動。營養也是有機體攝入食物來維持其生命的過程。

omnivore　雜食動物
既吃植物又吃肉的動物。

opposable　（拇指或腳趾）可相對的
形容拇指或腳趾能用指面接觸同一隻手或腳上的其他手指或腳趾。人類和其他猿類都有這樣的手指或腳趾，而許多其他物種也有。

oral history　口述歷史
通過口頭而不是書面流傳的歷史信息。有些歷史故事世代相傳，卻從未被記錄下來。

orbit　軌道
由於萬有引力的作用，一個天體圍繞另一個較大質量的天體運行的路徑。

organelle　細胞器
細胞內執行特定工作的微小結構，例如線粒體產生化學能來為細胞的活動提供能量。

organic　有機的
有機物質是由碳和其他元素構成的。地球上的所有生命都是有

機的。

Ottoman Empire 鄂圖曼帝國
14 世紀至 20 世紀初，一個從土耳其延伸至歐洲部分地區、西亞和北非的帝國。

pack ice 浮冰
漂浮在海中的大量冰塊，由許多較小的冰塊凍結或聚集在一起形成。

particle 粒子
極小的物質顆粒，例如一粒塵埃、原子的一部分或光子。

pectoral fins 胸鰭
位於魚類或海洋哺乳動物的兩側的成對的鰭。大多數魚類的胸鰭有助於它們向上、向下或側向游動。鯊魚有靈活的胸鰭，用於游動和進食。

pelvic fins 腹鰭
位於魚類或海洋哺乳動物下部的成對的鰭，有助於它們改變方向或停止游動。

philosopher 哲學家
尋求智慧或探索關於如何生活、我們是誰和甚麼是真正存在的等深奧問題的人。

photon 光子
電磁輻射的量子，是已知速度最快的粒子。

photosynthesis 光合作用
植物在陽光下利用太陽的能量將二氧化碳和水轉化為氧氣和糖分來給自己製造食物的過程。

piston 活塞
被氣密地安裝在缸內、作往復運動以推動液體或氣體，或被液體或氣體推動的圓盤或短圓柱體。活塞被廣泛地用於蒸汽機或內燃機中。

plantation 種植園
種植棉花、煙草、糖、稻米或其他農作物，並且有勞工居住的農場或莊園。在奴隸制時期，種植園在美洲很常見，奴隸們被迫在種植園裏工作。

plaque 銘牌
由金屬或黏土製成的扁平物體，上面有雕像或文字，通常被掛在牆上。

plateau 高原
地勢相對平坦、海拔較高的地區。

pole 極
地軸的每一端。地軸是從北到南穿過地球中心的直線，地球圍繞地軸旋轉。磁鐵的兩端被稱為磁極。

pollinator 傳粉媒介
將花粉從雄性花藥帶到同一朵花或另一朵花的雌性柱頭，幫助花受精的媒介，例如蜜蜂、蝙蝠和風。

pollution 污染
有害物質被釋放到空氣、水、土壤或其他物體中。通常指人為污染。

porous 多孔的
形容（岩石或其他材料）具有液體或空氣可以通過的微小空間或孔洞。

prey 獵物
被其他動物捕食的動物。

protein 蛋白質
幫助身體構建新細胞的重要營養素。

proton 質子
原子核中的一種微小粒子，帶正電荷。不同的元素的原子核含有不同數量的質子。

protozoan 原生動物
微觀的單細胞動物，通常生活在較大的動物體內。

pulsar 脈衝星
旋轉的中子星，因不斷地發出電磁脈衝信號而得名。

racial segregation 種族隔離
一種種族主義制度，阻止黑人使用白人的空間和設施。這種行為曾經在美國南部各州和南非很常見，現在已經被禁止，但是在某些地方仍然非正式地發生。

radar 雷達
一種發射高能無線電波並測量反射波的系統，用於探測物體。

radiation 輻射
以波或粒子的形式從一個地方移動到另一個地方的能量，例如無線電波、光和熱。核輻射包括亞原子粒子和其他粒子。

radioactive 放射性的
形容不穩定的原子核自發地放出射線的性質。

regenerate 再生
身體的一部分重新生長；恢復自然環境或生態系統。

renewables 可再生能源
不會耗盡的能源，例如風能和太陽能；用於發電的所有可再生能源的統稱。通過燃燒燃料產生的能源被稱為不可再生能源。

respiration 呼吸作用
所有生物將葡萄糖轉化為能量的過程。

Ring of Fire 環太平洋火山帶
太平洋邊緣的環形地帶，經過新西蘭、日本、阿拉斯加和智利。太平洋構造板塊與周圍的大陸板塊在這條環形地帶相互作用。世界上大多數火山和地震都發生在環太平洋火山帶地區。

rural 鄉村的
在鄉村的，與鄉村生活中相關的。

satellite 衛星
在太空中圍繞行星運行的天體。衛星可以是自然的，例如月球，也可以是人造的。

sea stack 海蝕柱
較軟或較裸露的岩石被海浪侵蝕留下的岩石柱。

sediment 沉積物
由風、水或冰川等流體攜帶的岩石碎屑、沙子或泥土等微粒，最終成為在地面或水下等地方形成的固體微粒層。

seismic waves 地震波
穿過地球的波或振動。它們是由地球內部的突然運動引起的，例如導致地震的板塊滑動。

shadow puppet 皮影戲
一種表演故事的民間戲劇，用獸皮或紙板做成扁平鏤雕戲偶剪影，固定在簽桿上，並將其置於光源與半透明屏幕之間，由人操控表演。

shogun 幕府將軍
日本的軍事指揮官。從 1192 年到 1868 年，統治日本的是幕府將軍，他們擁有比天皇更大的權力。

sinkhole 天坑
地面因侵蝕而形成的大洞。在某些情況下，下面的岩石首先受到侵蝕，導致地表的泥土和岩石急劇塌陷，沉入下面的洞中。

social media 社交媒體
允許用戶創建內容和信息並與其他人在線共享的網站和應用程序。

Solar System 太陽系
太陽和圍繞太陽運行的所有天體，包括行星。

Soviet Union (USSR) 蘇聯
蘇維埃社會主義共和國聯盟的簡稱。1917 年俄國革命後，俄羅斯帝國被蘇聯取代。1991 年蘇聯解體。

spacewalk 太空行走
太空人離開航天器進入太空的行為，通常是為了在航天器外部工作。

spiderling 小蜘蛛
幼小的蜘蛛。

spinal cord 脊髓
沿着脊柱內部延伸，在大腦和身體其他部位之間傳遞信息的神經束。

spore 孢子
由不開花植物或真菌產生的生殖細胞，相當於它們的種子。

spur 距
動物身體上的又小又尖的生長物，通常用於特定目的，例如戰鬥；也可以指植物、岩石景觀或道路中的類似形狀。

stalactite 鐘乳石
從洞穴頂部或岩石下生長的懸垂岩石尖刺，由滴水中的礦物質沉積而形成。

stalagmite 石筍
從洞穴底部向上生長的岩石尖刺，由滴水中的礦物質沉積而形成。

state 國，州
由單一政府統治的一塊土地，可以是整個國家也可以是組成國家的行政區域之一，例如美國的州。

stellar 恆星的
與一顆恆星或多顆恆星有關的。

subantarctic 亞南極
位於南極地區以北，南緯 45 度至 60 度之間的地區。

subatomic 亞原子的
有關小於原子的粒子、力和過程的，或原子內的。

supermassive black hole
超大質量黑洞
最大的一類黑洞，質量介於太陽的 10 萬倍至數十億倍。

supernova 超新星
恆星的劇烈爆炸，是宇宙中最壯觀的事件，發出的光比太陽亮 10 億倍。

synthetic 合成的
人造的（材料或化合物）。

tectonic plate 地殼板塊
構成地球外層的、拼合在一起的大塊岩石層。

thermogram 熱圖
通過測量紅外輻射，即熱量而不是可見光，而生成的圖像。

tornado 龍捲風
從暴風雲中延伸到地面的、強烈旋轉的氣柱，具有很強的破壞性，可以吸起和搬運大型物體。

torso 軀幹
人體的軸心；除了頭、手臂和腿之外的身體。

trade routes 貿易路線
在不同國家和大陸之間的完善的陸地或海上路線，使商人可以沿着這些路線運送貨物。

treaty 條約
國家之間的協議，通常涉及貿易或邊界。

turbine 渦輪機
一種具有可旋轉扇狀葉片的設備，由氣體、液體或蒸汽的壓力驅動，輸出的動力可驅動發電機等設備。

typhoon 颱風
颶風的東亞術語：一類風力極強、降雨量極大的危險風暴。它們始於溫暖的水面，然後移向陸地。

ultraviolet light 紫外光線
一種波長比可見光短但比 X 射線長的電磁輻射。來自太陽的紫外線會導致曬傷。

upthrust 升力
液體或氣體對物體（例如水中的船）施加的向上的力。

urban 城市的
在城市中的，在城市生活中的，或與之相關的。

USSR 蘇聯
參見 Soviet Union（蘇聯）。

vertebrate 脊椎動物
有脊椎骨的動物。

virus 病毒
一類微小的傳染性非生命體，存在於生物體內並利用生物體進行繁殖。有些病毒會導致疾病，但有些病毒則對宿主有利。

visual impairment 視力障礙
視覺下降到一定程度，導致無法以一般的方法（例如眼鏡）來矯正的症狀。

warm-blooded 溫血的
當環境較冷或較熱時可以調節自身體溫以保持穩定的體溫（動物）。

water vapour 水蒸氣
水蒸發後的氣態水。

water wheel 水車
從河流或渠道取水用於灌溉農田的裝置。也是一種將落水的能量轉換成做功的裝置，例如研磨麵粉。

wavelength 波長
相鄰的兩個波峰之間的距離，通常指電磁波或聲波。較長的波長攜帶較少的能量。請參閱第 195 頁科學章節中的波譜。

weather balloon 氣象氣球
攜帶測量設備升入大氣層用於探測天氣信息的氣球。

weight 重量
物體所承受的重力的強度的度量。重量取決於物體的質量和重力的強弱。太空人在月球上的質量與在地球上時相同，但是在月球上的重量較輕，這是因為月球的重力較弱。

x-ray X 射線
波長比紫外線短但比伽馬射線長的電磁輻射。醫生使用 X 射線檢查骨折情況，這是因為它能穿過軟組織，但不能穿過骨骼和牙齒。

索 引

致 謝

DK would like to thank:
Bharti Bedi, Michelle Crane, Priyanka Kharbanda, Ashwin Khurana, Zarak Rais, Steve Setford, and Alison Sturgeon for additional editorial help; Ray Bryant for MA picture research; Sumedha Chopra, Manpreet Kaur, and Vagisha Pushp for picture research assistance; Mrinmoy Mazumdar, Mohammad Rizwan, and Bimlesh Tiwary for DTP assistance; Simon Mumford for help with the maps; Hazel Beynon for proofreading; Chimaoge Itabor for providing the sensitivity read of the History and Culture chapters; Elizabeth Wise for the index; Maria Hademer and James Atkinson for help with the survey; and all of the experts who agreed to be interviewed for the Q&As.

The publisher would like to thank the following for their kind permission to reproduce their photographs:

(Key: a-above; b-below/bottom; c-centre; f-far; l-left; r-right; t-top)

1 Getty Images: Yudik Pradnyana. **2 123RF.com:** costasz (cr/maracas). **Dorling Kindersley:** Ruth Jenkinson / RGB Research Limited (cla, bl/gold); Ruth Jenkinson / Holts Gems (bl). **Dreamstime.com:** 1evgeniya1 (fcr); Christos Georghiou (tl); Jakub Krechowicz (tc); µ € (fcla); Vlad3563 (ca); Kaiwut Niponkaew (fcl); Alexander Pokusay (cb); Nejron (clb); Elnur Amikishiyev (bc). **The Metropolitan Museum of Art:** Bequest of George C. Stone, 1935 (cr/ Chinese helmet). **3 123RF.com:** Puripat Khummungkhoon (clb). **Dorling Kindersley:** Andy Crawford (bc); James Mann / Eagle E Types (bl); Colin Keates / Natural History Museum, London (br). **Dreamstime.com:** Karam Miri (crb); Martina Meyer (ftl); Yocamon (tl); Ekaterina Nikolaenko (ftr); Alexander Pokusay (cla); Natalya Manycheva (clb/Shell). **NASA:** Caltech (tc). **5 Dorling Kindersley:** Andy Crawford / Bob Gathany (tl/lunar module); Arran Lewis / NASA (c); Frank Greenaway / Natural History Museum, London (clb/Moth). **Dreamstime.com:** 1evgeniya1 (bl/rose); Macrovector (tl); Potysiev (cra/ telescope); Alexander Pokusay (crb); Natalya Manycheva (cla); Alexander Pokusay (crb/Mushroom). **Getty Images / iStock:** Enrique Ramos Lopez (cb). **NASA:** Enhanced image by Kevin M. Gill (CC-BY) based on images provided courtesy of NASA / JPL-Caltech / SwRI / MSSS. (tr). **7 Alamy Stock Photo:** Granger - Historical Picture Archive (clb); Oleksiy Maksymenko Photography (ca); Sipa US (cb). **Dreamstime.com:** Christos Georghiou (crb); Alexander Pokusay (tc, cr, bc/camera, bl); Ilya Oktyabr (tr/kidneys); Lidiia Lykova (cla); Ivan Kotliar (cb/Quill). **Getty Images:** David Sacks (br). **Getty Images / iStock:** Yukosourov (cra/ wires). **8 Dreamstime.com:** Aleks49 (cla); Karaevgen (tl); Alexander Pokusay (cla/Satellite); Macrovector (crb). **NASA:** (br); JPL (c); Joel Kowsky (bl). **Science Photo Library:** Gil Babin / EURELIOS (tr). **9 Alamy Stock Photo:** Sebastian Kaulitzki (cra/water bear); Stocktrek Images, Inc. (tc). **Dorling Kindersley:** Andy Crawford / Bob Gathany (ca). **Dreamstime.com:** Macrovector (cra, cla); Potysiev (clb/ telescope). **ESA:** (tr). **Getty Images:** SSPL (clb); Stocktrek Images (cb). **NASA:** (br); JPL / University of Arizona (br/Io). **10 Dreamstime.com:** Anthony Heflin (br). **NASA:** (bl). **11 123RF.com:** Kittisak Taramas (cb/binoculars). **Dreamstime. com:** Firuz Buksayev (br/Hubble); Jekaterina Sahmanova (clb); Raphael Niederer / Astroniederer (bl). **NAOJ:** Harikane et al (cb). **NASA:** ESA, CSA, STScI, A Pagan (STScI) (bc). **12 NASA:** ESA, C SA, STScI. **13 ESA:** Hubble & NASA (ca/Proxima centauri); Planck Collaboration (c). **Getty Images:** Mark Garlick / Science Photo Library (cra). **NASA:** JPL-Caltech / SSC (tr); SDO (cla); JPL-Caltech / UCLA (ca). **14 ESO. NASA:** ESA and the Hubble Heritage Team (STScI / AURA); Acknowledgment: P. Cote (Herzberg Institute of Astrophysics) and E. Baltz (Stanford University) (c); JPL / Caltech / Harvard-Smithsonian Center for Astrophysics (cr); ESA / Laurent Drissen, Jean-Rene Roy and Carmelle Robert (Department de Physique and Observatoire du mont Megantic, Universite Laval) (br); ESA, CSA, STScI (l). **15 Dreamstime.com:** Biletskiy (l); DreamStockIcons (cr). **16 Dreamstime.com:** Vjanez (tr). **NASA:** JPL-Caltech / STScI / CXC / SAO (bl). **17 Dreamstime.com:** Torian Dixon / Mrincredible (bl/Neptune). **ESO:** S. Deiries (cr). **NASA:** JPL / DLR (tl, tl/callisto); JPL-Caltech / Space Science Institute (ftl); JPL / University of Arizona (tr); JPL / USGS (ftr). **18-19 NASA:** ESA, CSA, STScI (c). **18 ESA:** Hubble & NASA / Judy Schmidt (geckzilla.org) (bl).**ESO:** EHT Collaboration (tr). **NASA:** ESA, CSA, STScI (br). **20 The Royal Swedish Academy of Sciences:** (t). **Science Photo Library:** Miguel Claro (b). **21 NASA:** Jack Fischer (tl); Aubrey Gemignani (bl); JHU / APL (c). **22-23 NASA:** Enhanced image by Kevin M. Gill (CC-BY) based on images provided courtesy of NASA / JPL-Caltech / SwRI / MSSS. (c). **22 ESO. 23 BluePlanetArchive.com:** Jonathan Bird (tc). **NASA**; Aubrey Gemignani (bl); JPL-Caltech / ASU / MSSS (br). **24 Dr Katie Stack Morgan:** (tl). **24-25 NASA:** JPL-Caltech / MSSS. **26 American Museum of Natural History:** (r). **NASA:** Johns Hopkins University Applied Physics Laboratory / Southwest Research Institute (bl); JPL / MPS / DLR / IDA / Bjrn Jnsson (clb); JPL / DLR (crb); MSFC / Aaron Kingery (br). **27 Dreamstime.com:** Mario Savoia (b). **NASA:** ESA, STScI, Jian-Yang Li (PSI); Image Processing: Joseph DePasquale (cla); Johns Hopkins APL (t). **28 NASA:** Courtesy of the DSCOVR EPIC team (bl). **28-29 NASA:** (c). **29 Getty Images / iStock:** DieterMeyrl (bl). **NASA:** (tr). **Science Photo Library:** Miguel Claro (tl). **30 Alamy Stock Photo:** Richard Wainscoat (cb).**ESA:** (tc).**NASA:** ESA, J. Hester and A. Loll (Arizona State University) (tl); JPL (br). **Science Photo Library:** NRAO / AUI / NSF (cr). **31 ESO:** G. Hdepohl (bl). **NASA:** CfA, and J. DePasquale (STScI) (crb); JPL-Caltech / R. Gehrz (University of Minnesota) (c); DOE / Fermi LAT / R. Buehler (br/gamma rays). **32-33 Getty Images:** Kevin Dietsch (b). **32 ESA:** P. Carril (tc). **33 Alamy Stock Photo:** ZUMA Press, Inc. (br). **NASA:** Johns Hopkins University Applied Physics Laboratory / Southwest Research Institute / / Roman Tkachenko (cr); JPL-Caltech / UCLA / MPS / DLR / IDA (tr). **34 123RF.com:** archangel80889 (tr). **Alamy Stock Photo:** NASA Images (bl). **35 Alamy Stock Photo:** GK Images (clb/NASA logo); NASA Pictures (clb). **CNSA:** (cb/CNSA logo). **ESA. Shutterstock.com:** rvlsoft (crb); testing (cb/Roscosmos logo). **36 Alamy Stock Photo:** Sebastian Kaulitzki (tr). **NASA:** (bl). **37 NASA:** (b); DoubleTree by Hilton (tl). **38-39 NASA:** Michael Hopkins. **38 University of California, Los Angeles (UCLA):** (tl). **40 Dorling Kindersley:** Andy Crawford (3); James Stevenson / ESA (17). **Dreamstime.com:** Aleks49 (18). **ESA:** (1); ATG medialab (5/Philae, 5/Rosetta). **Getty Images:** Mike Cooper / Allsport; Adrian Mann / Future Publishing (12); Joe Raedle (10); Stocktrek Images (4). **NASA:** (7, 11); JPL-Caltech (2); Ames (15); ISRO, Robert Lea (8); GSFC / CIL / Adriana Manrique Gutierrez (9); JPL-Caltech / MSSS (16); JPL (13). **Science Photo Library:** Gil Babin / EURELIOS (6). **41 Alamy Stock Photo:** Stocktrek Images, Inc. (21). **Dorling Kindersley:** Andy Crawford / Bob Gathany (30). **Dreamstime.com:** Karaevgen (20). **Getty Images:** SSPL (28). **Getty Images / iStock:** Stocktrek Images (22). **NASA:** (24, 23); Joel Kowsky (27); McREL (25). **42 Dorling Kindersley:** Ruth Jenkinson / Holts Gems (tc); Ruth Jenkinson / Holts Gems (tr/sapphire, tr/ruby, br/aquamarine); Colin Keates / Natural History Museum, London (cra). **Dreamstime.com:** Luckypic (bl); Pleshko74 (cla); Vlad3563 (crb); Alexander Pokusay (crb/Coral, bl/coral); Ondej Prosick (br/caiman). **Science Photo Library:** Dirk Wiersma (c). **43 123RF.com:** Hapelena (cra/Red vanadinite). **Alamy Stock Photo:** Iryna Buryanska (tl); Susan E. Degginger (cra). **Dorling Kindersley:** Ruth Jenkinson / Holts Gems (tr); Colin Keates / Natural History Museum, London (crb); Arran Lewis / NASA (br). **Dreamstime.com:** Natalya Manycheva (tr/shell); Nataliya Pokrovska (clb); Bjrn Wylezich (cb); Vladimir Melnik (ca). **44-45 Dorling Kindersley:** Arran Lewis / NASA (c). **44 Science Photo Library:** Mark Garlick (cra). **46 Dreamstime.com:** Krajinar (bl). **46-47 Alamy Stock Photo:** Nature Picture Library (c). **47 Alamy Stock Photo:** Ammit (br). **Getty Images:** Fred Tanneau / AFP2 (28). **48 Alamy Stock Photo:** agefotostock (cl); Armands Pharyos (fcl); Susan E. Degginger (fcr). **Dorling Kindersley:** Colin Keates / Natural History Museum, London (cr). **49 Alamy Stock Photo:** Ralph Lee Hopkins (b). **Dreamstime.com:** Rodrigolab (cl); Willeye (tr). **Science Photo Library:** Steve Gschmeissner (ca). **50 Alamy Stock Photo:** E.R. Degginger (tr). **Dorling Kindersley:** Ruth Jenkinson / Holts Gems (c). **Getty Images:** Justin Tallis / AFP (tl). **Shutterstock.com:** Minakryn Ruslan (cr). **50-51 123RF.com:** Hapelena (c). **51 Dorling Kindersley:** Gary Ombler / Oxford University Museum of Natural History (c). **Getty Images / iStock:** Minakryn Ruslan (cr). **Courtesy of Smithsonian. ©2020 Smithsonian.:** National Gem Collection, Chip Clark (br). **52 123RF.com:** vvoennyy (21). **Alamy Stock Photo:** Panther Media GmbH (3). **Dorling Kindersley:** Ruth Jenkinson / Holts Gems (6, 8, 24, 27, 22); Tim Parmenter / Natural History Museum (2, 28); Colin Keates / Natural History Museum, London (12); Richard Leeney / Holts Gems, Hatton Garden (14).**Dreamstime.com:** Rob Kemp (16); Vlad3563 (17); Bjrn Wylezich (25). **Shutterstock.com:** Aleksandr Pobedimskiy (20). **53 Dorling Kindersley:** Ruth Jenkinson / Holts Gems (37); Tim Parmenter / Natural History Museum (42); Ruth Jenkinson / RGB Research Limited (44). **Dreamstime.com:** Phartisan (46); Siimsepp (39). **54 Royal Tyrrell Museum of Palaeontology:** (cr). **Shutterstock.com:** Soft Lighting (b). **55 Dreamstime.com:** Procyab (c); William Roberts (tl). **Getty Images:** Georges Gobet / AFP (tr). **Ryan McKellar:** Royal Saskatchewan Museum (cr). **Courtesy the Poozeum, Poozeum.com:** (crb). **Science Photo Library:** Dirk Wiersma (cl). **56 Dreamstime.com:** Pytyczech (bl). **Getty Images:** Octavio Passos (t). **57 Alamy Stock Photo:** BIOSPHOTO (tl). **Getty Images:** Kazuki Kimura / EyeEm (br); Westend61 (bl). **58-59 Dreamstime.com:** Oksana Byelikova (c). **58 Alamy Stock Photo:** Universal Images Group North America LLC (br). **Dreamstime.com:** Ondej Prosick (tc). **Shutterstock.com:** Lucas Leuzinger (tr). **59 Dreamstime. com:** Tampatra1 (br). **Getty Images / iStock:** JohnnyLye (bl). **Getty Images:** Twenty47studio (cb). **60 Alamy Stock Photo:** Jan Wlodarczyk (br). **Caleb Foster:** (cr). **naturepl.com:** Paul Souders / Worldfoto (bl). **Science Photo Library:** Kenneth Libbrecht (crb). **61 Alamy Stock Photo:** Nature Picture Library (tr). **Getty Images:** MAGNUS KRISTENSEN / Ritzau Scanpix / AFP (b). **naturepl.com:** Ben Cranke (c). **Shutterstock.com:** linear_design (cr). **62 Dreamstime.com:** Svitlana Belinska (b). **Shutterstock.com:** Amos Chapple (tl). **64 Dreamstime.com:** Znm (bc). **Getty Images:** Francesco Riccardo Iacomino (br). **Shutterstock.com:** Viktor Hladchenko (tr). **65 Alamy Stock Photo:** yorgil (crb). **Dorling Kindersley:** Malcolm Parchment (br, fbr). **66-67 Caters News Agency:** Martin Broen. **67 Alamy Stock Photo:** David Noton Photography (cr); Jukka Palm (t). **naturepl.com:** Wild Wonders of Europe / Hodalic (br). **Science Photo Library:** Javier Trueba / MSF (bc). **Shutterstock.com:** Rudmer Zwerver (tr). **68 Alamy Stock Photo:** robertharding (bc). **Getty Images:** Jim Sugar (cr). **Shutterstock.com:** Emilio Morenatti / AP (tr). **69 Caters News Agency:** Bradley White (tr/inset). **Brian Emfinger. 70-71 Alamy Stock Photo:** Media Drum World. **70 Dr Janine Krippner:** (tl). **72 Getty Images:** The Asahi Shimbun (l). **73 Dreamstime.com:** Sean Pavone (tr). **Getty Images:** Sadatsugu Tomizawa / Jiji Press (c). **Shutterstock.com:** Jack Hong (cr). **74 Alamy Stock Photo:** PA Images (br). **Stephen C Hummel:** (cr). **Science Photo Library:** NASA Goddard Space Flight Center (NASA-GSFC) (bl). **74-75 Dreamstime. com:** Rasica (c). **75 Getty Images / iStock:** lushik (br). **naturepl.com:** Phil Savoie (tr). **76 Dreamstime.com:** Maximus117 (bl). **NOAA. 77 Alamy Stock Photo:** Associated Press (tr); Image Professionals GmbH (tl); Cultura Creative RF (cra). **Dreamstime.com:** Martingraf (cla). **78-79 Marko Koroec. 78 Getty Images / iStock:** SpiffyJ (tl/Weather chart). **Chris Wright:** (tl). **80 Hamish Frost Photography. 81 Getty Images / iStock:** htrnr (br); Lysogor (cra). **82 Dreamstime.com:** Valentin M Armianu (clb); Kokhan (fbl). **Getty Images / iStock:** coolkengzz (fclb). **Shutterstock. com:** xamnesiacx84 (bl). **82-83 Alamy Stock Photo:** Nature Picture Library (bc). **83 Alamy Stock Photo:** John Sirlin (ca); Rich Wagner (cra). **Dreamstime.com:** David Hayes (tr). **84 naturepl.com:** Luciano Candisani (t). **85 Getty Images:** Craig Stennett (crb). **Getty Images / iStock:** Matthew J Thomas (clb); Philip Thurston (cra). **86 123RF.com:** joseelias (2/new); smileus (27/new). **Alamy Stock Photo:** Armands Pharyos (17/new); Rolf Richardson (16/new); Zoonar GmbH (21/new). **Dorling Kindersley:** Will Heap / Peter Chan (18/ new). **Dreamstime.com:** Bignai (28/new); Luckypic (11/ new); Vladimir Melnik (3/new); Eyeblink (26/new); Lev Kropotov (13); Ed8563 (15); Elena Butinova (19/new); Martin Schneiter (29/new). **Getty Images / iStock:** DigiTrees (12/ new, 10/new); Sieboldianus (5/new). **Sanjay Tiwari:** (6). **87 123RF.com:** marigranula (24/new); Natalie Ruffing (7/new); Jaturon Ruaysoongnern (20/new). **Alamy Stock Photo:** BIOSPHOTO (15/new); imageBROKER (9/new, 30/new); blickwinkel (25/new); Genevieve Vallee (22/new).

(c); Puripat Khummungkhoon (tr); greyjj (clb). **Alamy Stock Photo:** Maurice Savage (br). **Dorling Kindersley:** Ruth Jenkinson / RGB Research Limited (cl). **Dreamstime.com:** Ekaterina Nikolaenko (cra); Alexander Pokusay (bl, fbr). **Getty Images / iStock:** AnatolyM (ftr). **203 Alamy Stock Photo:** Blue Planet Archive (cr). **Dorling Kindersley:** Ruth Jenkinson / RGB Research Limited (ca). **Dreamstime.com:** Kseniia Gorova (tr); Lidiia Lykova (tl). **Getty Images / iStock:** tridland (ftr); Yukosourov (cra/wires). **Science Photo Library:** Kateryna Kon (br). **Shutterstock.com:** Salavat Fidai (ca/pencil). **204 Alamy Stock Photo:** Reuters (cl). **Dreamstime.com:** Rdonar (tl). **Science Photo Library:** Martyn F Chillmaid (tr). **204-205 Alamy Stock Photo:** dpa picture alliance (b). **205 Alamy Stock Photo:** Everett Collection Inc (tl); M I (Spike) Walker (cl). **Dreamstime.com:** Angellodeco (tr); Tawat Lamphoosri (ca); Heysues23 (cra). **206 Alamy Stock Photo:** David Wall (tl). **Dreamstime.com:** Haveseen (cl). **206-207 Getty Images:** Joshua Bozarth (b). **207 Dreamstime.com:** Toxltz (tr). **208 Alamy Stock Photo:** Granger - Historical Picture Archive (c). **Science Photo Library:** NASA (tr). **Shutterstock.com:** SaveJungle (cr). **209 Alamy Stock Photo:** Album. **210 Dorling Kindersley:** Ruth Jenkinson / RGB Research Limited (4, 3, 12, 11, 19, 20, 21, 22, 23, 24, 25, 37, 38, 41, 42, 43, 44, 55, 56, 72, 73, 74, 75, 57, 58, 91, 60, 89, 90, 59, 92, 93); Gary Ombler / Oxford University Museum of Natural History (39). **211 Dorling Kindersley:** Ruth Jenkinson / RGB Research Limited (20, 5, 9, 13, 14, 15, 17, 27, 28, 29, 30, 31, 32, 34, 35, 46, 48, 49, 50, 51, 52, 77, 81, 82, 85, 86, 62, 94, 63, 64, 65, 66, 67, 68, 69, 70, 71); Colin Keates / Natural History Museum, London (78). **Dreamstime.com:** (6); Bjrn Wylezich (16); Marcel Clemens (80). **212 Dorling Kindersley:** Ruth Jenkinson / RGB Research Limited (9, 7, 11, 15, 1, 16, 2, 8, 6, 14); Colin Keates / Natural History Museum, London (10). **213 Dorling Kindersley:** Ruth Jenkinson / RGB Research Limited (27, 31, 20, 29, 26, 35, 5, 19, 21, 25, 23, 39, 37, 17, 32, 30); Tim Parmenter / Natural History Museum (18); Colin Keates / Natural History Museum, London (28). **Dreamstime.com:** Roberto Junior (36); Bjrn Wylezich (22). **US Department of Energy:** (34). **214 Alamy Stock Photo:** WidStock (cl/coal). **Dorling Kindersley:** Colin Keates / Natural History Museum, London (cl). **Dreamstime.com:** Geografika (clb/Coal). **Shutterstock.com:** Salavat Fidai (bc, br). **215 Alamy Stock Photo:** Maurice Savage (br).**Ardea:** Scott Linstead / Science Source (tr). **Getty Images / iStock:** AnatolyM (bc). **Shutterstock.com:** Salavat Fidai (bl). **216 Alamy Stock Photo:** Cultura Creative RF (clb). **Science Photo Library:** Turtle Rock Scientific (tl). **216-217 Alamy Stock Photo:** Andrey Radchenko (c). **217 Alamy Stock Photo:** Tewin Kijthamrongworakul (bl). **218 Dorling Kindersley:** Ruth Jenkinson / RGB Research Limited (br/Hydrogen). **Dreamstime.com:** (br/Carbon); Gjs (tc). **218-219 Shutterstock.com:** Albert Russ (c). **219 Dreamstime.com:** Bruno Ismael Da Silva Alves (crb); Ianlangley (br). **220 Alamy Stock Photo:** H.S. Photos (fcl); Science History Images (crb); Science Photo Library (cb). **Dreamstime.com:** Christian Wei (cra, bc); Scol22 (cl); Winai Tepsuttinun (ca); Radzh Dzhabbarov (fbl). **Getty Images / iStock:** Sorawat Sunthornthaweechot (clb). **221 Dreamstime.com:** Martin Brayley (cb); Krischam (tl); Newlight (tr); Adam Nowak (bl). **Science Photo Library:** Eye of Science (cl); Steve Gschmeissner (cr). **222 Dreamstime.com:** Microvone (b). **Getty Images:** Jonas Gratzer / LightRocket (tl). **Science Photo Library:** Pascal Goetgheluck (cb). **223 Dorling Kindersley:** Dan Crisp (tl/house icon). **Dreamstime.com:** Macrovector (tl/phone); Vectorikart (tl/lizard). **Science Photo Library:** M I Walker / Science Source (tr). **Shutterstock.com:** Sebw (cl). **224 Dreamstime.com:** David Carillet (bl). **225 Alamy Stock Photo:** Andrey Armyagov (bc). **Science Photo Library:** Tony McConnell (tl). **226 Getty Images:** Geert Vanden Wijngaert (bl). **227 Dreamstime.com:** Steve Allen (cb); Liorpt (cl); Jarcosa (t); Ssuaphoto (ca). **228 Alamy Stock Photo:** robertharding (t). **Sam Hardy:** (bl). **229 Alamy Stock Photo:** Hilda Weges. **230 Alamy Stock Photo:** Blue Planet Archive (tl); Yossef (Maksym) Zilberman (Duboshko) (tr). **Science Photo Library:** Giphotostock (cr). **231 Getty Images / iStock:** Mumemories (t). **232-233 Matthew Drinkall:** (c). **232 Getty Images:** Jose Luis Pelaez Inc (bc). **233 Dreamstime.com:** 7xpert (cb). **Getty Images / iStock:** Yukosourov (cra). **234 Science Photo Library:** David Parker (bc). **235 123RF.com:** greyjj (clb); Puripat Khummungkhoon (cb). **Alamy Stock Photo:** Lenscap (bl); Mouse in the House (cla). **Dreamstime.com:** Satyr (cra). **Fotolia:** Alex Staroseltsev (c). **236 Dorling Kindersley:** Stephen Oliver (cb). **237 123RF.com:** andreykuzmin (ca). **Getty Images:** Zhang Jingang / VCG (b). **Science Photo Library:** Juan Carlos Casado (STARRYEARTH.COM) (cr). **238 Alamy Stock Photo:** Mark Harris (tc); Daniel Teetor (cl). **238-39 Alamy Stock Photo:** picturesbyrob (c). **240 Alamy Stock Photo:** Heritage Image Partnership Ltd (10); Oleksiy Maksymenko Photography (2); Stan Rohrer (3); Motoring Picture Library (15). **Dorling Kindersley:** James Mann / Joe Mason (11); Matthew Ward / Derek E.J. Fisher and Citroen (1); Gary Ombler / Keystone Tractor Works (13). **Dreamstime.com:** Artzzz (6); Felix Mizioznikov (7); Casfotoarda (8); © Konstantinos Moraitis (12); Margojh (14); Hupeng (9); Benjamin Sibuet (17); Imaengine (18). **241 Alamy Stock Photo:** Everett Collection Inc (28); Oleksiy Maksymenko Photography (22); Matthew Richardson (27). **Dorling Kindersley:** James Mann / Eagle E Types (25); Gary Ombler / R. Florio (19); Matthew Ward / 1959 Isetta (Plus model) owned and restored by Dave Watson (20). **Dreamstime.com:** Artzzz (26); Daria Trefilova (16); Brian Sullivan (23); Valerio Bianchi (24); Aleksandr Kondratov (30). **Getty Images:** John Keeble (21). **242-243 Noah Bahnson. 242 Alamy Stock Photo:** Joo Miranda (br). **Dreamstime.com:** Peter Jurik (bl); Razihusin (cra). **244-245 Getty Images:** Josh Edelson / AFP (c). **245 Alamy Stock Photo:** Aviation Images Ltd (cra). **Getty Images:** NASA (crb). **Getty Images / iStock:** tridland (br). **246 Alamy Stock Photo:** Aviation Images Ltd (12); JSM Historical (1); David Gowans (3); The Print Collector (4); Jonathan Ayres (8). **Dorling Kindersley:** Peter Cook / Planes of Fame Air Museum, Chino, California (9); Gary Ombler / Nationaal Luchtvaart Themapark (2); Gary Ombler / RAF Museum, Cosford (7); Gary Ombler / Fleet Air Arm Museum (10); Gary Ombler / Gatwick Aviation Museum (13). **Dreamstime.com:** Ajdibilio (11); Franzisca Guedel (6). **Getty Images:** (5). **247 Smithsonian National Air and Space Museum:** Eric Long (14). **Alamy Stock Photo:** IanDagnall Computing (16). **Dorling Kindersley:** Gary Ombler / Model Exhibition, Telford (15). **Dreamstime.com:** David Bautista (24); Rui Matos (17); Ryan Fletcher (18, 29); VanderWolfImages (20); Ansar Kyzylaliyeu (23); Shawn Edlund (22); Nadezda Murmakova (26); Craig Russell (27). **Getty Images:** Chris Weeks / WireImage (21). **248-249 Gilles Martin-Raget:** (c). **249 Alamy Stock Photo:** Nature Picture Library (cb). **Dreamstime.com:** Sabelskaya (crb). **250 Dreamstime.com:** VectorMine (bl). **250-251 Getty Images:** Posnov (c). **251 Alamy Stock Photo:** Stocktrek Images, Inc. (tr). **252 Alamy Stock Photo:** SFL Travel (bl). **253 123RF.com:** Iamtaira (fcr). **Alamy Stock Photo:** Cameron Hilker (c); MYANMAR (Burma) landmards and people by VISION (cr). **Getty Images:** Taro Hama @ e-kamakura (tl). **Shutterstock.com:** Kunal Mahto (fcl); Sagittarius Pro (cl). **254 Alamy Stock Photo:** Cristina Ionescu (cra). **Dreamstime.com:** Artushfoto (clb); Dmytro Zinkevych (cla); Christian Delbert (ca); Natalia Siverina (cb). **Shutterstock.com:** Gorodenkoff (br). **255 Dreamstime.com:** Rawpixelimages (crb). **Getty Images:** Jens Khler / ullstein bild (bl). **Chris Harrison:** Carnegie Mellon University (t). **Shutterstock.com:** PHOTOCREO Michal Bednarek (cl). **257 Alamy Stock Photo:** Reuters (tr). **Getty Images:** Patrick T Fallon (l); Pascal Pochard-Casabianca / AFP (crb). **258 Science Photo Library:** Biophoto Associates (fbr); Frank Fox (tl); Robert Brook (bl); Kateryna Kon (fbl, br). **259 Dreamstime.com:** Pavel Chagochkin (bc). **Science Photo Library:** Eye of Science (tl); Science Picture Co. (bl). **260 Science Photo Library:** Power and Syred (bl). **260-261 Getty Images / iStock:** BorupFoto (cb). **261 Alamy Stock Photo:** Konstantin Nechaev (tr). **Getty Images / iStock:** CBCK-Christine (cr). **262-263 Courtesy of Greater Manchester Police Museum & Archive. 263 Leisa Nichols-Drew, De Montfort University, Leicester:** (tr). **264 Alamy Stock Photo:** Erin Babnik (fcr); Chris Willson (tl); Maurice Savage (tr); funkyfood London - Paul Williams (c); Granger - Historical Picture Archive (cl); Newscom (br). **Dorling Kindersley:** Gary Ombler / National Railway Museum, York / Science Museum Group (bl). **Dreamstime.com:** Christos Georghiou (clb); Alexander Pokusay (ftl); Potysiev (cr); Zim235 (fclb). **265 Alamy Stock Photo:** steeve. e. flowers (fbr); Granger- Historical Picture Archive (cb); Suzuki Kaku (clb); Rick Lewis (br). **© The Trustees of the British Museum. All rights reserved:** Tim Parmenter (cra). **Dorling Kindersley:** Richard Leeney / Maidstone Museum and Bentliff Art Gallery (ca); Gary Ombler / University of Pennsylvania Museum of Archaeology and Anthropology (bl). **Dreamstime.com:** Hel080808 (tr); Potysiev (tl); Ivan Kotliar (fbl). **The Metropolitan Museum of Art:** The Michael C. Rockefeller Memorial Collection, Gift of Nelson A. Rockefeller, 1972 (ftl). **266 Alamy Stock Photo:** Heritage Image Partnership Ltd (bc). **Bridgeman Images. Dreamstime.com:** Kmiragaya (cl); Nm0915 (bl). **267 akg-images:** De Agostini Picture Lib. / G. Nimatallah (tc). **Alamy Stock Photo:** Anton Chalakov (fcr); ZUMA Press, Inc. (br); The Print Collector (bc); Shawshots (cr). **Bridgeman Images. 268 Alamy Stock Photo:** Oleksandr Fediuk (tl); Glasshouse Images (tr). **Dreamstime.com:** Neil Harrison (bl); Alain Lacroix / Icefields (br). **269 Alamy Stock Photo:** The Natural History Museum (bl). **John Gurche:** (tl). **270 Alamy Stock Photo:** Dmitriy Moroz (tl). **271 Alamy Stock Photo:** Zev Radovan (cl). **Dorling Kindersley:** Gary Ombler / University of Pennsylvania Museum of Archaeology and Anthropology (c). **Dreamstime.com:** Sergey Mayorov (tr). **272 Alamy Stock Photo:** funkyfood London - Paul Williams (cla, bc, crb, br); Granger - Historical Picture Archive (tr). **272-273 The Metropolitan Museum of Art:** (c). **273 Alamy Stock Photo:** Jaroslav Moravk (br). **Dreamstime.com:** Anton Aleksenko (tr). **274 Courtesy Mennat-allah El Dorry:** M Gamil (tl). **274-275 The Metropolitan Museum of Art. 276-277 Alamy Stock Photo:** H-AB (bc). **276 © Vinzenz Brinkmann / Ulrike Koch-Brinkman:** (bl). **277 © The Trustees of the British Museum. All rights reserved:** (tr). **Dreamstime.com:** Sergio Bertino (br). **Getty Images:** Grant Faint (cr). **278 Bridgeman Images:** Alinari Archives, Florence - Reproduced with the permission of Ministero per i Beni e le Attivit Culturali (b). **Dreamstime.com:** Ievgen Melamud (tl). **Getty Images:** DEA / G. Nimatallah (tr). **279 Alamy Stock Photo:** Erin Babnik (cr); Photiconix (tr). **Dreamstime.com:** Pavel Naumov (clb, crb). **Getty Images / iStock:** kavram (br). **280 Alamy Stock Photo:** Album (l); imageBROKER (cr); dpa picture alliance (crb); World History Archive (br). **281 Dorling Kindersley:** Gary Ombler / Vikings of Middle England (tr). **282 123RF.com:** (3). **Alamy Stock Photo:** Art of Travel (8); Eye Ubiquitous; Tony Cunningham (5); ZUMA Press, Inc. (10); gary warnimont (14).**Dorling Kindersley:** Clive Streeter / Science Museum, London (13). **Dreamstime.com:** Thomas Jurkowski (11); Nerthuz (16).**Getty Images:** Photo 12 (9); SSPL (2, 6, 15, 12). **283 123RF.com:** Arunas Gabalis (27). **Alamy Stock Photo:** Newscom (17); Universal Images Group North America LLC / DeAgostini (25).**Dorling Kindersley:** Richard Leeney / Maidstone Museum and Bentliff Art Gallery (23); Gary Ombler / Scale Model World, Allan Toyne (26); Gary Ombler / Fleet Air Arm Museum (28); Gary Ombler / Fleet Air Arm Museum, Richard Stewart (18).**Dreamstime.com:** Enanuchit (7); Libux77 (20). **Getty Images:** SSPL (19, 22). **Shutterstock.com:** Janice Carlson (21). **284 Alamy Stock Photo:** Chronicle of World History (bc); ZUMA Press, Inc. (bl). **284-285 akg-images:** Pictures From History (c). **285 Alamy Stock Photo:** (bc). **Getty Images:** Pictures From History / Universal Images Group (tl). **286 Alamy Stock Photo:** B. David Cathell (tr); Science History Images (l). **287 Alamy Stock Photo:** B Christopher (cla); Danvis Collection (cr); Alex Ramsay (clb). **Dreamstime.com:** Bubkatya (br); Mast3r (tl); Danilo Sanino (bl). **Getty Images:** Pictures From History / Universal Images Group (tr). **288 Alamy Stock Photo:** World History Archive (l). **Getty Images:** Pictures From History / Universal Images Group (tr, br). **289 Alamy Stock Photo:** Tom McGahan (c). **Bridgeman Images:** Archives Charmet (clb). **Dreamstime.com:** Artisticco Llc (tr); Pavel Naumov (cla); Shtirlitc (crb). **Getty Images:** Pictures From History / Universal Images Group (bc). **290 Alamy Stock Photo:** Alexander Ludwig (cl); Roland Brack (clb/Nubian). **Dorling Kindersley:** Barry Croucher - Wildlife Art Agency (c). **Dreamstime.com:** Kguzel (bl/Maya pyramid); Martin Molcan (clb/Pyramid of the Sun).**Getty Images / iStock:** leezsnow (crb). **291 Alamy Stock Photo:** Zdenk Mal (tr); Sean Pavone (tl). **292 Alamy Stock Photo:** World History Archive (bl). **© The Trustees of the British Museum. All rights reserved:** Tim Parmenter (tr). **293 Alamy Stock Photo:** IanDagnall Computing (br); The History Collection (tl); Granger - Historical Picture Archive (tr). **Dorling Kindersley:** Vicky Read (ca); Michel Zabe (c). **294 123RF.com:** Alejandro Bernal (tr). **Dreamstime.com:** Yevheniia Rodina (bl). **Museo Nacional de Historia Natural de Chile:** (cr, r). **295 Alamy Stock Photo:** Hemis (c); Suzuki Kaku (tc). **Dorling Kindersley:** Gary Ombler / University of Pennsylvania Museum of Archaeology and Anthropology (cl). **Dreamstime.com:** Jarnogz (br). **296 © The Trustees of the British Museum. All rights reserved:** (tr). **Getty Images:** Pictures From History / Universal Images Group (cl); Werner Forman / Universal Images Group (br). **297 Alamy Stock Photo:** CPA Media Pte Ltd (b). **Getty Images / iStock:** GlobalP (tr). **The Metropolitan Museum of Art:** The Michael C. Rockefeller Memorial Collection, Gift of Nelson A. Rockefeller, 1972 (tl). **298-299 Alamy Stock Photo:** View Stock. **299 Kexin Ma:** (tr). **300 Shutterstock.com:** kontrymphoto (b); truhelen (tl). **301 123RF.com:** Aleksandra Sabelskaia (tl). **Alamy Stock Photo:** Granger - Historical Picture Archive (bl). **Bridgeman Images:** (br). **302 Alamy Stock Photo:** Sipa US (cr). **Bridgeman Images:** (br). **Dreamstime.com:** Neizu03 (cl). **303 Alamy Stock Photo:** steeve. e. flowers (br); funkyfood London - Paul Williams (tc). **Dreamstime.com:** Nemetse (tl); Sentavio (cla). **304 Alamy Stock Photo:** Matteo Omied (12). **Dorling Kindersley:** Gary Ombler / 4hoplites (3); Gary Ombler /

Data credits: 35 Space Exploration Data: **Radio Free Europe/Radio Liberty** © RFE/RL – https://www.rferl.org/a/space-agencies-and-their-budgets/29766044.html; 166 Endangered species Data: **The IUCN Red List of Threatened Species version 2022-2.** Retrieved from https://www.iucnredlist.org/ (Accessed, 30 Mar 2023); 335 Going Global Data: © **ITU 2023** – https://www.itu.int/en/ITU-D/Statistics/Pages/stat/default.aspx; 350 Pasta consumption: **I.P.O. International Pasta Organisation Secretariat General c/o Unione Italiana Food** – https://internationalpasta.org/annual-report/; 351 Global fruit production figures: **Food and Agriculture Organization of the United Nations:** FAOSTAT. Crops and livestock products. Accessed: 24 Mar 2023. https://fenix.fao.org/faostat/internal/en/#data/QCL/visualize / Global fruit production figures; 356–357 Sports Data: **WorldAtlas** – https://www.worldatlas.com/articles/what-are-the-most-popular-sports-in-the-world.html

Cover images: *Front:* **123RF.com:** eshved clb/ (heart), scanrail bc, thelightwriter cb; **Alamy Stock Photo:** Iryna Buryanska (x4), Mechanik cra, Panther Media GmbH / niki crb, Steppenwolf c; **Dorling Kindersley:** Gary Ombler / Shuttleworth Collection cra/ (aircraft); **Dreamstime.com:** Dragoneye cla, Kolestamas cla/ (Tyrannosaurus), Peterfactors ca; **Getty Images / iStock:** FGorgun clb; **Robert Harding Picture Library:** TUNS clb/ (Macaw); **Science Photo Library:** Miguel Claro bl, Power and Syred clb/ (Halobacterium); **Shutterstock.com:** Arthur Balitskii crb/ (Hand), KsanaGraphica, Dotted Yeti cra/ (astronaut); *Back:* **123RF.com:** Denis Barbulat crb/ (Lily), solarseven cra; **Alamy Stock Photo:** Iryna Buryanska (x3), imageBROKER / J.W.Alker crb/ (turtle), Alexandr Mitiuc cl; **Dorling Kindersley:** Gary Ombler / University of Pennsylvania Museum of Archaeology and Anthropology cla/ (boat), Arran Lewis(science3) / Rajeev Doshi (medi-mation) / Zygote cr; **Dreamstime.com:** Feathercollector clb, Patrick Guenette bc, Nerthuz c, Lynda Dobbin Turner cla/ (Jellyfish); **Getty Images:** Tim Flach clb/ (ants), Gerhard Schulz / The Image Bank bl; **Getty Images / iStock:** GlobalP cla/ (snake), Anton_Sokolov cb/ (car), Vladayoung cb; **NASA:** GSFC / Arizona State University cla; **Science Photo Library:** Wim Van Egmond crb, Steve Gschmeissner br; **Shutterstock.com:** Sebastian Janicki ca, KsanaGraphica; *Spine:* **Shutterstock.com:** Sebastian Janicki b All other images © Dorling Kindersley

DK WHAT WILL YOU EYEWITNESS NEXT?

THE AMAZON

AMERICAN REVOLUTION

ANCIENT GREECE

ANCIENT EGYPT

ANCIENT ROME

CAT

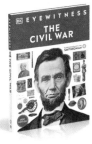
THE CIVIL WAR

CLIMATE CHANGE

CRYSTAL & GEM

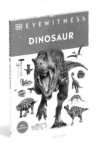
DINOSAUR

THE ELEMENTS

FISH

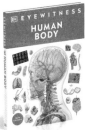
HUMAN BODY

HURRICANE & TORNADO

INSECT

NATIONAL PARKS

NATURAL DISASTERS

OCEAN

PLANETS

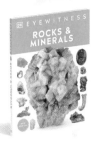
ROCKS & MINERALS

SHARK

SOCCER

TITANIC

TRAIN

VOLCANO & EARTHQUAKE

WEATHER

WONDERS OF THE WORLD

WORLD WAR II

Also available:

Eyewitness Amphibian
Eyewitness Ancient China
Eyewitness Ancient Civilizations
Eyewitness Animal
Eyewitness Arms and Armor
Eyewitness Astronomy
Eyewitness Aztec, Inca & Maya
Eyewitness Baseball
Eyewitness Bible Lands
Eyewitness Bird
Eyewitness Car

Eyewitness Castle
Eyewitness Chemistry
Eyewitness Dog
Eyewitness Eagle and Birds of Prey
Eyewitness Electricity
Eyewitness Endangered Animals
Eyewitness Energy
Eyewitness Flight
Eyewitness Forensic Science
Eyewitness Fossil
Eyewitness Great Scientists

Eyewitness Horse
Eyewitness Judaism
Eyewitness Knight
Eyewitness Medieval Life
Eyewitness Mesopotamia
Eyewitness Money
Eyewitness Mummy
Eyewitness Mythology
Eyewitness North American Indian
Eyewitness Plant
Eyewitness Prehistoric Life

Eyewitness Presidents
Eyewitness Religion
Eyewitness Reptile
Eyewitness Robot
Eyewitness Shakespeare
Eyewitness Soldier
Eyewitness Space Exploration
Eyewitness Tree
Eyewitness Universe
Eyewitness Vietnam War
Eyewitness Viking
Eyewitness World War I

For the curious